U0251828

空气质量模型：技术、方法及案例研究

伯　鑫　著

中国环境出版集团·北京

图书在版编目（CIP）数据

空气质量模型：技术、方法及案例研究/伯鑫著. —北京：

中国环境出版集团，2018.1（2019.11 重印）

ISBN 978-7-5111-3408-0

Ⅰ．①空…　Ⅱ．①伯…　Ⅲ．①大气评价—模型—研究

Ⅳ．①X823

中国版本图书馆 CIP 数据核字（2017）第 286332 号

出 版 人	武德凯
责任编辑	李兰兰
责任校对	任　丽
封面设计	宋　瑞

更多信息，请关注
中国环境出版集
团第一分社

出版发行	中国环境出版集团
	（100062　北京市东城区广渠门内大街 16 号）
	网　　　址：http://www.cesp.com.cn
	电子邮箱：bjgl@cesp.com.cn
	联系电话：010-67112765（编辑管理部）
	010-67112735（第一分社）
	发行热线：010-67125803，010-67113405（传真）
印　　刷	北京中科印刷有限公司
经　　销	各地新华书店
版　　次	2018 年 1 月第 1 版
印　　次	2019 年 11 月第 2 次印刷
开　　本	787×1092　1/16
印　　张	18　插页 8
字　　数	412 千字
定　　价	58.00 元

内容简介

空气质量法规模型主要用于环境规划、环境保护标准、环境影响评价、环境监测与预报预警、环境质量变化趋势、总量控制、排污许可、环境功能区划、环境应急预案、来源解析等有关政策制定和文件编制。

本书系统介绍了 AERSCREEN、AERMOD、CALPUFF、CMAQ 等空气质量模型的发展历史、基本原理，总结了作者研究团队将上述模型应用于建设项目环评、规划及战略环评、排污许可、空气质量达标规划、源解析、环境人体健康、土壤污染预警等方面的案例。本书还介绍了作者在空气质量模型二次开发的研究成果（CALPUFF、WRF、CMAQ 等），总结了模型应用常见的问题。

本书可作为高等院校环境科学、环境工程、环境流行病学、环境管理等专业的教学参考书，也可作为环评行业人员学习技术规范《环境影响评价技术导则　大气环境》推荐模型的培训教材，还可供科研院所以及环境管理部门的科技人员参考。

序　言

近年来，随着我国经济快速发展，京津冀、长三角、珠三角等地区灰霾天气频发，以 $PM_{2.5}$、臭氧为代表的二次污染日趋严重，给可持续发展、群众健康带来影响，给我国大气污染防控、管理带来严峻的挑战。

在我国当前区域化大气复合污染的背景下，空气质量模型是国家进行量化大气环境管理的重要技术工具，可用于大气环境防治规划、大气环境质量达标规划等多种大气环境管理领域。不同模型各有侧重，使用的化学机理、数值算法等也会有所不同，模拟同一种大气情景时使用不同模型可能会产生不同的结果，影响大气环境管理决策的一致性和公平性。政府部门通常通过管理程序和技术手段推荐一系列的法规空气质量模型，规定在涉及环境质量模拟预测的具有法律效力文件的编制和政策法规的制定时必须采用法规模型，以提高环境质量影响分析结果的一致性，促进环境管理的公平性。

目前，我国法规空气质量模型的建设处于起步阶段。《环境影响评价技术导则 大气环境》（HJ 2.2—2008）中以清单方式推荐 AERMOD、ADMS、CALPUFF 空气质量模型，并在公众网络平台上予以发布；2013 年，环境保护部环境工程评估中心作为 2013 年公益科研专项"国家环境质量模型法规化与标准化研究"的课题主持单位，会同中国环境科学研究院等开展了局地空气质量模型法规化验证方法研究与模型数据标准化研究等工作，推荐了我国首批局地尺度环境空气质量模型，建立了中国本土唯一一个局地空气质量模型验证案例，协助环境保护部完成了《环境质量模型规范化管理暂行办法》（征求意见稿）。

本书整理、总结了作者将空气质量模型（AERSCREEN、AERMOD、CALPUFF、CMAQ 等）应用于环境管理方面的实践经验，具有较强的学术性和实用性，是空气数值模拟方面的不可多得的资料文献。本书的出版对我国空气质量模型法规化发展有积极的推动作用，可帮助规范读者学习空气质量模型的使用，为我国大气污染环境管理提供有力的支撑。

中国工程院院士　　　中国环境科学研究院大气环境研究所所长

2017 年 8 月于中国环境科学研究院

前　言

空气质量模型是开展大气环境科学研究的重要工具之一,《环境影响评价技术导则　大气环境》（HJ 2.2—2008）中以推荐模式清单方式引进进一步预测模式 AERMOD、ADMS 和 CALPUFF，相关模式在国内环评、科研等领域得到了广泛的应用，仅在环境影响评价领域每年就有上万本环境影响报告书使用推荐的模型。

但是，我国法规模型的建设还处于起步阶段，空气质量模型长期缺少标准化应用。一方面，目前各领域应用的大部分模型是引用的国外模型，由于引用模型没有在各领域形成标准化应用技术指南，模型所涉及的技术参数依应用人员的理解而选择，会影响模型的计算结果；另一方面，由于在国家层面上缺乏公开的模型验证数据，对自主开发模型的准确性没有统一的检验标准，从而导致模型计算结果存在一定的不确定性。在这样的背景下，开展中国空气质量模型的技术、方法、应用研究，可以为污染源解析、环境规划、排污许可、环境影响评价提供技术支持和服务，具有十分重大的意义。

在环保公益性行业科研专项（201309062）、环境保护部基金课题——环境影响评价基础数据库建设等的支持下，在环境保护部环境工程评估中心领导的指导下，环境影响数值模拟研究部全面开展了大气环境影响评价预测的技术复核工作，积极开展空气质量模型法规化与标准化研究，构建国家典型空气环境等的法规模型库，提出模型评价指标和验证数据；开展不同区域、不同尺度的环境质量模型标准化应用的技术方法研究，选择典型项目、区域规划等环境影响评价项目作为案例开展应用实践，规范模型参数。目前已形成了《国家环境质量法规模型管理办法（建议稿）》、《国家空气质量法规模型遴选技术指南（建议稿）》以及国家法规模型验证案例库、模型评价指标、评价方法、验证标准、认证制度等一批关键技术成果。作者将积累的研究成果总结并著书出版，供环境影响评价、大气污染源解析、环境人体健康、空气质量达标规划等研究者参考。

本书分为 13 章，主要内容包括：空气质量法规模型简介、估算模型应用研究、模型在建设项目环评中的应用研究、模型在规划及战略环评中的应用研究、模型在排污许可中的应用研究、模型在城市空气质量达标规划中的应用研究、模型在无组织排放因子中的应用研究、模型在钢铁行业大气污染源解析中的应用研究、模型在交通道路源大气污染源解析中的应用研究、模型在环境人体健康研究中的应用、模型在土壤污染预警中的应用研究、空气质量模型二次开发、CALPUFF 模型应用答疑等。本书重点强调空气质量模型在实际案例中的应用，希望本书的出版能进一步推动模型的规范应用和技术发展。

本书主要基于作者完成的相关研究成果，由伯鑫策划并统稿。除署名者外，第 9 章由田军完成，王刚对第 3 章、葛春风对第 4 章做出了贡献。杨景朝、伍鹏程、屈加豹、阚慧、周甜、陈金胜、孙博飞、张尚宣、肖娴、吴成志、易爱华、丁峰、赵晓宏等参加了部分章节的工作，在此一并表示感谢。作者对中国环境出版社的支持和李兰兰编辑悉心审稿衷心致谢。衷心感谢环境保护部环境工程评估中心数模部李时蓓主任对本人的悉心指导，她为本书的出版提出了很多宝贵的指导意见。衷心感谢北京科技大学周北海教授对本人的精心培养，他渊博的学识、忘我的工作精神令我终生难忘。

大气环境污染模拟需考虑到气象、地形、下垫面、化学反应、排放清单等因素，涉及多个交叉学科。由于研究条件和作者能力所限，本书不足之处在所难免，敬请广大读者批评指正。

伯　鑫

2017 年 9 月

目　录

第1章　空气质量法规模型简介 1

　　1.1　研究目标、意义、内容 1

　　1.2　AERSCREEN 简介 3

　　1.3　AERMOD 简介 6

　　1.4　CALPUFF 简介 8

　　1.5　CMAQ 简介 12

　　1.6　模型参考手册及文献 15

第2章　估算模型应用研究 16

　　2.1　AERSCREEN 计算大气环境防护距离方法研究 16

　　2.2　基于 AERSCREEN 的山西省焦化企业防护距离研究 20

第3章　模型在建设项目环评中的应用研究 25

　　3.1　AERMOD 在建设项目环评中存在的主要问题 25

　　3.2　AERMOD 在建设项目环评中空气质量法规模型标准化应用研究 28

　　3.3　AERMOD 模型在火电项目中的标准化应用 44

　　3.4　AERMOD 模型在钢铁项目中的标准化应用 49

　　3.5　AERMOD 模型在机场项目中的标准化应用 97

　　3.6　建设项目大气环评篇章框架设计 101

　　3.7　大气环境影响技术复核资料清单 104

第4章　模型在规划及战略环评中的应用研究 106

　　4.1　规划及战略环评中大气环境影响评价技术体系研究 106

　　4.2　CALPUFF 在规划环评项目中的应用 111

第5章   模型在排污许可中的应用研究 130

　5.1   大气质量影响模拟概述 130

　5.2   大气质量影响分析模拟需求流程 133

　5.3   大气质量模拟应用特点 135

第6章   模型在城市空气质量达标规划中的应用研究 136

　6.1   重点行业总体状况 137

　6.2   环境空气质量现状 138

　6.3   污染气象分析 143

　6.4   现状情景下重点行业排放以及大气污染贡献现状 152

　6.5   重点行业无组织大气污染贡献情况 174

　6.6   减排情景下重点行业排放以及大气污染贡献情况 175

　6.7   结　论 178

第7章   模型在无组织排放因子中的应用研究 179

　7.1   材料与方法 179

　7.2   结果与讨论 181

　7.3   结　论 184

第8章   模型在钢铁行业大气污染源解析中的应用研究 185

　8.1   研究方法 186

　8.2   结果与讨论 189

　8.3   结　论 192

第9章   模型在交通道路源大气污染源解析中的应用研究 193

　9.1   材料与方法 194

　9.2   结果与讨论 195

　9.3   结　论 196

第10章   模型在环境人体健康研究中的应用 198

　10.1   材料与方法 199

　10.2   案例分析 201

　10.3   结果与讨论 203

10.4　结论与建议 206

第 11 章　模型在土壤污染预警中的应用研究 207

11.1　材料与方法 208

11.2　结果与讨论 209

11.3　结　论 212

第 12 章　空气质量模型二次开发 214

12.1　CALPUFF 高性能计算服务 214

12.2　CALPUFF 土地利用计算服务 222

12.3　大气模型、风险模型与谷歌地球交互研究 229

12.4　WRF 同化数据对 CALPUFF 模拟效果改善研究 236

12.5　其他研究成果 241

第 13 章　CALPUFF 模型应用答疑 244

附录 A　AERSCREEN 常用命令及参数速查手册 249

附录 A.1　AERSCREEN 点源 INP 文件格式 249

附录 A.2　AERSCREEN 圆形面源 INP 文件格式 252

附录 A.3　AERSCREEN 矩形面源 INP 文件格式 254

附录 A.4　AERSCREEN 体源 INP 文件格式 257

参考文献 261

第1章
空气质量法规模型简介

1.1 研究目标、意义、内容

1.1.1 法规模型研究目标

　　大气环境管理工作需要编制具有法律效力的文件,如环境规划、环境保护标准、排污许可证、环境影响评价、污染防治规划、环境功能区划等政策性和技术性文件,编制文件的重要技术手段之一是环境空气质量模拟技术,通过空气质量模型可模拟大气污染物的传输扩散转化、环境影响,预测有关环境质量政策、标准、技术等实施的效果与可达性 [《环境质量模型规范化管理暂行办法》(征求意见稿)]。

　　随着模型理论的发展、计算机技术的不断更新,空气质量模型种类不断增加,模型算法也不尽相同,国内外有适合各种地形、各类尺度、各种污染源等几十种类型的模型以及上百位模型开发者。由于模型原理、计算方法、编程技术等因素,形成了同等功能多模型并存的局势,如区域空气质量模型有 CAMx、WRF-CHEM、CMAQ 等。使用不同模型预测同一种情况有时会得出不同的结果,而模型的差异导致不同的结论,势必影响管理决策的一致性和公平性。

　　为了解决不同模型的差异性这一问题,通常政府部门通过管理程序和技术手段推荐一系列的环境质量法规模型,规定在编制具有法律效力文件涉及环境质量模拟预测时,须采用法规模型,以提高环境质量影响分析的一致性,促进环境管理的公平性。

1.1.2 国外法规模型发展情况

　　1978 年,美国首次颁发了空气质量模型导则,基本确立了环境空气质量模型的法规地位。经过 30 多年的发展,在模型分类体系、模型管理机构、模型法规化程序等方面积累了丰富的经验,建立了较为先进的环境空气质量模型法规化制度。

美国环保局（EPA）空气质量法规模型可分为三大类共计 31 种模型，主要包括扩散模型、光化学模型和受体模型（源解析模型）。扩散模型主要用于新建、改扩建污染源审批，光化学模型主要用于大尺度污染物扩散/大气化学反应模拟，受体模型主要用于反推确定污染源对受体贡献率。

较为广泛使用的扩散模型又可分为首选模型（AERMOD、CALPUFF）、其他推荐模型（BLP、CALINE3、CAL3QHC/CAL3QHCR、CTDMPLUS、OCD）和备用模型（ADAM、ADMS-3、AFTOX、ASPEN、DEGADIS、HGSYSTEM、HYROAD、HOTMAC/RAPTAD、ISC3、ISC-PRIME、OBODM、OZIPR、SCIPUFF、SLAB 等），这些模型涵盖了正常污染物排放扩散、突发性大气污染事故泄漏模拟等多个方面。

EPA 为环境空气质量法规模型的主要管理机构，下设的空气质量标准和规划办公室（Office of Air Quality Planning and Standards，OAQPS）为预防和改善环境空气质量，组织开展了多个与环境空气质量相关的项目，涉及空气质量监测、污染源排放系数、环境空气质量模型等多个领域。其中环境空气质量模型主要由空气质量模型工作组（Air Quality Modeling Group，AQMG）负责，AQMG 通过建立模型信息交换中心（Model Clearinghouse，MC）、定期举办空气质量模型会议/研讨会、完善模型导则来指导各地区正确选择使用空气质量法规模型，对于拟作为推荐模型的空气质量模型，AQMG 还将负责组织专家进行同行审查。此外，空气质量模型工作组还负责配合 EPA 研究和发展办公室（Office of Research and Development，ORD）发展新的预测模型和新的预测技术，并为空气质量规划和标准出台、政策/法规的制定提供环境空气质量模拟服务。AQMG 在法规模型的建立、应用、推广过程中起到了重要的作用。

1.1.3　国内法规模型发展情况

国内已具备法规地位的模型有引自欧美主流的 AERMOD、ADMS 和 CALPUFF 空气质量模型，在《环境影响评价技术导则　大气环境》（HJ 2.2—2008）中以清单方式予以推荐，并在公众网络平台上（生态环境部环境工程评估中心网站）予以发布。发布的内容包括模型的运行程序、技术说明书、用户使用手册、典型应用案例等。在引入时，对局地模型 AERMOD、ADMS 与 HJ 2.2—1993 导则的模型进行了比较，并采用美国法规模型库中的验证数据进行了比较，保证了推荐模型的一致性、可靠性。上述模型已被广泛应用于各环境管理领域。

近年来，生态环境部环境工程评估中心数值模拟部开展了大量空气质量模型研究，如数值模拟部完成的 2013 年度环保公益性行业科研专项"环境质量模型法规化与标准化应用研究"（课题号：201309062），已形成《环境空气质量推荐模型遴选工作指南》，已完成环境规划、环境影响评价和总量控制领域法规性应用模型标准化应用技术指南，建立首批法规模型验证案例（见图 1-1），提高了环境质量模拟与预测工作的科学性、有效性、一致性，规范了环境质量模型的选择和使用，为环境管理提供技术支撑。

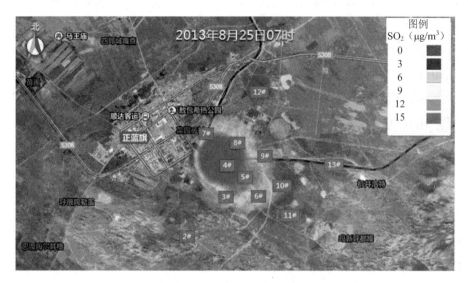

图 1-1　内蒙古上都电厂验证案例

目前，生态环境部环境工程评估中心数值模拟部搭建国家环境质量法规模型服务平台，建立了环境质量模型技术支持网站（www.lem.org.cn），对外发布项目相关研究及应用成果，包括 200 多个空气环境质量模型基本信息和功能指标信息等，推荐的空气环境质量法规模型可执行程序、用户手册、技术文档等，以及 30 多个模型验证案例库简介、配套完整的案例文件与数据等。同时基于课题组研究成果，组织开发了环境空气质量模型基础数据标准化应用服务系统、AERSURFACE 地表参数服务系统、基于 GIS 平台的空气质量模型在线计算系统，开展有关环境质量推荐模型的基础数据标准化、模型应用标准化等成果应用与技术推广。

本书在文献综述基础上，介绍了估算模型（AERSCREEN）、法规模型（AERMOD、CALPUFF、CMAQ）等发展历史（第 1 章），开展了估算模型防护距离应用研究（第 2 章），重点介绍了模型在建设项目环评、规划及战略环评、排污许可、空气质量达标规划、无组织排放因子反演、大气污染源解析、环境人体健康、土壤污染预警等领域中的应用研究（第 3 章至第 11 章），总结了研究团队在空气质量模型二次开发中的一些经验（第 12 章）。

1.2　AERSCREEN 简介

《环境影响评价技术导则　大气环境》（HJ 2.2—2008）规定了大气环境影响评价等级

的确定方法为采用估算模式 SCREEN3 计算，根据污染物的最大地面浓度占标率等估算结果，按评价工作分级判据进行分级并确定评价范围。此外，作为 HJ 2.2—2008 中推荐的进一步预测模式，AERMOD 在国内外得到了广泛的应用，并开展了大量的研究工作。但由于进一步预测模式 AERMOD 与估算模式 SCREEN3 在气象数据处理、地形地表参数的取值及扩散理论方面有一定差别，AERMOD 的实际预测结果与 SCREEN3 估算结果并不完全一致。2011 年 3 月 EPA 正式发布了新一代估算模式 AERSCREEN，取代 SCREEN3 作为美国空气质量模型的估算模式，该模式耦合了 AERMOD 的相关内核（AERMOD、AERMAP、BPIPPRM），能快速计算并捕捉到最不利的气象条件及浓度结果。

1.2.1　AERSCREEN 估算模式系统

AERSCREEN 是基于 EPA 空气质量预测模型 AERMOD 的空气质量估算模型。由于 AERSCREEN 估算浓度扩散的程序采用的是 AERMOD 内核，所估算的结果更符合 AERMOD 预测结果，可用于预测工作前期的等级估算和范围确定等工作。

AERSCREEN 模型主要包括两部分：①MAKEMET 程序，生成输入 AERMOD 模型的不利气象条件组合文件；②AERSCREEN 命令提示符界面程序。其中，AERSCREEN 界面程序不仅调用 MAKEMET 程序生成不利气象条件组合文件，还可调用 AERMOD 模式中的 AERMAP 程序（处理地形）、BPIPPRM 程序（处理建筑物下洗），通过调用 AERMOD 模型的筛选选项，结合 MAKEMET 程序生成不利气象条件组合文件来计算最不利气象条件下的污染物浓度（见图 1-2）。AERSCREEN 模型可计算最不利气象条件下的平均时间浓度（1 h 平均、3 h 平均、8 h 平均、日平均以及年平均）。AERSCREEN 程序目前仅限于模拟单个点源、矩形面源、圆形面源、火炬源、体源等。

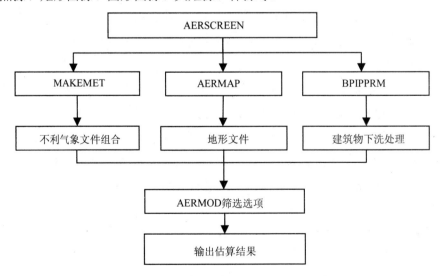

图 1-2　AERCSREEN 估算模式框架

1.2.2　MAKEMET 程序系统

MAKEMET 程序采取了 AERMOD 的气象预处理内核 AERMET 相关边界层公式，根据地表参数、环境温度、最小风速等信息，生成估算所需的不利气象条件组合。采用 AERMET 子程序来生成不利气象条件，每个不利气象条件组合包括摩擦速度（$u*$），莫宁 - 奥布霍夫长度（L）、机械混合层高度（Z_{im}）、对流混合层高度（Z_{ic}）[根据对流速度（$w*$）生成]。稳定的情况下，机械混合层高度（Z_{im}）是通过摩擦速度（$u*$）计算得出的，Z_{im} 相关参数（$u*$ 乘以初始计算值）用于机械混合层高度（Z_{im}）的平滑校正，以此产生不利气象条件组合。MAKEMET 最终生成的地面气象数据和高空气象数据也能被 AERMOD 读取运行。

1.2.3　AERSCREEN 与 SCREEN3 对比分析

《环境影响评价技术导则　大气环境》推荐的估算模式 SCREEN3 由 EPA 于 20 世纪 90 年代发布，该模式采用了单源高斯烟羽扩散模式，适合模拟小尺度范围内流场一致的气态污染物的传输与扩散，该模式嵌入了所有可能发生的气象条件组合，可模拟点源、面源、体源、火炬源在不同组合气象条件下，下风向轴线上的地面环境空气质量浓度。新一代估算模式 AERSCREEN 与 SCREEN3 的三大重要区别：

（1）建筑物下洗处理方式不同，AERSCREEN 充分利用了 PRIME 算法（Schulman，2000）的优点，AERSCREEN 调用 BPIPPRM 程序来输出 AERMOD 筛选模式运行所需的建筑物下洗数据。而 SCREEN3 采用的算法为大气回流空腔公式（Hosker，1984）和 ISC 模式建筑物下洗算法。

（2）气象参数处理方式不同，AERSCREEN 提供 3 个气象筛选选项：①用户自定义正午反照率、波文比、地表粗糙度；②通过不同季节、不同土地利用类型来生成地表参数；③可使用 AERSURFACE 的输出文件或 AERMET 第 3 阶段的输入文件，来生成地表参数。AERSCREEN 可自定义当地最低和最高环境温度（计算中温度为最低至最高温度之间的变量）。而 SCREEN3 仅利用内置的 54 种气象组合，无法定义地表参数，环境温度仅定义为当地的年平均温度，生成的不利气象条件代表性较差。

（3）地形处理方式不同，AERSCREEN 具有复杂地形和平坦地形运行的两种选项，可调用 AERMAP 来处理复杂地形高程文件（DEM 或 NED），生成 AERMOD 筛选选项所需要的文件。而 SCREEN3 无法利用 DEM 或 NED 文件，需手动输入各坐标点的高程，处理复杂地形案例较差。

1.3 AERMOD 简介

1.3.1 AERMOD 发展历史

近年来，国内研究者对 AERMOD 开展了一系列研究工作，如在建设项目环评、规划环评、大气污染模拟、环境人体健康评价等领域。

AERMOD 是一个稳态烟羽扩散模式，可模拟点源、面源、体源等排放出的大气污染物在小时平均、日平均、长期浓度分布，适用于农村或城市地区、简单或复杂地形。模式使用每小时连续预处理气象数据模拟大于等于 1 h 平均时间的浓度分布，适用于评价范围不大于 50 km 的评价项目。AERMOD 模式包括 AERMOD（扩散模型）、AERMET（气象预处理）、AERMAP（地形预处理）。气象预处理模块（AERMET）为 AERMOD 提供参数化行星边界层（PBL）所需的气象数据。地形预处理模块（AERMAP）将地形特征化，同时为扩散模块生成预测点网格。

AERMET 用气象观测数据和地表特征来计算边界层参数（如混合层高度、摩擦速度等），提供给 AERMOD 使用。气象数据可以是现场测得或非现场（如常规气象站）测得的，但都要求能代表模拟区域内的气象特征。AERMAP 用模拟区域的网格化高程数据来计算各预测点的地形高度尺度（或称地形控制高度），提供给 AERMAP 的高程数据采用 DEM 数据格式。

与 ISC3 相比，AERMOD 当前包括的新的或改进的算法有：①扩散计算在对流和稳定边界层中都能进行；②烟羽抬升和浮力；③烟羽穿透入上部逆温层；④风、湍流强度和温度的垂直廓线计算；⑤城区的夜间边界层；⑥能处理各类地形上的预测点，包括地面点到高于烟羽高度的地形上的点；⑦能处理建筑物尾迹；⑧对基本的边界层参数化方法进行了改进；⑨考虑了烟羽弯曲过程。

AERMIC 经过七个模型推进步骤，最终将 AERMOD 模型作为 ISC3 的改进法规模型。这 7 个步骤为：①初始模型公式；②开发评估；③内部对比和 beta 测试；④改进模型公式；⑤运行表现评估和敏感性测试；⑥外部对比评述；⑦提交到 EPA 的空气质量规划和标准办公室（OAQPS）进行法规模型的认可。

AERMOD 的初始模型公式由皮里（Perry）等于 1994 年和西莫拉里（Cimoreli）等于 1996 年进行了总结，采用各种实地测量数据进行测试，以找出需要改进的地方。开发评估工作采用了五套数据。三套为示踪试验数据，另两套则是一整年的连续 SO_2 实测数据。这些实验包括高架源和地面源，复杂地形和简单地形，农村和城区边界层。然后是全面的结果对比，之后对初始模型公式进行许多改进，进行了 beta 测试。

AERMOD 进行了一次综合运行评估，目的是用不同数据系列来评估 AERMOD 浓度计算结果，并评估本模型作为法规模型的合适性。采用了五套不同的数据（两个为简单地形，三个为复杂地形）进行评估，每套数据包括一整年的连续 SO₂ 实测数据。此外，AERMOD 与另外四个应用模型和法规模型（ISC3、CTDMPLUS、RTDM 和 HPDM）进行了对比。这些模型与 AERMOD 的对比方法，采用了美国环保局 1992 年颁布的《决定最佳表现模型的规则》。AERMOD 最终正式版于 2003 年完成。

1.3.2 AERMOD 理论概述

AERMIC 将干、湿颗粒和气体沉降，与污染源或烟羽的损耗结合到一起，用了新的沉降公式。此外，开发者在避免模型的公式不连续性方面也做了很大的努力，目的是使输入参数的微小变化不至于导致计算浓度的巨大变化。基于一种相对简单的方法，AERMOD 将关于风场的当前概念和复杂地形扩散结合起来。将扩散过程分成烟羽穿透和烟羽沿着地形走这两种现象，分别采用合适的烟羽进行模拟。因此，AERMOD 中取消了复杂地形的定义，把地形都当作一致和连续的来处理，同时要考虑到稳定气象条件划分概念。

AERMET 地表特征参数包括反照率、粗糙度和波文比，以及标准气象观测记录（风速、风向、温度、云量），都输入到 AERMET，用于计算出 PBL 参数：摩擦速度（$u*$），莫宁-奥布霍夫长度（L）、对流速度尺度（$w*$）、温度尺度（$\theta*$）、混合层高度（z_i）和地表热通量（H）。这些参数传给 INTERFACE（在 AERMOD 内部），结合测量数据，采用相似理论方法计算出风速（u）、水平和垂直湍流强度（σ_v，σ_w）、位温梯度（$d\theta/dz$）和位温（θ）的垂直廓线。AERMET 的基本目的是使用预测区域的气象观测数据，计算所需的边界层参数，此参数用来估算风速、湍流强度和温度的廓线。预测区域地面特征（地表粗糙度、反射率等）能影响边界层高度和污染物扩散过程。此外，估算出的参数还有对流和机械混合层高度。AERMET 输入数据包括常规地面气象观测资料和一天两次的探空资料，以及补充的地面气象观测点资料，来确定 AERMET 的尺度参数和边界层廓线数据。尺度参数和边界层廓线数据经过设于 AERMOD 中的界面进入 AERMOD 后，给出相似参数，同时对边界层廓线数据进行内插。最后将平均风速、湍流量、温度梯度及边界层廓线等数据输入扩散模式，并计算出浓度。

AERMAP 是 AERMOD 地形输入数据的地形预处理器，它把输入的网格点的地理位置参数，如数字化地形数据格式（DEM 数据），经过计算转化成 AERMOD 所需的地形数据，这些数据用于障碍物周围的大气扩散计算，结合风速等参数，用于污染物预测计算。对每个接收点（receptor），AERMAP 把接收点的位置、海拔高度和每个接收点的特定地形高度等，传递给 AERMOD。AERMAP 地形前处理，要确定一个临界高度 H_c。烟羽靠近山体时，按此高度分成两层。高于 H_c 的烟羽部分有充足的动能，可以沿山体上升，流过山体；低

于 H_c 的烟羽部分围绕着山体作水平扩散。大气不稳定性增大，高于 H_c 的烟羽部分也增多。反之，随着稳定性增大，低于 H_c 的烟羽部分将增多。在稳定状态下，水平烟羽占主导，将得到较大的权重；而在中性和不稳定状态，则是地形引导烟羽的权重更大。接收点的地面浓度是上述两层影响的总和。

平坦地形（即不考虑地形影响）时，AERMOD 污染物扩散质量浓度基本公式如下：

$$C(x,y,z) = \frac{Q}{\bar{u}} p_y(y,x) p_z(z,x) \tag{1-1}$$

式中，Q 为污染源排放率；$\bar{u}$ 为有效风速；p_y、p_z 为水平方向和垂直方向浓度分布的概率密度函数，在稳定边界层（SBL）和对流边界层（CBL）中它们有不同表达方式，在 SBL 中，浓度分布在垂直和水平方向上都可用高斯分布来表示，在 CBL 中，水平方向浓度分布可以用高斯分布表示，但在垂直方向上的分布，则用双高斯概率密度函数来表示。

1.4　CALPUFF 简介

1.4.1　CALPUFF 发展历史

CALPUFF（California Puff model）为三维非稳态拉格朗日扩散模式系统，与传统的稳态高斯扩散模式相比，能更好地处理长距离污染物运输（50 km 以上的距离范围）。20 世纪 80 年代末，CALPUFF 由美国西格玛研究公司（Sigma Research Corporation）开发。2006 年 4 月，CALPUFF 模式版权转移到美国 TRC Environmental Corporation。2014 年 6 月，CALPUFF 模式转由美国 Exponent Inc.维护。CALPUFF 是 EPA 长期支持开发的法规模型，2008 年我国环保部在《环境影响评价技术导则　大气环境》（HJ 2.2—2008）中以推荐模式清单方式引进 CALPUFF，在国内环评工作中得到了广泛的应用，获得了良好的效果。目前已经有 100 多个国家在使用 CALPUFF，并被多个国家作为法规模型。

CALPUFF 具有以下优势和特点：①能模拟从几十米到几百千米中等尺度范围；②能模拟一些非稳态情况（静小风、熏烟、环流、地形和海岸效应），也能评估二次污染颗粒浓度，而以高斯理论为基础的模式则不具备；③气象模型包括陆上和水上边界层模型，可利用小时 MM4 或 MM5 网格风场作为观测数据，或作为初始猜测风场；④采用地形动力学、坡面流参数方法对初始猜测风场分析，适合于粗糙、复杂地形条件下的模拟；⑤加入了处理针对面源（森林火灾）浮力抬升和扩散的功能模块。

近年来，国内研究者对 CALPUFF 模型在空气质量模拟方面开展了一系列研究工作，如 CALPUFF 模式模拟能见度情况、模拟放射性核素迁移扩散情况、模拟秸秆焚烧造成的环境影响、可视化二次开发、区域大气环境容量测算、预测风速和风功率密度分布、预测区域重点行业大气污染等。免费 CALPUFF 软件见图 1-3。

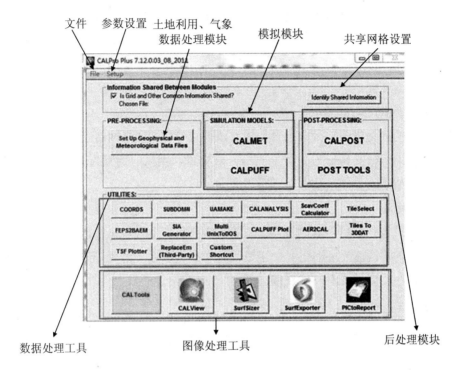

图 1-3　CALPRO 可视化操作页面

1.4.2　CALPUFF 理论概述

1.4.2.1　CALMET 理论

CALMET 为 CALPUFF 烟团扩散模型提供必要的三维气象场,包括诊断风场模块和微气象模块。诊断风场模块对初始猜测风场（MM4 或 MM5 网格风场、常规监测的地面与高空气象数据）进行地形动力学、坡面流、地形阻塞效应调整,产生第一步风场,导入观测数据,并通过插值、平滑处理、垂直速度计算、辐散最小化等产生最终风场;微气象模块根据参数化方法,利用地表热通量、边界层高度、摩擦速度、对流速度、莫宁-奥布霍夫长度等参数描述边界层结构。

（1）地形动力学效应

CALMET 利用 Liu 和 Yocke 提出的方法处理地形动力学效应,通过计算整个区域的风来获得受地形影响的垂直风速,并满足大气稳定度递减指数函数。对初始猜测风场重复执行辐散最小化方法,直到三维辐散小于阈值,以获得水平方向风分量所受到的地形动力学影响。

（2）坡面流

在 CALMET 中，坡面流利用地形坡度、坡高、时间等参数计算，其风分量调入风场调整空气动力学影响。坡面流算法根据 Mahrt 的射流（shooting flows）参数化基础，射流是浮力驱动的气流，依靠微弱的平流输送、地表曳力、坡面流层的夹卷作用平衡。坡流层厚度随坡顶高程而变化。

（3）地形阻塞效应

地形对风场的热力学阻塞效应通过局地弗汝德数计算。如果网格点计算值小于临界弗汝德数（阻塞作用阈值默认值为 1），且风有上坡分量，则风向调整为与地形相切的方向，风速不变；如果超过临界弗汝德数，则不需要调整。

（4）最终风场

最终风场通过客观分析将观测资料引入第一步风场，主要包括插值、平滑处理、垂直风速的 O'Brien 调整、辐散最小化 4 个子过程。用户可以在平滑处理和 O'Brien 调整步骤之间调用海风程序，以模拟海岸线风场。

1.4.2.2　CALPUFF 理论

（1）烟团模式的一般形式

与 AERMOD 与 ADMS 不同，CALPUFF 采用非稳态三维拉格朗日烟团输送模型。烟团模式是一种比较简便灵活的扩散模式，可以处理有时空变化的恶劣气象条件和污染源参数，比高斯烟羽模式使用范围更广。在烟团模式中，大量污染物的离散气团构成了连续烟羽。烟团模式一般由以下几方面构成：①烟团的质量守恒；②烟团的生成；③烟团运动轨迹计算；④烟团中污染物散布；⑤迁移过程；⑥浓度计算。

大多烟团模型利用"快照"方法预测接受点浓度，每个烟团在特定时间间隔被"冻结"，浓度根据此刻被"冻结"的烟团计算，然后烟团继续移动，大小和强度等继续变化，直到下次采样时间再次被冻结。在基本时间步长内，接受点浓度为周围所有烟团采样时间内平均浓度总和。

对比烟羽方法，烟团方法具有很多优点：①可以处理静风问题；②在离开模拟区域前，烟团都参加扩散计算；③烟团在三维风场遵循非线性运动轨迹；④一个烟团平流经过一个区域，烟团的形状尺寸会随之发生变化。而高斯烟羽仅考虑污染源和预测点的地形差异，不考虑两点之间地形对烟羽的影响。

常规的烟团方法在"快照"时，烟团间隙的预测点浓度偏低，中心的预测点浓度偏高。CALPUFF 解决此问题的方法一种是采用积分采样方法即 CALPUFF 积分烟团方法（最早用于 MESOPUFF Ⅱ），另一种是沿风向拉长非圆形烟团，解决释放足够烟团的问题，即

Slug 方法。

（2）CALPUFF 积分烟团

在 CALPUFF 烟羽扩散模型中，单个烟团在某个接受点的基本浓度方程为：

$$C = \frac{Q}{2\pi\sigma_x\sigma_y} g \, \mathrm{Exp}\left[-d_a^2 \big/ (2\sigma_x^2)\right] \mathrm{Exp}\left[-d_c^2 \big/ (2\sigma_y^2)\right] \tag{1-2}$$

$$g = \frac{2}{\sigma_z\sqrt{2\pi}} \sum_{n=-\infty}^{\infty} \mathrm{Exp}[-(H_e + 2nh)^2 \big/ (2\sigma_z^2)] \tag{1-3}$$

式中，C 为地面浓度，g/m^2；Q 为源强；σ_x、σ_y、σ_z 为扩散系数；d_a 为顺风距离；d_c 为横向距离；H_e 为有效高度；h 为混合层高度；g 为高斯方程垂直项，解决混合层和地面之间多次反射的问题。

在中尺度距离传输中，烟团体积在采样步长内的分段变化通常很小，积分烟团可以满足计算要求。当模型用来处理局地尺度问题时，由于部分烟团的增长速率可能很快，积分烟团的处理能力难以达到要求。

（3）Slug 计算

Slug 方法用来处理局地尺度大气污染，将烟团拉伸，可以更好地体现污染源对近场的影响。Slug 可以被看成一组分隔距离很小的重叠烟团，利用 Slug 模式处理时，污染物被均匀分散到 Slug 中。

Slug 描述了烟团连续排放，每个烟团都含有无限小的污染物。和烟团一样，每个 Slug 都能根据扩散局地影响、化学转化等独立发生变化，邻近 Slug 的端点相互连接，确保模拟烟羽的连续性，摒弃了烟团方法的间隔缺陷。

采用 Slug 模式，当横向扩散参数 σ_y 增长接近于 Slug 自身长度时（下风距离内会发生这种情况），CALPUFF 开始利用烟团（puff）模式对污染物采样，提高计算效率。在足够大的下风距离内，利用 Slug 模式模拟没有优势，因而积分烟团模式适合中等尺度范围，Slug 模式适合局地尺度。

（4）大气湍流分量

计算 σ_{yt} 和 σ_{zt} 时，尽可能使用大量精确数据，当数据不能直接被使用时，模型提供不要求输入精确数据的计算公式。根据 5 种不同的扩散选项，模型将输入的数据分为 3 级。5 种扩散选项分别为：①根据湍流运动的监测值计算扩散系数 σ_V 和 σ_W；②利用微气象变量计算扩散系数 σ_V 和 σ_W；③通过 ISCST 模型计算乡村区域 PG 扩散系数和 McElroy-Pooler 城市区域扩散系数；④除 PG 扩散系数之外，通过 MESOPUFF Ⅱ 计算的扩散系数；⑤稳定和中性气象条件下（假设 σ_V 和 σ_W 已读取），复杂地形扩散模式（CTDM）的 σ 值和不稳定条件下第 3 种选项的 σ 值。输入的数据有 3 种：①湍流扩散系数，即 σ_v 和 σ_w 直接监测值；②通过 CALMET 或其他模型对微气象参数计算得到的横向和垂直分量；③PGT 或 ISCST 模型中的扩散系数，或 MESOPUFF Ⅱ的乡村扩散参数。

（5）初始烟羽大小

体源排放烟团的初始大小由用户定义的初始扩散系数（σ_{y0} 和 σ_{z0}）决定。一个体源可以看作由特定区域内许多指定的面源组成的单个污染源，随着体源排放扩散到一定体积，可用 σ_{y0} 和 σ_{z0} 表示。体源烟团扩散可以当作点源烟团计算处理，采用虚拟源设置初始 σ_{y0} 和 σ_{z0}。

（6）烟团分裂

垂直风切变有时是影响烟团传输和扩散的一个重要因素。CALPUFF 可以处理单个烟团切变，当切变作用明显时，将烟团分裂成多个，分裂后的烟团独立传输和扩散。如果单个烟团在模拟区域时间足够长，则可能被多次分裂，在垂直方向仍是高斯形式的烟团将不再被分裂。

（7）烟羽抬升

CALPUFF 模型中烟羽的抬升关系适用于各种类型的源和各种特征的烟羽。烟羽抬升算法考虑了以下几个方面：烟团的浮力和动量；稳定的大气分层；部分烟团穿透进入稳定的逆温层；建筑物下洗和烟囱顶端下洗效应；垂直风切变；面源烟羽抬升；线源烟羽抬升。

1.5　CMAQ 简介

1.5.1　CMAQ 发展历史

CMAQ（the Community Multiscale Air Quality）是 EPA 开发的第三代区域空气质量模型，由 EPA 国家暴露研究实验室开发和维护的空气质量模型。20 多年来，CMAQ 开发团队一直在积极发展和完善，已有 14 个公开发布版本，其中最新的版本为 5.2（见图 1-4）。CMAQ 秉承"One Atmosphere"（一个大气）的理念，将整个对流层大气作为一个整体，采用一套考虑不同物质相互影响的大气控制方程，对环境大气中的物理、化学过程以及不同物种的相互作用过程进行周密的考虑，适用于光化学烟雾、区域酸沉降、大气颗粒物污染等多尺度多物种的复杂大气环境问题的模拟。

自 1998 年 6 月首次发布以来，该模型一直被应用于空气质量管理和科学研究，CMAQ 灵活的框架和较高的可维护性，使得该模型能将最新的大气动力学、大气化学研究成果应用于模型的模拟（https://www.epa.gov/cmaq）。

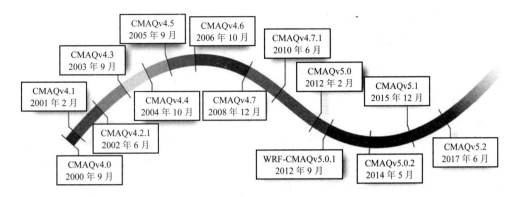

图 1-4 CMAQ 发展历程

各主要版本的技术更新情况如下：

- CMAQv4.7（2008 年 12 月）、CMAQv4.7.1（2010 年 6 月）

  ——更新非均相 N_2O_5 的参数化

  ——改进二次有机气溶胶的生成机制

  ——引入粗模态气溶胶的动力学迁移和转化

  ——修正云物理模块

  ——增加了光解率计算的新选项

- CMAQv5.0（2012 年 2 月）

  ——更新气相-液相气溶胶的化学、光解反应机制

  ——改进对流和湍流输送机制

  ——提升主框架的灵活性和可维护性

  ——引入 WRF、CMAQ 双向耦合机制

  ——考虑 NH_3、Hg 的双向转化反应

- CMAQv5.0.2（2014 年 5 月）

  ——增加了 3 个功能模块（DDM 直接解耦法、源解析、硫溯源）

  ——增加社群互助

- CMAQv5.1（2015 年 12 月）

  ——改进化学光解模块

  ——气溶胶化学机制改进，增加新的二次有机气溶胶生成途径

  ——提升计算性能

- CMAQv5.2（2016 年 11 月测试版本；2017 年 6 月最终版本）

  ——增加新的有机气溶胶处理模块

  ——更新起砂模块

——增加 CB06 化学机制

——更新闪电生成模块（NO_x 生成及同化）

——增加半球过程模拟选项

1.5.2　CMAQ 理论概述

该模型主要结构见图 1-5，其核心是 CCTM（化学传输模块），主要模拟污染物的传输、化学转化、沉降等过程，同时该模块还具有一定的可扩展性，可根据实际的模拟需求，加入云物理过程、气溶胶模块等；ICON/BCON 两个模块主要是为 CCTM 提供污染物初始场和边界场；JPROC（光化学分解率模块）用于计算相关反应的光解速率；MCIP（气象-化学接口模块）是气象数据接口，通过该模块可将 WRF、MM5 等中尺度气象场转化为 CCTM 可读取的文件格式。

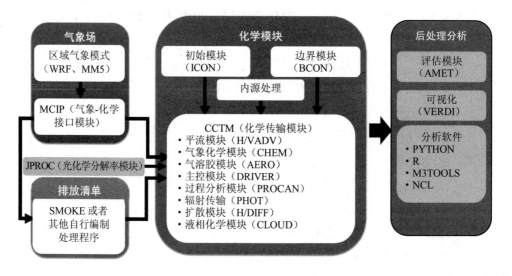

图 1-5　CMAQ 模型主要结构

模型有以下特点：

（1）模式适用性。CMAQ 是 EPA 推荐的空气质量模型。该模型系统包括了污染源排放、气象处理和化学转化等模块，可模拟从城市尺度到区域尺度的对流层臭氧、细颗粒物、有毒污染物、酸沉降等复杂大气污染过程，适用于一次和二次污染物模拟，可为空气质量预报、区域空气质量管理等提供技术支持。

（2）模拟范围设定。CMAQ 模式系统适用于模拟范围大于 50 km 的区域空气质量评价。模拟时应采用多重嵌套网格，并确保最内层网格的范围大于整个评价区域。

（3）污染源。CMAQ 模式系统可识别 NETCDF 格式的污染源数据，其中污染物类别需涵盖 SO_2、NO_x、PM、BC（黑炭）、OC（有机碳）及 VOCs（子物种）等多种大气污染物，空间上需将污染物分配到所有高度层的各个网格，时间上需精确到小时。对于有一定变化规律的源强，应按季、月、周、小时变化特征进行折算，其他源强则按年平均小时排放量进行计算。若模拟中考虑了污染物的二次化学转化，则需要加入区域背景污染源清单，并将项目点源、面源、线源等数据按照空间和时间分配方法，叠加到背景源上，最后通过 SMOKE 或者其他工具处理成 NETCDF 格式的源清单文件。

（4）气象资料。CMAQ 可读取 MM5、WRF 输出的气象文件。结合现有研究成果，建议在实际模拟过程中采用 WRF 的输出结果作为 CMAQ 的气象场，若评价范围内有地面或者高空气象站，则需将该部分气象观测数据同化进 WRF 模式。

（5）边界条件和初始条件。为了提高 CMAQ 模拟的准确性，需在模拟中加入区域污染物的初始场和边界场。在实际应用时建议首先选择全球尺度大气化学模式 MOZART 模拟结果作为初始和边界条件，如果没有相关数据的，则可以采用"spin-up"的方法，将模拟初始时间提前 7～10 天，使边界条件和初始条件达到稳定状态，从而提高模拟的准确性。

1.6　模型参考手册及文献

- AERMOD、AERSCREEN 模型源代码及手册：https://www3.epa.gov/scram001/dispersion_prefrec.htm
- AERSCREEN 常用命令及参数速查手册见附录 A AERSCREEN 常用命令及参数速查手册
- CALPUFF 中文教程及光盘：《CALPUFF 模型技术方法与应用》（ISBN：9787511127143）
- CALPUFF 常见问题答疑见第 13 章
- CALPUFF 在线教程视频：https://calpuff.ke.qq.com/
- CALPUFF 模型源代码及英文手册：http://src.com/
- 模型在线计算服务网址：http://www.ieimodel.org/
- CMAQ 模型源代码及手册：https://www.cmascenter.org/
- 国家环境保护环境影响评价数值模拟重点实验室：http://www.lem.org.cn/

第2章
估算模型应用研究

环境影响评价工作中，估算模型用于评价等级、评价范围、大气环境防护距离计算等工作。大气环境防护距离计算程序采用的是 SCREEN3 估算模式计算，新一代估算模式 AERSCREEN 与 SCREEN3 在气象数据处理、地形地表参数的取值及扩散理论方面有一定差别。

（1）本章通过不同污染源参数条件下的案例设计，提出了 AERSCREEN 计算大气环境防护距离的新方法，分析 AERSCREEN 和 SCREEN3 方法的结果差异和其中可能存在的问题；

（2）本章以 2012 年山西省焦化企业为研究对象，基于高分辨率焦化企业排放清单、舆情数据、地形数据等，建立了基于 AERSCREEN 模式计算焦炉苯并[a]芘（BaP）大气环境防护距离方法，自下而上估算山西每个焦化厂防护距离影响范围，分析焦炉排放 BaP 潜在影响的土地面积和舆情人口分布情况。

2.1 AERSCREEN 计算大气环境防护距离方法研究

大气环境防护距离是根据《环境影响评价技术导则 大气环境》（HJ 2.2—2008）规定，为保护人群健康，减少正常排放条件下无组织大气污染物对居住区的环境影响，在项目厂界以外设置大气环境防护距离。

环境防护距离取值方法为最大一次落地浓度（离面源中心）达到环境质量标准的最小距离（m）。目前大气环境防护距离计算程序采用的是 SCREEN3 估算模式计算，而 2011年 3 月 EPA 正式发布了新一代估算模式 AERSCREEN，取代 SCREEN3 作为美国空气质量模型的估算模式，AERSCREEN 与 SCREEN3 在气象数据处理、地形地表参数的取值及扩散理论方面有一定差别，AERSCREEN 耦合了 AERMOD 的相关内核（AERMOD、AERMAP、BPIPPRM），能计算并捕捉到最不利的气象条件及浓度结果。

笔者通过不同污染源参数条件下的案例设计，提出了 AERSCREEN 计算大气环境防护距离的新方法，分别采用 AERSCREEN 和 SCREEN3 来计算大气环境防护距离，分析两种不同方法的结果差异和其中可能存在的问题，提出解决方案和建议对策。

2.1.1　大气环境防护距离方法研究

大气环境防护距离的计算方法：选用估算模式，计算输出污染源下风向轴线上 25 km 范围内地面小时污染物质量浓度，将污染物地面最远超标距离作为大气环境防护距离。

SCREEN3 由 EPA 于 20 世纪 90 年代发布，该模式采用了单源高斯烟羽扩散模式，适合模拟小尺度范围内流场一致的气态污染物的传输与扩散，该模式嵌入了所有可能发生的气象条件组合，可模拟点源、面源、体源、火炬源在不同组合气象条件下，下风向轴线上的地面环境空气质量浓度。SCREEN3 模式基本公式如下：

$$
\begin{aligned}
C = \frac{Q}{2\pi U \sigma_y \sigma_z} \Big\{ & \exp[-\frac{(z-H_e)^2}{2\sigma_z{}^2}] + \\
& \exp[-\frac{(z+H_e)^2}{2\sigma_z{}^2}] + \\
& \sum_{n=1}^{k} \{ \exp[-\frac{(z-H_e-2nh)^2}{2\sigma_z{}^2}] + \\
& \exp[-\frac{(z+H_e-2nh)^2}{2\sigma_z{}^2}] + \\
& \exp[-\frac{(z-H_e+2nh)^2}{2\sigma_z{}^2}] + \\
& \exp[-\frac{(z+H_e+2nh)^2}{2\sigma_z{}^2}] \} \Big\}
\end{aligned}
\tag{2-1}
$$

式中，C 为接受点的污染物落地质量浓度，g/m^3；Q 为污染源排放强度，g/s；U 为排气筒出口处的风速，m/s；σ_y、σ_z 分别为 y 和 z 方向扩散参数，m；z 为接受点离地面的高度，m；H_e 为排气筒有效高度，m；h 为混合层高度，m；k 为烟羽从地面到混合层之间的反射次数，一般小于等于 4。

2.1.2　案例设置

2.1.2.1　案例选取

案例选取某大型钢铁厂、某电解铝工程、某纯碱工程典型污染面源排放的污染物因子，分别输入到 AERSCREEN 和 SCREEN3，计算后输出污染源下风向轴线上 25 km 范围内地面小时污染物质量浓度，将污染物地面最远超标距离作为大气环境防护距离。

2.1.2.2　模式参数选取

AERSCREEN 进行保守选取，运行不考虑建筑物下洗、熏烟、地形等情况，环境温度参数根据要求输入环境最高温度和最低温度。

估算模式 SCREEN3 进行保守选取，运行不考虑建筑物下洗、熏烟、地形等情况，环境温度采用环境年平均温度。本次模式参数设置见表 2-1。

表 2-1　AERSCREEN 与 SCREEN3 模式参数一览

SCREEN3			
参数名称	单位	农村选项	城市选项
测风高度	m	10	
温度	℃	20	

AERSCREEN								
参数名称	单位		农村选项			城市选项		
		季节	反照率	波文比	表面粗糙度	反照率	波文比	表面粗糙度
地表参数	—	冬季（12 月、1 月、2 月）	0.6	1.5	0.01	0.35	1.5	1
		春季（3 月、4 月、5 月）	0.14	0.3	0.03	0.14	1	1
		夏季（6 月、7 月、8 月）	0.2	0.5	0.2	0.16	2	1
		秋季（9 月、10 月、11 月）	0.18	0.7	0.05	0.18	2	1
测风高度	m	10						
温度	℃	−30～40						

2.1.2.3　计算结果及分析

分别采用 AERSCREEN、SCREEN3 模式计算不同污染源在农村、城市选项的地面最远超标距离，大气环境防护距离对比结果见表 2-2。

当选择农村选项或城市选项时，AERSCREEN 防护距离均大于 SCREEN3 的计算结果，两个模型的城市选项计算的防护距离总体小于农村选项。从结果来看，AERSCREEN 的防护距离结果较为保守。

这主要是由于 SCREEN3 模式内置气象条件为 54 组气象条件情景,环境温度仅为环境的年均温度;而 AERSCREEN 根据不同的地表参数数值,气象条件组合为 300~400 组气象条件,并且环境温度为最低气温至最高气温之间的变量。虽然 AERSCREEN 生成某些不利气象组合条件可能出现的概率极低,导致 AERSCREEN 计算结果总体上大于 SCREEN3 的结果。但作为新一代估算模式,AERSCREEN 比 SCREEN3 能更好地反映最不利的气象条件及浓度结果。

表 2-2　AERSCREEN 模式与 SCREEN3 模式计算大气环境防护距离结果对比

项目名称	污染源	污染因子	源强/(g/s)	面源长宽/m		源高/m	SCREEN3		AERSCREEN	
							城市/m	农村/m	城市/m	农村/m
某大型钢铁厂	石灰焙烧	TSP	1.05	95	160	10	0	0	150	275
	烧结	TSP	4.91	360	470	20	0	0	0	1 300
	焦炉炉体	BaP	8.67	100	1 000	25	2 450	10 000	6 600	25 000
某电解铝工程	电解铝车间	F	0.55	446	94	25	0	0	575	1 750
某纯碱工程	生产车间	NH₃	6.67	600	400	15	1 150	6 000	2 325	25 000

两个模型的农村选项计算出大气环境防护距离总体偏大,如焦炉和纯碱生产工程,AERSCREEN 计算的防护距离最远距离能达到 25 km,而 SCREEN3 计算防护距离最远距离能达到 10 km,由于历史和现实等各种原因,目前拟建项目或改扩建项目周围一般存在着稠密的村庄等,确定较大的防护距离将会遇到越来越多的实际困难等,防护距离若按农村选项设置显然不具有可操作性。考虑到目前企业多处于工业规划区内,地表参数复杂程度可参照城市下垫面情况,建议大气环境防护距离计算优先考虑城市选项,并根据当地气象资料,分析最大防护距离的不利气象条件发生概率,来验证大气环境防护距离的合理性。

2.1.3　结论和建议

AERSCREEN 模型可考虑复杂地形计算以及温度变化的影响,比 SCREEN3 能更好地反映最不利的气象条件及浓度结果,利用该模型计算大气环境防护距离较为先进科学。利用所述方法,并结合项目所在地的气象条件、地形条件、社会经济条件等,以确定出合理的大气环境防护距离,为今后项目选址、环境保护提供了一种新的思路与方法。

2.2   基于 AERSCREEN 的山西省焦化企业防护距离研究

2.2.1   研究方法与数据

2.2.1.1   研究区域与对象

范围包括山西省的 11 个地级市：朔州、大同、忻州、太原、阳泉、晋中、长治、晋城、吕梁、临汾、运城，研究对象为山西省内所有焦化企业，包括钢铁行业焦化和独立焦化厂。

2.2.1.2   焦化企业排放清单

山西焦化企业信息来自笔者团队开发的 2012 年全国高分率焦化企业排放清单产品。基准年为 2012 年，基础资料包括环统数据、环评数据、验收数据等，结合环评、验收、文献调研等 BaP 排放因子，确定山西省焦化企业 BaP 排放因子（生产规模大于 300 万 t/a，排放因子为 15 mg/t；生产规模小于 300 万 t/a、大于 100 万 t/a，排放因子为 20 mg/t；生产规模小于 100 万 t/a，排放因子为 30 mg/t），结合产能产量数据计算得到山西焦化企业 BaP 排放量。

2.2.1.3   舆情数据

舆情数据具有获取途径多样性、信息交互便捷化等特点，能表征高时空分辨率人群活动和分布特征，有利于评估环境污染与人群活动的关系。采用的舆情数据主要来源于生态环境部"12369"环保举报热线，舆情数据时间段为 2015 年 6 月至 2017 年 4 月，主要通过微信、互联网、电话三种方式进行收集，包含厂名、行政区域、举报人地理坐标、举报形式等。

2.2.1.4   大气估算模式 AERSCREEN

AERSCREEN 是基于空气质量预测模型 AERMOD 的估算模型，可模拟单个点源、矩形面源、圆形面源、体源等，可考虑地形数据、土地利用数据等，得出最不利气象条件下的污染物小时最大浓度以及对应的距离。

2.2.1.5   焦化企业防护距离

基于生态环境部环境评估中心 AERSURFACE 在线服务系统的研究成果，提取山西省每个焦化厂所对应的地表参数（反照率、波文比、地表粗糙度），AERMAP 调用 90 m 精度地形高程，结合当地最不利气象统计数据、BaP 排放量等数据，使用估算模式 AERSCREEN 计算山西省每个焦化厂 BaP 的污染扩散影响。在结果中提取 BaP 浓度超过《环境空气质量标准》二级浓度限值（0.002 5 μg/m³）3 倍的最大防护距离（r）。基于每个焦化厂防护距离和舆情数据，通过 GIS 分析受到山西省焦化企业潜在影响的土地面积情况。

$$S_i = \pi\, r_i^2 \tag{2-2}$$

式中，S_i 为第 i 个焦化厂防护距离内面积，m²；r_i 为以 i 焦化厂为中心的防护距离，m。

2.2.2 结果与讨论

2.2.2.1 焦化企业空间分布分析

结果显示，2012 年山西省共有 249 家焦化企业，其中独立焦化厂 239 家，钢铁行业焦化厂 10 家（见表 2-3）。从数量来看，山西省所有地级市均有焦化企业，其中最为集中的地级市是运城、吕梁，分别占山西省所有焦化企业数量的 20.88%、20.48%。从 BaP 排放量来看，吕梁市 BaP 排放量最大，占山西省所有焦化企业 BaP 排放总量的 20.72%，其次分别为临汾市、长治市，占比分别为 19.89%、16.97%。

表 2-3 山西省各地级市焦化企业数量统计

地级市名称	独立焦化厂数量/个	钢铁焦化厂数量/个	焦化企业总数/个	BaP 排放量/（kg/a）
朔州	1	0	1	0.10
大同	19	0	19	41.31
忻州	3	0	3	36.58
太原	19	1	20	280.36
阳泉	2	0	2	32.48
晋中	25	0	25	293.28
长治	35	1	36	384.74
晋城	3	0	3	28.00
吕梁	49	2	51	469.89
临汾	36	1	37	450.96
运城	47	5	52	249.45
总计	239	10	249	2 267.44

2.2.2.2 焦化企业防护距离内面积占比分析

根据山西省行政区划对所有焦化企业进行统计，结果见表2-4。山西省面积共15.98万 km^2，其中焦化企业防护距离内面积为 1.80 万 km^2，约占 11.26%。太原市、临汾市焦化企业防护距离内面积与所在行政区域面积的比例分别为 25.35%、22.17%，其次为晋中市、吕梁市。

表2-4　山西省各地级市焦化企业防护距离内面积　　　　　　　　　单位：万 m^2

地级市名称	地级市面积	焦化企业防护距离内面积	地级市名称	地级市面积	焦化企业防护距离内面积
朔州	1.12	0	长治	1.41	0.28
大同	1.48	0.01	晋城	0.94	0.06
忻州	2.61	0.03	吕梁	2.14	0.34
太原	0.71	0.18	临汾	2.03	0.45
阳泉	0.47	0.04	运城	1.40	0.13
晋中	1.67	0.27			
			总计	15.98	1.80

2.2.2.3 公众对焦化厂态度分析

以包含关键词"山西省""焦化"的舆情数据代表社会公众对焦化厂的态度，共获取有效舆情数据 424 条，并进行语义分析。结果表明（见图 2-1），"污染""某钢""严重""噪音""排放""小区"等词频率最高，其中"污染"与焦化行业具有较高关联度，也是包含负面态度的高频关键词之一，说明焦化企业导致各种污染问题一直是公众关心的问题之一，也是公众认为应该首要解决的问题。研究发现，"某钢"出现频率仅次于"污染"，但高频词频率越高，不完全代表该企业污染越严重。经调查，"某钢铁厂"在省内的管理、污染物排放污染水平等方面都较好，由于该企业的地理位置属于经济较发达地区，公众环保意识较强，导致"某钢铁厂"属于高频词。

图 2-2 显示，发布舆情信息的公众主要集中在焦化企业附近。公众主要集中在太原市和长治市。研究发现，太原市 BaP 的排放量相对较低，但发布网络舆情信息的公众总量最多，这可能与该地区的人口数量、环保意识等因素有关；长治市 BaP 的排放量相对较高，发布网络舆情信息的公众总量也相对较多，这可能说明该地区焦化企业对人群存在一定的影响。此外，从结果可以看出，焦化企业造成的噪声、粉尘、恶臭等问题也值得关注。

图 2-1 山西焦化厂舆情数据语义和关键词分析结果

注：字号大小代表词频的高低。

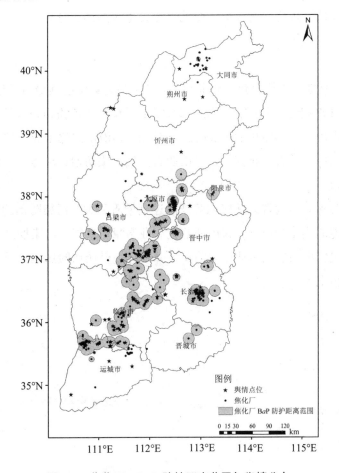

图 2-2 焦化厂、BaP 防护距离范围与舆情分布

2.2.2.4 不确定性分析

采用 AERSCREEN 计算结果考虑最不利气象条件组合，估算的结果属于最保守的预测结果。本章涉及多种数据（如焦化企业信息、舆情数据等）和防护距离计算方法，均会对结果产生一定的偏差，如下：

（1）焦化企业数据不确定性分析。本排放清单是以 2012 年为基准年，但近年来，山西省发布《关于制订 2014—2015 年淘汰落后产能计划工作的通知》，已经淘汰关停落后产能的焦化企业，因此本章采用的焦化企业数据与现有的相比存在一定的差异。

（2）防护距离不确定性分析。使用估算模式 AERSCREEN 确定防护距离，但不考虑建筑下洗等情况，防护距离计算过程存在不确定性。

（3）舆情数据不确定性分析。采用舆情数据来源于环保部"12369"环保举报热线，舆情可能只代表部分公众的态度，不完全代表焦化企业周边居民的态度，因此，全面了解公众对焦化厂的舆情、焦化厂对人群的影响，需要更多的调查分析。

2.2.3 结论

（1）山西省所有地级市均有焦化企业分布，其中最为集中的地级市是运城市、吕梁市；山西省各地级市 BaP 排放总量排前三位的依次为：吕梁市＞临汾市＞长治市；焦化企业防护距离内面积约占山西省总面积的 11.26%，太原市、临汾市焦化企业防护距离内面积占所在行政区域面积的比例较大。研究结果对山西省大气污染防治、环境人体健康、社会维稳等有一定参考价值。

（2）2012 年以来，山西省为适应化解产能过剩矛盾和大气污染防治的更高要求，已经淘汰关停落后产能的焦化企业。目前山西焦化企业数量、产能、污染控制措施等均发生一定变化，今后将更新山西焦化企业排放清单，开展环境健康风险影响分析，进一步分析焦化企业致癌风险情况。

第 3 章
模型在建设项目环评中的应用研究

《建设项目环境影响评价技术导则 总纲》（HJ 2.1—2016）规定："根据工程特点、规模、环境敏感程度、影响特征等选择开展建设项目服务期满后的环境影响预测和评价。"本章收集整理国内大量建设项目环评报告，针对 AERMOD 模型在建设项目环评应用中存在的问题进行剖析，提出标准化应用建议，开展 AERMOD 模型在火电、钢铁等项目中的应用；针对我国目前缺乏机场大气污染贡献模拟研究现状，以首都国际机场为例，应用 EDMS 模型和 AERMOD 模型展开了大型机场污染排放及扩散模拟研究，综合考虑飞机发动机、辅助动力设备（APU）、地面保障设备（GSE）、场内机动车等污染源，以 2012 年为基准年，计算首都国际机场大气污染物年排放量及对周围大气环境质量的影响。

3.1 AERMOD 在建设项目环评中存在的主要问题

3.1.1 污染源数据

国内利用 AERMOD 进行建设项目环评时，污染源数据通常参照工程分析的结果，作为恒定源强输入。笔者研究团队在复核工作中发现，输入模型的源强数据中，烟气温度、出口速率等因素存在不准确的问题。同时在实际排放当中，污染源源强并非是恒定不变的，通常会随着时间的变化呈现出有规律或者无规律的变化。

如热电厂由于在冬季要进行供暖，因此燃煤量和排放量均明显大于夏季，但是在实际工作中通常默认为全年各时段污染源强相同。液（油）储罐也是源强变化的一个例子，储罐排放存在大呼吸和小呼吸，分别是由于日常储液（油）装卸过程中以及静态储液（油）时由于温度、压力等环境要素变化产生的气体排放，这种无组织排放通常都是间歇和变化的，但是在实际的环评工作中也将源强作为恒定源强进行预测。不考虑源强的变化，会使得预测结果有所偏差。

3.1.2　下垫面参数

下垫面参数是空气动力的表征参数，与建设项目地理位置和地形特征有关。下垫面参数的确定需要考虑距污染源中心的距离、地表扇形的分区以及季节月份等因素。而在实际的建设项目环评工作中，下垫面参数受人为确定因素影响很大，有时与实际地形特征并不相符。下面给出复核实例：

例：某项目环评报告及预测文件中地表参数分为 7 个扇区取值，北侧 300°～60°扇区地表类型选择为农作地，但实际地图（见图 3-1）显示该区域主要为江面，地表类型应选择为水面。

✚拟建厂址

图 3-1　项目周边地形示意

3.1.3　投影坐标

AERMOD 支持 UTM 坐标以及相对坐标。投影坐标的不统一和不规范，容易造成排放点和受体点（污染源、敏感点等）的坐标与实际存在偏差，从而影响预测结果的准确性和可靠性。

某环评报告书中描述坐标（0，0）点的经纬度为 27.036°N，102.176°E，复核资料说明里描述坐标（0，0）点的经纬度为 27.05°N，102.18°E，二者不一致。但无论采用哪个经纬度，模式模拟时使用的敏感点坐标与报告中提供的坐标均不一致，最大误差达 1 195 m。

3.1.4　受体网格

《环境影响评价技术导则　大气环境》对环评预测工作中的评价范围、离散点以及网格点的设置做出了相关规定。但在复核工作中发现，受体网格不规范的情况主要为网格设置过疏、未进行最大落地浓度区域网格加密等情况。

某项目环评报告书中描述网格间距为 100 m、100×100 个格点，实际模型模拟中网格间距为 306 m、34×34 个格点。与距离源中心小于 1 000 m 的范围内，预测网格间应为 50～100 m 的规定要求不符。

3.1.5　地形

建设项目所处区域地形对污染物的扩散条件和模式的预测结果有重要影响，而在实际的环评工作中，也存在地形资料使用不规范，分辨率低于模拟网格间距的问题。

某项目环评报告书中描述使用的地形数据为 SRTM3（90 m）数据，但复核发现实际模型模拟使用地形数据分辨率为 407 m。而另一项目在环评报告书描述使用的地形数据是 USGS 的 90 m 分辨率，实际模型模拟中使用了 GTOPO30 的 900 m 分辨率数据。

3.1.6　气象数据

AERMOD 模型需要输入气象数据，而受气象数据来源的影响，建设项目环评工作中存在气象数据大量缺失有效数据、信息错误等问题，将在后文对气象数据的格式进行比较分析并给出推荐数据格式。

云量是模型输入不可缺少的气象要素。云量分为总云量和低云量，其指观测时天空被云遮蔽的成数。AERMOD 气象场均需要蔽光云量参数，但在我国环评工作中，该参数一般用低云量来代替，而我国《地面气象观测规范》规定，蔽光云量与低云量并不完全相等。AERMOD 中的气象预处理程序 AERMET 对于不稳定大气的模拟，需要计算显热通量，而显热通量是由净辐射量和地表波文比确定。其中，净辐射量通常是由气温、蔽光云量、地表波文比和地表正午反射率共同求得。蔽光云量还是计算扩散参数的要素之一。

3.1.7　化学反应参数

污染物在大气环境中不仅存在物理输送和扩散过程，也存在化学转化过程，因此需要结合实际的建设项目排污情况以及预测情景对化学反应过程进行考虑，设置合理的化学反应参数。

如项目环评预测将 NO_2/NO_x 的年均和日均转化率均设为 0.75，但按照导则的要求 NO_2/NO_x 的年均转化率应设立为 0.75，而日均转化率为 0.9。一些环评项目在预测中将 PM_{10}

按照 TSP 的参数设置来预测，但实际两者有本质区别，PM$_{10}$ 为气态颗粒物，其粒径和沉降参数与 TSP 不同，因此预测的浓度结果和分布两者也有所差异。

3.2　AERMOD 在建设项目环评中空气质量法规模型标准化应用研究

3.2.1　污染源数据标准化研究

3.2.1.1　恒定源强

污染物排放速率随时间变化较小的污染源，可采用恒定源强。

（1）数据设置

可直接写在主项目文件（AERMOD.INP）中。

（2）数据格式（以点源为例）

SO SRCPARAM Srcid Ptemis Stkhgt Stktmp Stkvel Stkdia

Srcid：点源代号；

Ptemis：点源排放速率，g/s；

Stkhgt：离地排放高度，m；

Stktmp：烟气出口温度，K；

Stkvel：烟气出口速度，m/s；

Stkdia：烟囱内径，m。

（3）数据说明

数据示例：

SO SRCPARAM STACK1 500.0 65.00 425.0 15.0 5.0

数据说明：

该行定义的点源代号为 STACK1，恒定的排放速率为 500.0 g/s。

3.2.1.2　无规律小时变化源强

污染物的排放速率发生无规律的变化，如 CEMS 在线监测数据等。根据 CEMS 数据编制标准化的 AERMOD 小时变化排放文件，在 AERMOD 中作为外部文件使用。AERMOD 只允许调用一个小时变化排放速率的外部文件，文件中可以包含多个污染源。

（1）数据设置

作为外部文件调用，文件名可自定义，如 HOUREMIS.DAT。

（2）数据格式

①主项目文件（AERMOD.INP）：

SO HOUREMIS Emifil Srcid's

Emifil：外部小时变化源排放文件名，不超过 40 个字符；

Srcid's：污染源代号，如果有多个源，可取第一个和最后一个污染源的名称，中间用"-"隔开，但要求文件中污染源的顺序与主项目文件中定义的顺序一致。

②小时变化排放速率文件：

SO HOUREMIS YY MM DD HH Stkid Emisrate Stktmp Stkvel

YY：两位的年份；

MM：月；

DD：日；

HH：小时；

Stkid：污染源名称；

Emisrate：排放速率（单位与主项目文件中一致）；

Stktmp：烟气出口温度（K，仅适用于点源）；

Stkvel：烟气出口速度（m/s，仅适用于点源）。

（3）数据说明

数据示例：

主项目文件（AERMOD.INP）：

SO HOUREMIS HOUREMIS.DAT STACK1-STACK2

小时变化排放速率文件（HOUREMIS.DAT）：

SO HOUREMIS　13　1　1　1 STACK1　175.605　403.160　14.123

SO HOUREMIS　13　1　1　2 STACK2　159.854　404.827　14.856

SO HOUREMIS　13　1　1　3 STACK1　132.284　399.271　12.740

SO HOUREMIS　13　1　1　4 STACK2　95.782　387.049　8.344

……

SO HOUREMIS　13 12　31 24 STACK1　77.730　384.271　7.284

SO HOUREMIS　13 12　31 24 STACK2　77.730　384.271　7.284

数据说明：

主项目文件中设置烟囱 STACK1 到 STACK2 将使用 HOUREMIS.DAT 中定义的小时变化排放速率，HOUREMIS.DAT 中分别定义了烟囱 STACK1 和 STACK2 各小时的排放速率、烟气出口温度、烟气出口速度。

3.2.1.3　有规律变化源强

针对目前我国火电、热电等工业行业大气排放清单的建立缺乏高时间分辨率的分配方法，制约大气污染源解析、空气质量预报等工作准确性等问题，作者基于 2014 年全国电力行业烟气在线监测数据，建立火电、热电及电力行业总体月变化及 24 h 变化特征曲线（见图 3-2），提高中国电力行业大气排放清单时间廓线的代表性和时间精度。

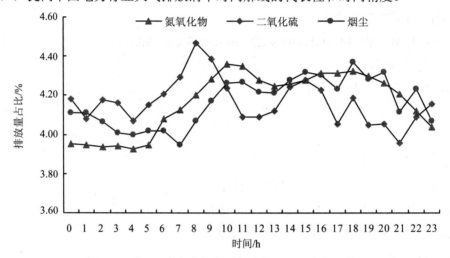

图 3-2　我国火电行业排放时间变化（24 h 变化规律）

资料来源：www.lem.org.cn。

（1）数据设置

可直接在主项目文件（AERMOD.INP）中定义。

（2）数据格式

SO EMISFACT Srcid Qflag Qfact（i），i=1，n

Srcid：污染源代号，如果有多个源，可取第一个和最后一个污染源的名称，中间用"-"隔开，但要求文件中污染源的顺序与主项目文件中定义的顺序一致。

Qflag：变化排放标识，可选关键词为 SEASON、MONTH、HROFDY、WSPEED、SEASHR、HRDOW、HRDOW7、SHRDOW、SHRDOW7、MHRDOW、MHRDOW7。

Qfact：变化排放因子，因子数目取决于选择的 Qflag 关键词。

Season：按季节变化，有 4 个排放因子，季节顺序为冬（12 月—次年 2 月）、春（3—5 月）、夏（6—8 月）、秋（9—11 月）。

MONTH：按月份变化，有 12 个排放因子，月份顺序为 1—12 月。

HROFDY：按日小时变化，有 24 个排放因子，顺序为 1—24 时。

WSPEED：按风速变化，有 6 个排放因子，默认风速分别为≤1.54 m/s、≤3.09 m/s、

≤5.14 m/s、≤8.23 m/s、≤10.8 m/s、>10.8 m/s，也可通过 WINDCATS 关键词修改默认风速类别。

　　SEASHR：按季节、日小时变化，有 96 个排放因子。

　　HRDOW：按日小时、工作日和周末（周一——周五、周六、周日）变化，有 72 个排放因子。

　　HRDOW7：按日小时、周（周一——周日）变化，有 168 个排放因子。

　　SHRDOW：按季节、日小时、工作日和周末变化，有 288 个排放因子。

　　SHRDOW7：按季节、日小时、周变化，有 672 个排放因子。

　　MHRDOW：按月、日小时、工作日和周末变化，有 864 个排放因子。

　　MHRDOW：按月、日小时、周变化，有 2 016 个排放因子。

　　（3）数据说明

数据示例：

SO EMISFACT STACK1 SEASON 0.50 0.50 1.00 0.75

数据说明：

　　表示名称为 STACK1 的污染源冬、春、夏、秋的排放因子分别为 0.50、0.50、1.00、0.75。

3.2.1.4　烟气出口温度

　　当烟气为常温排放时，烟气出口温度设为 293 K；当烟气总是为高于环境温度的定值排放时，烟气出口温度设为定值的负数；当烟气温度低于环境温度时，不能采用 AERMOD 模式模拟，而应采用重气体模式。

3.2.2　下垫面参数标准化研究

　　AERMOD 需要的下垫面参数有地表粗糙度、反照率、波文比。因地表障碍物的影响，风速廓线上风速为 0 的位置并不在地表（高度为 0 处），而在离地表一定高度处，这一高度被定义为空气动力学粗糙度，也称为地表粗糙度。地表粗糙度影响地表切应力，是决定机械湍流和边界层稳定性的重要因子。反照率是地表反射辐射通量与总的入射辐射通量之比。白天波文比是地表湿度的指示因子，是感热通量与潜热通量之比，与反照率及其他气象观测因子一起用于计算地表感热通量导致的对流条件下大气边界层参数。

3.2.2.1　AERSURFACE 系统设计

　　EPA 于 2008 年发布了 AERSURFACE 模块，并于 2013 年进行了修正。该模块在识别指定区域土地利用类型的基础上，根据内置的数据库，按照距离反比例加权法计算得到能代表研究区域特征的地表参数。但目前 AERSURFACE 在国内的应用存在无法识别高分辨率土地利用数据格式、未进行本地化修正以及操作烦琐的缺点。笔者研究建立了 AERSURFACE 集成系统，主要由四部分组成：全国土地利用数据预处理、ArcGIS 自动化服务、AERSURFACE 参数本地化以及 AERSURFACE 集成系统（见图3-3）。

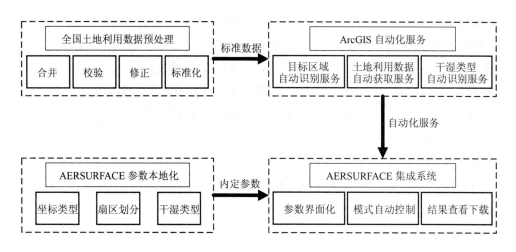

图 3-3　AERSURFACE 模型技术路线

3.2.2.2　土地利用数据预处理模块

土地利用数据预处理模块采用马里兰大学 2012 年全球土地利用数据，对中国科学院全国土地利用数据库（http://www.resdc.cn/rescode/data-list.asp）中 2000 年土地利用数据进行了更新，然后利用 Landsat TM 30 m 分辨率数据，进一步细化土地利用数据。对于部分重点区域（如天津、北京、上海等）采用了 SPOT4、SPOT5 等高分辨率影像，并辅助以 ALOS、Rapid Eye、福卫-2 等资料。在解译过程中，对于重点关注区域和地形复杂地区，主要以目视解译为主，其他区域则采用自动化解译的方式。

AERSURFACE 系统用地类型采用的是 NLCD92 划分标准。该数据是由美国 Landsat 卫星数据解译而成，包含了 21 种用地类型，空间分辨率为 30 m，投影为 Albers Conic Equal Area（阿尔伯斯等积圆锥投影），大地基准面为 NAD83，数据格式为 GeoTiff。由于目前我国土地利用数据编码与美国存在一定差异，不能被 AERSURFACE 直接读取，因此需要对我国的数据进行一定的预处理。本章整合了各省份的地理数据，形成一个全国的土地利用数据库，并同步开展对数据库的校验和修正工作，在此基础上将我国二级用地编码转化为 NLCD92 用地编码，从而得到 AERSURFACE 系统可以直接识别的高分辨率土地利用数据（见表3-1）。

表 3-1　NLCD92 用地编码

代码	用地类型	代码	用地类型
11	水体	43	混合林
12	冰雪	51	灌木丛（干旱地区）
21	低密度居民区		灌木丛（非干旱地区）
22	高密度居民区	61	果园/葡萄园/其他
23	商业/工业/道路（机场）	71	草地/草本
	商业/工业/道路（非机场）	81	牧场/干草
31	裸岩/沙/黏土（干旱地区）	82	行栽作物
	裸岩/沙/黏土（非干旱地区）	83	小谷粒类作物
32	采石场/矿山/砾石场	84	休耕地
33	过渡地带	85	城市/休闲草地
41	落叶林	91	木本湿地
42	常绿林	92	草本湿地

3.2.2.3　模型参数的本地化

该模块主要考虑了坐标类型、扇区划分、干湿类型等要素的参数本地化。笔者研究团队建立了一套辅助数据库，让用户可以实现扇区的自定义、美国坐标系（NAD83）与 WGS84 等坐标系统的自由转化等功能；在土地干湿参数方面，本系统提供了两种设置方法，用户既可以通过界面自定义参数，同时也可以根据气象部门、统计部门提供的干湿分布图自动识别。

3.2.2.4　ArcGIS 自动化识别系统

ArcGIS 自动化服务包括研究区域位置、土地利用数据、干湿类型的自动识别功能。①区域自动识别：在地图中选择目标点位，即可在参数设置面板中自动获取该点的经纬度信息；也可在参数设置面板中手动填写经纬度，方便用户快速定位。②土地利用数据自动获取：用户可通过该系统自动获取目标点位的土地利用数据。③干湿类型自动识别：在获取目标点经纬度信息的基础上，依据国家统计局对干湿地区的定义和中国气象局的降雨量数据制作的干湿地区划分图，自动获取目标点位的地表湿度类型。

3.2.2.5　AERSURFACE 模式集成技术

AERSURFACE 集成系统集成逻辑结构见图 3-4，系统架构为 C/S 架构，采用 SmartX1 可编程加密锁和用户账号密码身份验证两重权限控制保护机制。用户可在主界面中设置模式参数，系统为用户提供目标地址坐标和土地干湿类型参数的辅助设置服务，分别是地址坐标识别服务、土地干湿参考数据。地址坐标识别服务采用百度地图 API 接口，即根据用户填写的经纬度在地图中标注出来，也可在地图中选择目标点位自动为用户填写经纬度。土地干湿参考数据为用户提供目标区域土地干湿类型的参考数据，用户也可以通过干湿类型识别服务，由系统自动识别出目标区域的干湿类型。

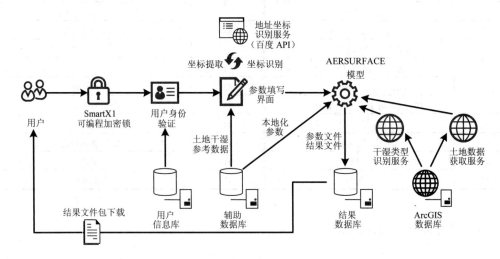

图 3-4　AERSURFACE 模式集成逻辑结构

坐标类型、扇区划分等本地化参数来自辅助数据库。标准化的高分辨率中国土地利用数据存储于 ArcGIS 数据库中，土地数据获取服务根据目标点位的经纬度及区域范围从 ArcGIS 数据库中获取相应的土地利用数据。集成系统将根据用户提交的参数，调用土地利用数据自动获取、干湿类型自动识别等服务，获取 AERSURFACE 模式所需的数据，启动计算后，将结果文件存储于结果数据库中，用户可通过下载接口下载结果数据包。

系统提供免费计算服务，网址：http://ieimodel.org/aersurfaceapp/custom/login.aspx。

3.2.2.6　AERSURFACE 模型案例验证

为了验证 AERSURFACE 地表参数的可靠性，本章以内蒙古上都电厂为例，结合现场观测及参数化方案的模拟结果，定量评估了 AERSURFACE 系统对模拟效果的改进情况。

（1）基本情况

上都电厂周边地势平坦开阔，东侧为山地，厂址附近干扰源较少，区域其他污染源的影响可以忽略。电厂周围布设 12 个监测点位用来在线监测电厂逐小时排放的 SO_2 浓度数据，时间为 2013 年 8 月，试验期间对地面气象场和边界层气象场进行逐小时观测。为便于比较分析，本章在地面气象数据、污染源等参数不变的情况下，设置了两种地表参数方案。方案一采用的是传统人工目视的方法来判断地表参数，方案二是基于 AERSURFACE 系统客观分析得到的结果，两者计算的地表参数见表 3-2。

表 3-2　两种方案地表参数对比

方案	正午反照率	波文比	地表粗糙度
方案一	0.18	0.8	0.1
方案二	0.18	1.9	0.194

（2）结果分析

利用 AERMOD 模型对上述两种方案进行模拟，并将输出的 SO_2 预测值与监测值进行比较，以选出最优方案。案例的验证采用的是美国 EPA 推荐的评估方法，包括平均百分比偏差（FB 值）、高端值比值（RHC）和 Q-Q 图。求解 FB、RHC 值的公式分别见式（3-1）和式（3-2）。

$$\text{FB} = \frac{2(\overline{C_{\text{mod}}} - \overline{C_{\text{obs}}})}{\overline{C_{\text{mod}}} + \overline{C_{\text{obs}}}} \tag{3-1}$$

式中，$\overline{C_{\text{mod}}}$ 和 $\overline{C_{\text{obs}}}$ 分别为模拟和监测的平均浓度，FB 值越靠近 0，表明模拟的效果越好。

$$\text{RHC} = C(n) + [\overline{C} - C(n)]\ln\left(\frac{3n-1}{2}\right) \tag{3-2}$$

式中，$C(n)$ 为降序排列后第 n 个最大浓度值，EPA 建议 n 的范围为 10～26，本章中取 26；$\overline{C}$ 为所有数据中最大的（$n-1$）个浓度值的平均。在模型比较中一般选用模拟与监测的 RHC 之比（即 RHCR）来反映预测的合理性，其取值范围一般在 0.5～2，RHCR 越接近 1，表明模拟效果越好。

统计结果表明，方案一与方案二的 FB 值分别为 0.47、0.37，RHCR 值分别为 1.81、1.41，对比可见方案二的 FB 值和 RHCR 值更接近 0 和 1，说明经 AERSURFACE 修正的地表参数更能反映真实的扩散情况。从图 3-5 中可以看到，方案二在整个区间的落点更接近基准线，同样体现了 AERSURFACE 集成系统的优越性。

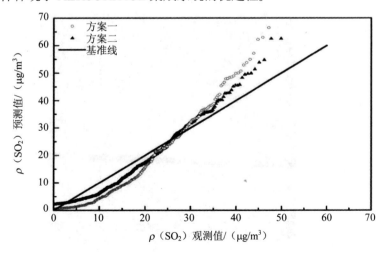

图 3-5　方案一与方案二的图形（Q-Q 图）对比

3.2.3　地图投影及坐标系标准化研究

本章采用国际常用的通用横轴墨卡托投影（UTM），大地基准面选择 WGS84。UTM 是一种等角横轴割圆柱投影。采用 UTM 投影更方便导入地形和项目审核，方便将模拟的结果嵌入相关的 GIS 系统中，可将模拟结果直观地展示在 Google Earth 中。

3.2.4　受体设置

3.2.4.1　网格受体

一般来说，设置网格受体应遵循近密远疏的原则，网格受体间距的设置应综合考虑排放高度、居民区分布、地形等因素。受体形式可以是笛卡尔直角坐标，也可以是极坐标形式。推荐设置以下类型网格受体：

（1）密网格受体：当烟囱高度小于 15 m，或烟囱高度小于 50 m 但受建筑物下洗影响时，距源 300 m 内应设置间距不大于 50 m 的网格受体。

（2）细网格受体：距源 1 km 内应设置间距不大于 100 m 的网格受体。

（3）中网格受体：距源 1 km 外 5 km 范围内，应设置间距不大于 500 m 的网格受体。

（4）粗网格受体：距源 5 km 外至评价范围内，应设置间距不大于 1 km 的网格受体。

（5）加密网格受体：以各平均时段污染物区域最大地面浓度点为中心，设置间距不大于 50 m、边长不小于 500 m 的网格受体。

（6）垂直受体：对邻近污染源的高层住宅楼，应适当考虑不同代表高度的预测受体。

如图 3-6 所示，距源 1 km 内受体间距为 100 m，距源 1 km 外至 5 km 内受体间距为 250 m。

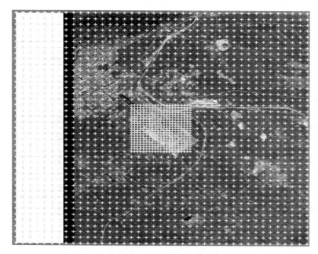

图 3-6　网格受体示意

3.2.4.2　厂界受体

对存在无组织排放的项目，还需评价厂界浓度贡献及达标情况，厂界受体的间隔应不大于 50 m。厂界内部可执行厂界内标准，模拟对厂外贡献时可以选择删除厂界内受体（见图 3-7）。

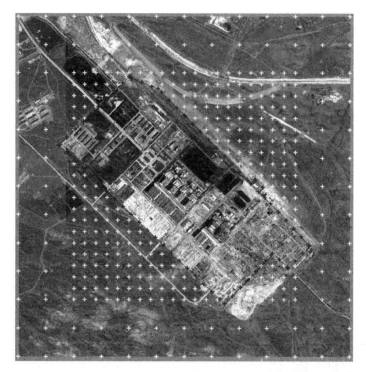

图 3-7　厂界网格受体示意

3.2.4.3　敏感区及敏感点

对于评价范围内的环境敏感区，如学校、医院、养老院等，可以设置敏感区受体，距离较远的可以只设置敏感点受体。

3.2.5　地形数据标准化研究

3.2.5.1　数据格式

AERMAP 支持 USGS DEM 格式和 GeoTiff 格式的高程数据，并且可以组合不同尺寸的 USGS DEM 格式文件（如 7.5′和 1°数据）使用，但不支持 GeoTiff 格式与 USGS DEM 格式混合使用。

AERMAP 推荐使用 GeoTiff 格式的高程数据，以避免 USGS DEM 格式数据在使用中容易遇到的地理参考信息错误等问题。部分 GeoTiff 格式的高程数据不包含表示高程单位的关键字，此时 AERMAP 会将高程单位设为默认值"米"。操作时需要注意单位的正确性。

AERMAP 目前不支持手动输入"xyz"形式的高程数据，因此，GeoTiff 及 USGS DEM 格式之外的高程数据可以转化为 USGS DEM 格式进行输入。

3.2.5.2　数据源

模式计算使用的高程数据分辨率要求不低于 90 m。计算所使用的高程数据需注明数据来源及分辨率。

目前可以使用的数据源包括但不限于遥感手段获取的美国 SRTM 全球高程数据、德国 SRTM-X 高程数据、日美合作的 GDEM 全球高程数据、中国资源 3 号高程数据、德国 TanDEM-X 全球高程数据，以及其他可靠来源的高程资料。

需要注意的是，利用遥感手段获取的地形数据指的是地面高程，即包含建筑物及树木的高程。在可能的情况下，推荐使用有可靠来源地形高程（"裸地"高程）数据进行计算。

3.2.6　气象数据标准化研究

在美国，AERMET 处理气象数据的过程见图 3-8。

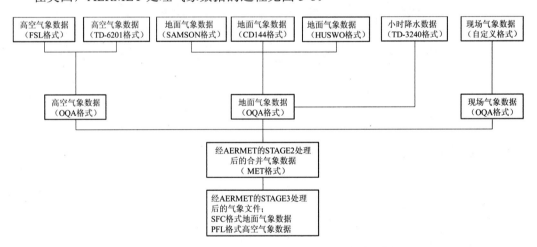

图 3-8　美国 AERMET 气象处理过程示意

图 3-8 的第一行为气象数据的原始格式。AERMET 通过 STAGE1 的提取（EXTRACT）和质量评估（QA），生成了相应的 OQA 格式的文件。我国因为没有相应的气象原始文件格式，采用的过程见图 3-9。

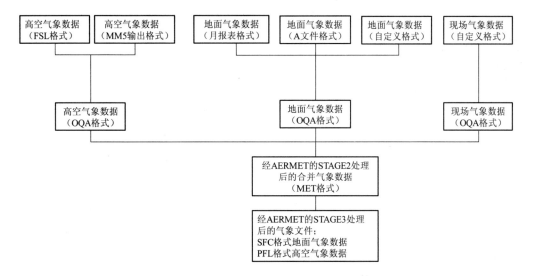

图 3-9　国内 AERMET 气象处理过程示意

从第一行的我国格式的原始气象数据转化为 OQA 格式的文件，这个过程，通常要用户自己进行。因为不通过 AEMET 的 STAGE1 来进行转化，STAGE1 中的 QA 过程，也需在转化过程中进行。这个 QA 的内容，包括变量检查是否丢失（是否等于丢失码），如果未丢失，检查是否在上、下边界内；露点温度是否超过干球温度（DPTP＞TMPD），是否有风速为 0（WSPD=0，表示静风）而风向不为 0 的情况，或是否有风速不为 0 而风向为 0（WDIR=0，表示静风）情况。对高空数据还要检查测量高和几个变量梯度是否合理。

3.2.6.1　地面气象数据格式标准化研究

美国的逐时地面气象数据有 4 个来源：CD-144，SCRAM，SAMSON CD，HUSWO CD。

CD-144：NCDC 提供的传统数据，一个记录为 80 字符，不含降水和混合层高度数据。

SAMSON 和 HUSWO，由 NCDC 制作的全美一级气象站的数据集。前者包括 1961—1990 年数据，后者包括 1990—1995 年数据。包括了 CD-144 地面数据的一个子集，以及 TD-3240 中降水量数据。SAMSON 包含天气观察数据和太阳辐射数据。HUSWO 同样包括天气观察数据，但太阳辐射数据比 SAMSON 少，并增加了云观察内容（来源于自动地面观察系统 ASOS，三个字段保存云状态和层高，要从中计算出云量和云高数据）。SAMSON 和 HUSWO 均包含了降水数据，但不含混合层高度数据。

SCRAM：包括 CD-144 的一个子集（一个记录为 28 字符，即短记录格式，相比于 CD-144 的 80 字符要短）和一天两次的混合层高度数据，但不含当前天气字段（因此不能判断降水模型，不能用于沉降计算），不含降水数据。由 EPA 的法规空气模型支持中心（Support Center for Regulatory Air Models，SCRAM）提供的，可从 http://www.epa.gov/scram001/网站下载。

（1）CD-144 数据介绍

CD-144 为美国国家气候数据中心（NCDC）的地面气象数据文件格式，全称为"Card Deck 144 format"（见表 3-3）。

每个小时一个记录，一个记录为 80 字符，记录该小时全部气象数据。

表 3-3　CD-144 气象数据格式

变量英文名	变量中文名	列位置
surface station number	混合层气象站编号地面气象站 WBAN 码	1—5
year	年	6—7
month	月	8—9
day	日	10—11
hour	小时	12—13
ceiling height（hundreds of feet）	云底高（百英尺①）	14—16
wind direction（tens of degrees）	风向（10°）（风吹来方向，36 个方位，09=东，18=南，27=西，36=北，00=静风）	39—40
wind speed（knots）	风速（节）（00=静风）	41—42
dry bulb temperature（fahrenheit）	干球温度（℉）	47—49
total cloud cover	总云量	78
opaque cloud cover	不透明云量	79

此外，还要注意到，对某些变量的代码，生成 OQA 后的表达与 CD-144 的不同，因为变量在 OQA 中是采用 TD-3280 数字码体系。因此，如果从 CD-144 中提取这些数据时，要同时进行这些代码的转换。SCRAM 代码格式也与 CD-144 一样，因此也要同样的转换。SAMSON 中 PWTH 代码与 TD-3280 相同。

这些变量包括：

- sky conditions（CLCn），天气状态；
- cloud types or obscuring phenomena（CLTn），云型或视障现象；
- present weather（PWTH），当前天气。

这几个变量在 CD-144 中的位置见表 3-4。

CD-144 从 24 到 31 共 8 个字均用于保存 PWTH 变量，而 AERMET 只需从中读出降水类型（是固态还是液态）。但小时降水量这个参数则是从 TD-3240 中读出。

———

① 1 英尺=0.304 8 m。

表 3-4 部分变量说明

列位置	OQA 中的变量	内容	
30，31	CLT*n*	description of obscuring phenomena	模糊现象的描述
24	PWTH	PWTH：thunderstorm，tornado，squall	PWTH：雷暴；龙卷风；暴风
25	PWTH	rain，rain shower，freezing rain	雨；阵雨；冻雨
26	PWTH	rain squall，drizzle，freezing drizzle	暴风骤雨；细雨；冻雾雨
27	PWTH	snow，snow pellets，ice crystals	雪；雪丸；冰晶
28	PWTH	snow shower，snow squalls，snow grains	阵雪；雪风暴；雪粒
29	PWTH	sleet，sleet shower，hail	雨夹雪；阵雨雪；冰雹
29	PWTH	ice pellets	冰丸
30	PWTH	fog，blowing dust，blowing sand	雾；扬尘；扬沙
31	PWTH	smoke，haze，blowing snow，blowing spray，dust	烟；霾；飞雪；浪沫；灰尘

（2）HUSWO 数据介绍

HUSWO 包括美国一级站的 1990—1995 年数据。其中 1990 年数据与 SAMSON CD 存在交集，全称为 "Hourly United States Weather Observations"。HUSWO 包含天气观察数据（CD-144 地面数据的一个子集）和太阳辐射数据，以及 TD-3240 中降水量数据。太阳辐射数据比 SAMSON 少，并增加了云观察内容（来源于自动地面观察系统 ASOS，三个字段保存云状态和层高，要从中计算出云量和云高数据），但不含混合层高度数据（见表 3-5）。

每个记录有 20 个变量。小时为 01—24，这里的 24 相当于 CD-144 中次日的 00 时。变量单位与 CD-144 不同。

表 3-5 HUSWO 气象数据格式

序号	变量英文名	变量中文名
1	station ID	站号
	ASOS flag	ASOS 标志
2	year（4-digit）	年（四位数）
	month	月
	day	日
	hour（LST）	小时（当地标准时间）
3	global horizontal radiation	地面水平辐射
4	direct normal radiation	太阳直接辐射
5	total cloud cover	总云量
6	opaque cloud cover	蔽光云量
7	dry bulb temperature	干球温度
	dry bulb interpolation flag	干球内插标志
8	dew point temperature	露点温度
9	relative humidity	相对湿度

序号	变量英文名	变量中文名
10	station pressure	测站气压
	station pressure interpolation flag	测站气压内插标志
11	wind direction	风向
12	wind speed	风速
13	visibility	能见度
14	ceiling height	室内净高
15	present weather	当前天气
16	asos cloud layer 1	ASOS 云层 1
17	asos cloud layer 2	ASOS 云层 2
18	asos cloud layer 3	ASOS 云层 3
19	hourly precipitation amount	每小时降水总量
	precipitation flag	降水标志
20	snow depth	积雪深度

（3）SAMSON 数据介绍

NCDC 将美国一些一级站的太阳辐射和气象数据（1961—1990 年）保存到系列 CD 中，称为 SAMSON CD，全称为"Solar and Meteorological Surface Observation Network"。SAMSON 包含天气观察数据（CD-144 地面数据的一个子集）和太阳辐射数据，以及 TD-3240 中降水量数据，但不含混合层高度数据（见表 3-6）。首记录为气象站信息，格式见表 3-6。

表 3-6 SAMSON 气象数据格式（气象站）

列位置	内容		定义	
001	indicator	指示器	to indicate a header record	指示标题记录
002—006	WBAN number	无线体域网编号	station number identifier	站点数量标识符
008—029	city	城市	city where station is located	站点所在城市
031—032	state	国家	state where station is located	站点所在国家
033—036	time zone	时区	the number of hours by which the local standard time lags or leads universal time	地方标准时落后或者提前于世界标准时的小时数
039—044	latitude	纬度	station latitude	站点纬度
039			N = north of equator	N=赤道以北
040—041			degrees	度数
043—044			minutes	分钟
047—053	longitude	经度	station longitude	站点经度
047			W = west，E = east	W=西；E=东
048—050			degrees	度数
052—053			minutes	分钟
056—059	elevation	海拔	elevation of the station in meters above sea level	站点在海平面以上的海拔高度

气象数据是自由格式，每个记录最多有 21 个变量。不是固定长度的，因此只用序号表示。

小时为 01—24，这里的 24 相当于 CD-144 中次日的 00 时（见表 3-7）。

变量单位与 CD-144 不同。变量单位、丢失符、上下限等，参见网站说明。

表 3-7　SAMSON 气象数据格式（气象数据）

序号	变量英文名	变量中文名
	year	年
	month	月
	day	日
	hour（LST）	小时（当地标准时间）
	observation indicator	观察指标
1	extraterrestrial horizontal radiation	大气层外水平辐射
2	extraterrestrial direct normal radiation	大气层外直接辐射
3	global horizontal radiation	地面水平辐射
4	direct normal radiation	太阳直接辐射
5	diffuse horizontal radiation	漫射水平辐射
6	total cloud cover	总云量
7	opaque cloud cover	蔽光云量
8	dry bulb temperature	干球温度
9	dew point temperature	露点温度
10	relative humidity	相对湿度
11	station pressure	测站气压
12	wind direction	风向
13	wind speed	风速
14	visibility	能见度
15	ceiling height	室内净高
16	present weather	当前天气
17	precipitable water	可降水量
18	broadband aerosol optical depth	宽带气溶胶光学厚度
19	snow depth	积雪深度
20	days since last snowfall	距上场降雪天数
21	hourly precipitation amount and flag	每小时降水量和标志

3.2.6.2　地面气象数据处理标准化

针对目前环评单位所得到的蔽光云量数据代表性差问题，建议大气模式在无法获取蔽光云量的情况下，采用总云量来代表蔽光云量。根据研究发现，利用试验站 1 h 地面气象数据总云量代替蔽光云量，其预测值与现场同期监测值更加吻合，更符合真实气象条件。

3.2.7　AERMOD 化学反应参数标准化

在计算 1 h 平均质量浓度时，可不考虑 SO_2 的转化；在计算日平均或更长时间平均质量浓度时，可考虑化学转化，半衰期可取为 4 h。

对于一般的燃烧设备，在计算小时或日平均质量浓度时，可以假定 $Q(NO_2)/Q(NO_x)=$ 0.9；在计算年平均或更长时间平均质量浓度时，可以假定 $Q(NO_2)/Q(NO_x)=0.75$。在计算机动车排放 NO_2 和 NO_x 比例时，应根据不同车型的实际情况而定。若使用 NO_2 和 NO_x 比例时，应说明数据来源。在计算颗粒物质量浓度时，可考虑重力沉降、干湿沉降。

3.3　AERMOD 模型在火电项目中的标准化应用

3.3.1　案例名称及来源

选择 2012 年内蒙古上都电厂三期扩建工程（2×660 MW 机组）大气环境影响评价为标准化研究案例。

3.3.2　项目预测因子

区域环境空气评价因子为 NO_2、SO_2、PM_{10}，其中计算小时和日均浓度时，NO_2 和 NO_x 采取 0.9 的转换率，计算年均浓度时转换率取 0.75。项目工程环境空气评价标准见《环境空气质量标准》（GB 3095—2012）。

3.3.3　预测范围和计算点

结合项目评价等级以及所在区域长年风向，确定了大气环境影响预测范围为以项目厂址为中心，边长为 20 km 的正方形区域。

预测计算点包括预测范围内的网格点以及项目所在区域内 5 个环境关心敏感点。预测时对评价区域进行网格化处理，取网格间距为 100 m，网格点数为 201×201。预测结果以评价区域浓度贡献值（等值线）分布图和对关心点的浓度贡献值体现。敏感点 UTM 坐标信息（以计算网格中心点为原点）见表 3-8。

表 3-8　敏感点坐标信息

敏感点名称	X	Y
巴拉噶苏	414 957	4 675 612
正蓝旗	416 877	4 677 100

敏感点名称	X	Y
上都	418 476	4 678 562
菜园子村	418 873	4 677 231
正蓝旗环保局	417 159	4 676 468

3.3.4　污染源清单

预测采用的排放源清单为内蒙古上都电厂三期扩建工程（2×660 MW 机组）各期排放源数据。一期工程两台锅炉均安装了烟气在线监测系统及 GGH，共用一座高 240 m、内径 9.5 m 的烟囱排放烟气。二期工程两台锅炉均安装了烟气在线监测系统及 GGH，共用一座高 240 m、内径 10 m 的烟囱排放烟气。三期工程根据上都电厂的燃煤和所处区域环境特征，电厂将电袋复合除尘器变更为三室五电场除尘器，总除尘效率由 99.80%提高至 99.915%。上都电厂变更工程对二期工程（3#、4#机组）双室五电场静电除尘器及三期扩建工程（5#、6#机组）三室五电场静电除尘器进行工频电源向高频电源改造。

3.3.5　模型参数选取

3.3.5.1　气象数据

模拟采用的地面气象数据来源于正蓝旗气象站 2013 年全年的逐日（365 天）逐时（8 760 h）风速、风向、云量观测资料。高空气象探测资料采用中尺度气象模式模拟的 50 km 内的同年网格点气象资料。网格点经纬度为 115.963°E、42.178°N。本案例在预测时低云量采用总云量替代。

3.3.5.2　地形数据

预测时考虑地形的影响，地形数据采用 SRTM3（90 m）数据，精度为 90 m×90 m。大气预测范围地形高程见图 3-10。

3.3.5.3　地表特征基本参数

地表参数由 AERSURFACE 系统生成（http://ieimodel.org/aersurfaceapp/custom/login.aspx），该系统基于高分辨率（30 m）土地利用数据，对外提供 ARESURFACE 在线免费计算服务。根据项目所在区域土地利用类型和干湿参考数据，将研究区域分为 12 个扇区，即从 0°开始，每 30°一个扇区，按照 12 个月份生成了详细的地表参数（见表 3-9）。

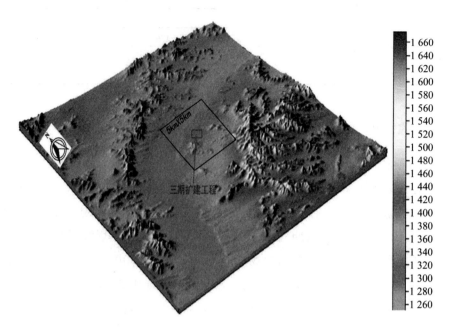

图 3-10   大气预测范围地形高程示意

表 3-9   地表特征基本参数

序号	扇区/（°）	时段/月	正午反照率	波文比	粗糙度
1—13	30~60	1—12	0.19	1.85	0.01~0.7
13—132	60~330	1—12	0.17~0.19	1.09~1.85	0.01~0.7
133—144	330~30	1—12	0.19	1.85	0.01~0.7

3.3.6   预测结果与评价

3.3.6.1   小时预测结果

一期、二期、三期工程污染源叠加对区域环境的最大小时贡献浓度见表 3-10，其中 SO_2 小时贡献浓度达标，区域最大小时贡献浓度的占标率为 26.8%。而区域最大 NO_2 和 NO_x 小时贡献浓度均存在超标的情况，最大占标率分别达到 160% 和 142%。

表 3-10　各期污染源对区域环境最大小时浓度贡献影响

污染物	关心点名称	预测贡献浓度/（mg/m³）	标准/（mg/m³）	占标率/%
SO_2	巴拉噶苏	0.065 2	0.5	13.04
	正蓝旗	0.036 6		7.32
	上都	0.049 0		9.80
	菜园子村	0.053 1		10.62
	环保局	0.042 5		8.50
	区域最大	0.134 0		26.80
NO_2	巴拉噶苏	0.159 0	0.2	79.50
	正蓝旗	0.093 1		46.55
	上都	0.116 0		58.00
	菜园子村	0.118 0		59.00
	环保局	0.105 0		52.50
	区域最大	0.320 0		160.00
NO_x	巴拉噶苏	0.177 0	0.25	70.80
	正蓝旗	0.103 0		41.20
	上都	0.129 0		51.60
	菜园子村	0.131 0		52.40
	环保局	0.117 0		46.80
	区域最大	0.355 0		142.00

3.3.6.2　日均预测结果

一期、二期、三期工程污染源叠加对区域环境的最大小时贡献浓度见表 3-11，各污染因子日均贡献浓度均达标，SO_2、NO_2、NO_x 和 PM_{10} 的区域最大日均贡献浓度的占标率分别为 13.33%、60.88%、54.10% 和 3.05%，NO_2 和 NO_x 对区域环境的贡献影响相对较高。

表 3-11　各期污染源对区域环境最大日均浓度贡献影响

污染物	关心点名称	预测贡献浓度/（mg/m³）	标准/（mg/m³）	占标率/%
SO_2	巴拉噶苏	0.009 5	0.15	6.33
	正蓝旗	0.003 1		2.09
	上都	0.006 5		4.33
	菜园子村	0.007 7		5.13
	环保局	0.003 7		2.47
	区域最大	0.020 0		13.33
NO_2	巴拉噶苏	0.025 1	0.08	31.38
	正蓝旗	0.007 1		8.91
	上都	0.015 1		18.88
	菜园子村	0.017 9		22.38

污染物	关心点名称	预测贡献浓度/（mg/m³）	标准/（mg/m³）	占标率/%
NO₂	环保局	0.008 9	0.08	11.06
	区域最大	0.048 7		60.88
NOₓ	巴拉嘎苏	0.027 8	0.1	27.80
	正蓝旗	0.007 9		7.93
	上都	0.016 7		16.70
	菜园子村	0.019 9		19.90
	环保局	0.009 8		9.83
	区域最大	0.054 1		54.10
PM₁₀	巴拉嘎苏	0.002 4	0.15	1.57
	正蓝旗	0.000 7		0.45
	上都	0.001 4		0.95
	菜园子村	0.001 7		1.12
	环保局	0.000 8		0.55
	区域最大	0.004 6		3.05

3.3.6.3 年均预测结果

一期、二期、三期工程污染源叠加对区域环境的年均贡献浓度见表 3-12，各污染因子年均贡献浓度均达标，区域最大年均贡献浓度的占标率均小于 20.00%。

表 3-12 各期污染源对区域环境年均浓度贡献影响

污染物	关心点名称	预测贡献浓度/（mg/m³）	标准/（mg/m³）	占标率/%
SO_2	巴拉嘎苏	1.86×10^{-4}	0.06	0.31
	正蓝旗	1.52×10^{-4}		0.25
	上都	2.48×10^{-4}		0.41
	菜园子村	2.97×10^{-4}		0.50
	环保局	1.78×10^{-4}		0.30
	区域最大	2.97×10^{-3}		4.95
NO_2	巴拉嘎苏	3.98×10^{-4}	0.04	1.00
	正蓝旗	3.08×10^{-4}		0.77
	上都	5.04×10^{-4}		1.26
	菜园子村	5.98×10^{-4}		1.50
	环保局	3.64×10^{-4}		0.91
	区域最大	6.08×10^{-3}		15.20

污染物	关心点名称	预测贡献浓度/（mg/m³）	标准/（mg/m³）	占标率/%
NO_x	巴拉噶苏	5.22×10^{-4}		1.04
	正蓝旗	4.04×10^{-4}		0.81
	上都	6.61×10^{-4}	0.05	1.32
	菜园子村	7.84×10^{-4}		1.57
	环保局	4.78×10^{-4}		0.96
	区域最大	8.00×10^{-3}		16.00
PM_{10}	巴拉噶苏	4.42×10^{-5}		0.06
	正蓝旗	3.42×10^{-5}		0.05
	上都	5.59×10^{-5}	0.07	0.08
	菜园子村	6.63×10^{-5}		0.09
	环保局	4.04×10^{-5}		0.06
	区域最大	6.75×10^{-4}		0.96

总体来说，上都电厂一期、二期、三期工程对区域环境的日均和年均浓度影响符合《环境空气质量标准》要求，但在不利的气象条件下，会出现区域 NO_2 和 NO_x 小时浓度超标的情况。

3.4　AERMOD 模型在钢铁项目中的标准化应用

3.4.1　2005 年环境空气质量监测与评价

为了解某钢铁公司周围大气环境质量现状，2005 年 10 月 11—17 日（非采暖期）和 2005 年 12 月 20—26 日（采暖期）对某钢铁公司周围大气环境质量现状进行了为期 14 天的常规监测。

3.4.1.1　监测点位置

根据某钢铁公司工程特点和当地环境特征，在评价区共布设 5 个环境空气质量现状监测点，各监测点名称、方位、距项目所在地距离见表 3-13。与原曹妃甸规划图所示的现状监测点（见图 3-11）相比，现规划图中的 3 号点由原来的旅游休闲区改为港池。

表 3-13 现状各监测点位置及监测因子

点位编号	监测点	相对钢铁厂方位	距钢铁厂距离/km	监测因子
1	沙岛南侧	S	2.5	TSP、PM$_{10}$、SO$_2$、NO$_2$、降尘、氨、硫化氢、苯、二甲苯、非甲烷总烃
2	钢铁厂东厂界	E	2.6	TSP、PM$_{10}$、SO$_2$、NO$_2$、降尘、氨、硫化氢、苯、二甲苯、非甲烷总烃、BaP、F$^-$
3	港池	NNE	11.4	SO$_2$、NO$_2$
4	林雀堡	N	14.1	TSP、PM$_{10}$、SO$_2$、NO$_2$
5	咀东	NNW	14.2	TSP、PM$_{10}$、SO$_2$、NO$_2$、降尘、氨、硫化氢、苯、二甲苯、非甲烷总烃

3.4.1.2 监测因子

环境空气质量现状监测因子为 TSP、PM$_{10}$、SO$_2$、NO$_2$，其中 3$^\#$ 点只进行 SO$_2$ 和 NO$_2$ 监测。根据某钢铁公司生产所排放的特征污染物，1$^\#$、2$^\#$、5$^\#$ 点增测降尘、氨、硫化氢、苯、二甲苯、非甲烷总烃，其中 2$^\#$ 点还增测 BaP 和 F$^-$，点位图和监测方法见图 3-11 和表 3-14。

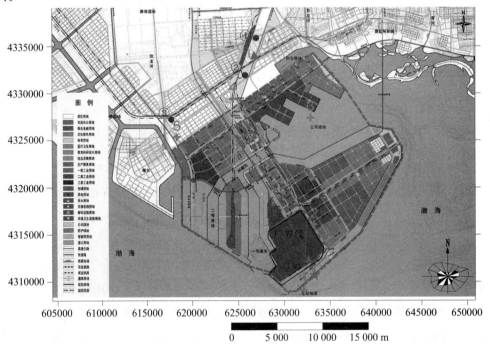

图 3-11 原曹妃甸规划图所示的环境空气现状监测点示意

表 3-14　各监测因子分析方法

监测项目	分析方法
TSP	重量法（GB/T 15432—1995）
PM$_{10}$	重量法（GB/T 6921—86）
SO$_2$	甲醛吸收-副玫瑰苯胺分光光度法（GB/T 15262—94）
NO$_2$	Saltzman 法（GB/T 15436—1995）
降尘	重量法
氨	纳氏试剂分光光度法
硫化氢	亚甲基蓝分光光度法
苯	气相色谱法（空气和废气监测分析方法，第四版）
二甲苯	气相色谱法（空气和废气监测分析方法，第四版）
非甲烷总烃	气相色谱法（空气和废气监测分析方法，第四版）
BaP	高效液相色谱法（GB/T 15439—1995）
F$^-$	滤膜·氟离子选择电极法（GB/T 15434—1995）

3.4.1.3　监测时间和频次

监测时间：2005 年 10 月 11—17 日（非采暖期）7 天，2005 年 12 月 20—26 日（采暖期）7 天，共 14 天。

TSP、PM$_{10}$、BaP、F$^-$日平均浓度每天采样 12 h。

SO$_2$、NO$_2$ 日平均浓度每天采样 18 h（其中 3$^\#$点不采日平均样），SO$_2$、NO$_2$、F$^-$小时平均浓度每天采样 6 次（2:00、7:00、10:00、14:00、16:00、19:00），每次采样 45 min；降尘进行 1 个月的连续监测。NH$_3$、H$_2$S、苯、二甲苯、非甲烷总烃每天监测 6 次，监测时间同上。

3.4.1.4　评价标准

污染物评价标准采用《环境空气质量标准》（GB 3095—1996 及其 2000 年修改单）中的二级标准浓度限值。对于苯并[a]芘，居住区执行《居住区大气中苯并[a]芘卫生标准》（GB 18054—2000），非居住区执行《环境空气质量标准》；氨、硫化氢、苯、二甲苯执行《工业企业设计卫生标准》（TJ 36—79）居住区大气中有害物质的最高允许浓度。具体数值见表 3-15。

表 3-15　环境空气质量标准（GB 3095—1996）

污染物	取值时间	浓度限值（标态）/（mg/m³）
TSP	年平均	0.20
	日平均	0.30
PM₁₀	年平均	0.10
	日平均	0.15
SO₂	年平均	0.06
	日平均	0.15
	1 h 平均	0.50
NO₂	年平均	0.08
	日平均	0.12
	1 h 平均	0.24
NH₃	一次	0.20
H₂S	一次	0.01
苯	日平均	0.80
	一次	2.40
二甲苯	一次	0.30
非甲烷总烃	日平均	2（以色列环境空气标准）
BaP	日平均	非居住区 0.01 µg/m³
		居住区 0.005 µg/m³
F⁻	日平均	7 µg/m³
	1 h 平均	20 µg/m³
HCl	日平均	0.015（TJ 36—79）
	一次	0.05（TJ 36—79）

3.4.1.5　评价方法

环境空气质量评价采用单因子标准指数法进行，单因子标准指数计算公式为：

$$I_i = \frac{C_i}{C_{0i}} \qquad (3\text{-}3)$$

式中，I_i 为第 i 种污染物的标准指数；C_i 为第 i 种污染物的监测浓度平均值，mg/m³；C_{0i} 为第 i 种污染物的评价标准值，mg/m³。

3.4.1.6　监测结果及评价

（1）非采暖期

非采暖期监测及评价结果见表 3-16 至表 3-19。由评价结果可得出：

TSP：各监测点 TSP 日平均浓度标准指数范围在 0.467～0.977，均不超标，但部分点位日均值已接近环境质量二级标准。

PM$_{10}$：各监测点 PM$_{10}$ 日平均浓度标准指数范围在 0.647～1.273，部分超标，最大值出现在 2$^\#$监测点。其中 1$^\#$点位超标率 57.1%，2$^\#$监测点位超标率 42.9%，4$^\#$及 5$^\#$监测点均不超标。

SO$_2$：各监测点 SO$_2$ 小时平均浓度标准指数范围在 0.032～0.186，均不超标；日平均浓度标准指数范围在 0.173～0.420，均不超标。

NO$_2$：各监测点 NO$_2$ 小时平均浓度标准指数范围在 0.067～0.325，均不超标；日平均浓度标准指数范围在 0.183～0.358，均不超标。

H$_2$S：各监测点 H$_2$S 小时平均浓度标准指数范围在 0.05～0.9，均不超标。

NH$_3$：各监测点 NH$_3$ 小时平均浓度标准指数范围在 0.05～0.505，均不超标。

苯：各监测点苯小时平均浓度标准指数范围在 0.004～0.013，均不超标。

二甲苯：各监测点二甲苯小时平均浓度标准指数范围在 0.017～0.200，均不超标。

非甲烷总烃：各监测点非甲烷总烃日平均浓度标准指数范围在 0.375～0.695，均达标。

BaP：监测点 BaP 日平均浓度标准指数范围在 0.050～0.508，均不超标。

F$^-$：各监测点 F$^-$ 日平均浓度标准指数范围在 0.043～0.214，均不超标。

降尘：各监测点监测结果在 18.04～23.10 t/（km^2·月），平均值为 18.88 t/（km^2·月）。

由此可见，5 个监测点中，3$^\#$点空气最为清洁，SO$_2$ 小时平均浓度标准指数和日平均浓度标准指数范围分别在 0.042～0.108 和 0.173～0.287，NO$_2$ 小时平均浓度标准指数和日平均浓度标准指数范围分别在 0.067～0.163 和 0.183～0.283，各污染因子均不超标；4$^\#$点和 5$^\#$点主要污染物为 TSP 和 PM$_{10}$，其中 PM$_{10}$ 日平均浓度标准指数最高分别达到 0.953 和 0.980，已接近标准限值，其他污染物均不超标。

1$^\#$和 2$^\#$点受当时填海施工影响，首要污染物为 PM$_{10}$，两点位超标率分别为 42.9%和 57.1%，1$^\#$点 TSP 日平均浓度标准指数最高达 0.963，H$_2$S 小时平均浓度标准指数最高达 0.9，2$^\#$点 TSP 日平均浓度标准指数最高达 0.977，H$_2$S 小时平均浓度标准指数最高达 0.9，均已接近标准限值，其他污染物均不超标，污染较轻。

表 3-16 非采暖期环境空气质量现状监测结果汇总

监测因子		监测结果统计	监测点				
			1$^\#$	2$^\#$	3$^\#$	4$^\#$	5$^\#$
TSP	日平均	浓度范围/（mg/m^3）	0.185～0.289	0.199～0.293	—	0.145～0.218	0.140～0.228
		超标率/%	0	0	—	0	0
PM$_{10}$	日平均	浓度范围/（mg/m^3）	0.138～0.182	0.129～0.191	—	0.102～0.143	0.097～0.147
		超标率/%	57.1	42.9	—	0	0
SO$_2$	小时平均	浓度范围/（mg/m^3）	0.016～0.093	0.022～0.090	0.021～0.054	0.023～0.074	0.021～0.080
		超标率/%	0	0	0	0	0
	日平均	浓度范围/（mg/m^3）	0.028～0.063	0.031～0.058	0.026～0.043	0.030～0.047	0.026～0.052
		超标率/%	0	0	0	0	0

监测因子		监测结果统计	监测点				
			1#	2#	3#	4#	5#
NO₂	小时平均	浓度范围/（mg/m³）	0.018～0.078	0.017～0.056	0.016～0.039	0.020～0.058	0.017～0.054
		超标率/%	0	0	0	0	0
	日平均	浓度范围/（mg/m³）	0.022～0.042	0.028～0.043	0.022～0.034	0.024～0.042	0.026～0.039
		超标率/%	0	0	0	0	0
H₂S	小时平均	浓度范围/（mg/m³）	0.000 5～0.009	0.000 5～0.009	—	—	0.000 5～0.002
		超标率/%	0	0	—	—	0
NH₃	小时平均	浓度范围/（mg/m³）	0.077～0.101	0.010	—	—	0.010
		超标率/%	0	0	—	—	0
苯	小时平均	浓度范围/（mg/m³）	0.01～0.03	0.01～0.03	—	—	0.01～0.02
		超标率/%	0	0	—	—	0
二甲苯	小时平均	浓度范围/（mg/m³）	0.005～0.06	0.005～0.04	—	—	0.005～0.02
		超标率/%	0	0	—	—	0
非甲烷总烃	日平均	浓度范围/（mg/m³）	0.75～1.37	0.99～1.39	—	—	0.89～1.24
		超标率/%	0	0	—	—	0
BaP	日平均	浓度范围/（10⁻³ μg/m³）	—	0.50～5.08	—	—	—
		超标率/%	—	0	—	—	—
F⁻	日平均	浓度范围/（mg/m³）	—	0.000 3～0.001 5	—	—	—
		超标率/%	—	0	—	—	—

表 3-17 非采暖期降尘监测结果 单位：t/（km²·月）

监测点位 监测时间	1#	2#	5#	平均值
10 月 10 日—11 月 9 日	21.50	23.10	18.04	20.88

表 3-18 非采暖期 SO₂、NO₂、H₂S、NH₃、苯、二甲苯小时平均浓度评价结果

污染物	监测点	单因子标准指数	达标率/%
SO₂	1#	0.032～0.186	100
	2#	0.044～0.180	100
	3#	0.042～0.108	100
	4#	0.046～0.148	100
	5#	0.042～0.160	100
NO₂	1#	0.075～0.325	100
	2#	0.071～0.233	100
	3#	0.067～0.163	100
	4#	0.083～0.242	100
	5#	0.071～0.225	100

污染物	监测点	单因子标准指数	达标率/%
H₂S	1#	0.05～0.9	100
	2#	0.05～0.9	100
	5#	0.05～0.2	100
NH₃	1#	0.385～0.505	100
	2#	0.05	100
	5#	0.05	100
苯	1#	0.004～0.013	100
	2#	0.004～0.013	100
	5#	0.004～0.008	100
二甲苯	1#	0.017～0.200	100
	2#	0.017～0.133	100
	5#	0.017～0.067	100

表 3-19 非采暖期各监测点日平均浓度评价结果

污染物	监测点	单因子标准指数							达标率/%
		11 日	12 日	13 日	14 日	15 日	16 日	17 日	
TSP	1#	0.663	0.737	0.777	0.963	0.617	0.760	0.897	100
	2#	0.707	0.810	0.683	0.977	0.663	0.693	0.890	100
	4#	0.550	0.573	0.590	0.727	0.483	0.540	0.683	100
	5#	0.557	0.603	0.573	0.760	0.467	0.530	0.697	100
PM₁₀	1#	0.940	1.040	1.020	1.213	0.920	0.953	1.153	42.9
	2#	1.000	1.120	0.967	1.273	0.860	0.920	1.220	57.1
	4#	0.773	0.833	0.800	0.953	0.680	0.753	0.880	100
	5#	0.787	0.833	0.847	0.980	0.647	0.740	0.887	100
SO₂	1#	0.307	0.347	0.287	0.200	0.187	0.420	0.253	100
	2#	0.367	0.360	0.293	0.227	0.207	0.387	0.260	100
	3#	0.193	0.267	—	0.200	0.193	0.287	0.173	100
	4#	0.293	0.307	0.273	0.260	0.200	0.313	0.253	100
	5#	0.300	0.347	0.227	0.233	0.173	0.320	0.233	100
NO₂	1#	0.308	0.350	0.325	0.183	0.275	0.258	0.225	100
	2#	0.292	0.358	0.350	0.283	0.250	0.275	0.233	100
	3#	0.283	0.283	—	0.250	0.183	0.283	0.233	100
	4#	0.292	0.350	0.308	0.200	0.233	0.275	0.200	100
	5#	0.300	0.325	0.300	0.275	0.217	0.200	0.187	100
非甲烷总烃	1#	0.375	0.390	0.485	0.575	0.510	0.685	0.520	100
	2#	0.525	0.660	0.510	0.695	0.495	0.645	0.550	100
	5#	0.455	0.445	0.460	0.580	0.450	0.620	0.475	100
BaP	2#	0.142	0.508	0.331	0.050	0.050	0.412	0.050	100
F⁻	2#	0.043	0.043	0.200	0.100	0.043	0.214	0.043	100

（2）采暖期

采暖期监测及评价结果见表 3-20 至表 3-23。由统计分析结果可得出：

SO_2：各监测点 SO_2 小时平均浓度标准指数范围在 0.044～0.126，均不超标；日平均浓度标准指数范围在 0.220～0.393，均不超标。

NO_2：各监测点 NO_2 小时平均浓度标准指数范围在 0.088～0.188，均不超标；日平均浓度标准指数范围在 0.217～0.300，均不超标。

H_2S：各监测点 H_2S 小时平均浓度标准指数范围在 0.05～0.6，均不超标。

NH_3：各监测点 NH_3 小时平均浓度标准指数均为 0.05，均不超标。

苯：各监测点苯小时平均浓度标准指数范围在 0.004～0.013，均不超标。

二甲苯：各监测点二甲苯小时平均浓度标准指数均为 0.033，均不超标。

TSP：各监测点 TSP 日平均浓度标准指数范围在 0.300～0.950，均不超标，但部分点位日均值已接近环境质量二级标准。

PM_{10}：各监测点 PM_{10} 日平均浓度标准指数范围在 0.333～1.160，1# 和 2# 点各有 1 天监测数据超标，最大值出现在 2# 监测点。其中 1# 点超标率 14.3%，2# 点超标率 14.3%，4# 及 5# 监测点均不超标。

非甲烷总烃：各监测点非甲烷总烃日平均浓度标准指数范围在 0.225～0.735，均不超标。

BaP：监测点 BaP 日平均浓度标准指数范围在 0.096～0.527，均不超标。

F^-：监测点 F^- 日平均浓度均为未检出。

由表 3-22 和表 3-23 可见，3# 点 SO_2 小时平均浓度标准指数和日平均浓度标准指数范围分别在 0.044～0.096 和 0.220～0.293，NO_2 小时平均浓度标准指数和日平均浓度标准指数范围分别在 0.100～0.179 和 0.233～0.283，各污染因子均不超标（日均浓度按小时样平均取得，未进行 18 h 海上连续采样）。

由表 3-23 可见，4# 点和 5# 点主要污染物为 TSP 和 PM_{10}，其中 4# 点 PM_{10} 日平均浓度标准指数最高达到 0.940，已接近标准限值，其他污染物均不超标，污染较轻。

表 3-20　采暖期环境空气质量现状监测结果汇总

监测因子		监测结果统计	监测点				
			1#	2#	3#	4#	5#
TSP	日平均	浓度范围/（mg/m³）	0.157～0.270	0.179～0.285	—	0.090～0.263	0.111～0.263
		超标率/%	0	0	—	0	0
PM_{10}	日平均	浓度范围/（mg/m³）	0.101～0.156	0.108～0.174	—	0.050～0.141	0.086～0.130
		超标率/%	14.3	14.3	—	0	0

监测因子		监测结果统计	监测点				
			1#	2#	3#	4#	5#
SO₂	小时平均	浓度范围/（mg/m³）	0.025～0.046	0.025～0.049	0.022～0.048	0.025～0.063	0.024～0.058
		超标率/%	0	0	0	0	0
	日平均	浓度范围/（mg/m³）	0.033～0.039	0.033～0.040	0.033～0.044	0.034～0.059	0.033～0.052
		超标率/%	0	0	0	0	0
NO₂	小时平均	浓度范围/（mg/m³）	0.021～0.039	0.023～0.043	0.024～0.043	0.021～0.041	0.021～0.045
		超标率/%	0	0	0	0	0
	日平均	浓度范围/（mg/m³）	0.030～0.034	0.028～0.034	0.028～0.034	0.030～0.034	0.026～0.036
		超标率/%	0	0	0	0	0
H₂S	小时平均	浓度范围/（mg/m³）	0.000 5	0.000 5～0.006	—	—	0.000 5～0.003
		超标率/%	0	0			0
NH₃	小时平均	浓度范围/（mg/m³）	0.010	0.010			0.010
		超标率/%	0	0			0
苯	小时平均	浓度范围/（mg/m³）	0.01～0.02	0.01～0.03			0.01～0.02
		超标率/%	0	0			0
二甲苯	小时平均	浓度范围/（mg/m³）	0.01	0.01			0.01
		超标率/%	0	0			0
非甲烷总烃	日平均	浓度范围/（mg/m³）	0.79～1.47	0.69～1.02	—	—	0.45～0.77
		超标率/%	0	0			0
BaP	日平均	浓度范围/（10⁻³ μg/m³）	—	0.96～5.27	—	—	—
		超标率/%	—	0	—	—	—
F⁻	日平均	浓度范围/（μg/m³）	—	0.034	—	—	—
		超标率/%		0			

表 3-21　采暖期降尘监测结果　　　　　单位：t/（km²·月）

监测时间　＼　监测点位	1#	2#	5#	平均值
11 月 15 日—12 月 15 日	20.60	22.10	18.39	20.36

表 3-22　采暖期 SO₂、NO₂、H₂S、NH₃、苯、二甲苯小时平均浓度统计结果

污染物	监测点	单因子标准指数	达标率/%
SO₂	1#	0.050～0.092	100
	2#	0.050～0.098	100
	3#	0.044～0.096	100
	4#	0.050～0.126	100
	5#	0.048～0.116	100

污染物	监测点	单因子标准指数	达标率/%
NO₂	1#	0.088～0.163	100
	2#	0.096～0.179	100
	3#	0.100～0.179	100
	4#	0.088～0.171	100
	5#	0.088～0.188	100
H₂S	1#	0.05	100
	2#	0.05～0.6	100
	5#	0.05～0.3	100
NH₃	1#	0.05	100
	2#	0.05	100
	5#	0.05	100
苯	1#	0.004～0.008	100
	2#	0.004～0.013	100
	5#	0.004～0.008	100
二甲苯	1#	0.033	100
	2#	0.033	100
	5#	0.033	100

表 3-23　采暖期各监测点日平均浓度评价结果

污染物	监测点	单因子标准指数							达标率/%
		20 日	21 日	22 日	23 日	24 日	25 日	26 日	
TSP	1#	0.687	0.523	0.660	0.890	0.900	0.717	0.757	100
	2#	0.753	0.697	0.950	0.807	0.780	0.680	0.597	100
	4#	0.687	0.300	0.877	0.863	0.393	0.867	0.530	100
	5#	0.700	0.583	0.370	0.743	0.637	0.877	0.623	100
PM₁₀	1#	0.720	0.740	1.040	0.673	0.673	0.813	0.840	85.7
	2#	0.760	0.720	0.893	1.160	0.727	0.887	0.840	85.7
	4#	0.693	0.333	0.713	0.800	0.593	0.940	0.680	100
	5#	0.580	0.713	0.727	0.720	0.573	0.733	0.867	100
SO₂	1#	0.240	0.220	0.227	0.227	0.260	0.233	0.227	100
	2#	0.227	0.220	0.233	0.247	0.267	0.240	0.233	100
	3#	0.220	0.227	—	0.240	0.293	0.220	0.227	100
	4#	0.227	0.227	0.247	0.233	0.393	0.233	0.240	100
	5#	0.220	0.220	0.240	0.247	0.347	0.240	0.233	100
NO₂	1#	0.250	0.283	0.267	0.267	0.267	0.267	0.258	100
	2#	0.233	0.275	0.258	0.283	0.267	0.267	0.258	100
	3#	0.233	0.283	—	0.283	0.275	0.250	0.258	100
	4#	0.267	0.283	0.267	0.258	0.258	0.250	0.258	100
	5#	0.217	0.300	0.250	0.275	0.250	0.250	0.267	100

污染物	监测点	单因子标准指数							达标率/%
		20 日	21 日	22 日	23 日	24 日	25 日	26 日	
非甲烷总烃	1#	0.580	0.570	0.695	0.735	0.565	0.460	0.395	100
	2#	0.480	0.470	0.360	0.510	0.345	0.405	0.385	100
	5#	0.245	0.290	0.285	0.385	0.225	0.270	0.225	100
BaP	2#	0.144	0.527	0.384	0.118	0.173	0.415	0.096	100
F⁻	2#	未检出	未检出	未检出	未检出	未检出	未检出	未检出	100

1#点和 2#点首要污染物为 PM_{10}，两监测点的超标率均为 14.3%，两监测点的 TSP 日平均浓度标准指数最高分别达到 0.900 和 0.950，均已接近标准限值，其他污染物均不超标，污染较轻。

（3）采暖期、非采暖期两期日均监测浓度对比

将非采暖期（2005 年 10 月 11—17 日）与采暖期（12 月 20—26 日）各点日均浓度监测结果对比见表 3-24。

由表分析可知，TSP 两季监测结果各监测点日均浓度变化不明显，采暖期日均浓度变化范围较大，日均最大浓度较非采暖期略有下降，标准指数由非采暖期的 0.977 下降到 0.950。

表 3-24　TSP、PM_{10}、SO_2、NO_2、非甲烷总烃、BaP、F⁻日平均浓度对比

污染物	监测点	非采暖期		采暖期	
		单因子标准指数	达标率/%	单因子标准指数	达标率/%
TSP	1#	0.617~0.963	100	0.523~0.900	100
	2#	0.663~0.977	100	0.597~0.950	100
	4#	0.483~0.727	100	0.300~0.877	100
	5#	0.467~0.760	100	0.370~0.877	100
PM_{10}	1#	0.920~1.213	42.9	0.673~1.040	85.7
	2#	0.860~1.273	57.1	0.720~1.160	85.7
	4#	0.680~0.953	100	0.333~0.940	100
	5#	0.647~0.980	100	0.573~0.867	100
SO_2	1#	0.187~0.420	100	0.220~0.260	100
	2#	0.207~0.387	100	0.220~0.267	100
	3#	0.173~0.287	100	0.220~0.293	100
	4#	0.200~0.313	100	0.227~0.393	100
	5#	0.173~0.347	100	0.220~0.347	100
NO_2	1#	0.183~0.350	100	0.250~0.283	100
	2#	0.233~0.358	100	0.233~0.283	100
	3#	0.183~0.283	100	0.233~0.283	100
	4#	0.200~0.350	100	0.250~0.283	100
	5#	0.187~0.325	100	0.217~0.300	100

污染物	监测点	非采暖期		采暖期	
		单因子标准指数	达标率/%	单因子标准指数	达标率/%
非甲烷总烃	1#	0.375～0.685	100	0.395～0.735	100
	2#	0.495～0.695	100	0.345～0.510	100
	5#	0.445～0.620	100	0.225～0.385	100
BaP	2#	0.050～0.508	100	0.096～0.527	100
F⁻	2#	0.043～0.214	100	未检出	100

PM_{10} 采暖期日均浓度变化范围较大，日均浓度较非采暖期有下降的趋势，1#点日均最大浓度标准指数由非采暖期的 1.213 下降到 1.040，2#点由 1.273 下降到 1.160，超标率由 42.9%和57.1%均降为14.3%，4#点日均最大浓度标准指数由非采暖期的 0.953 下降到 0.940，5#点由 0.980 下降到 0.867。

SO_2 两季监测结果各监测点日均浓度变化不明显，采暖期日均浓度范围较小，日均最大浓度较非采暖期略有下降，标准指数由非采暖期的 0.420 下降到 0.393。

NO_2 两季监测结果各监测点日均浓度变化不明显，采暖期日均浓度范围较小，日均最大浓度较非采暖期略有下降，标准指数由非采暖期的 0.358 下降到 0.300。

非甲烷总烃采暖期日均浓度范围较大，2#点和5#点日均最大浓度较非采暖期有所下降，标准指数分别由非采暖期的 0.695 和 0.620 下降到 0.510 和 0.385，1#点日均最大浓度较非采暖期有所上升，标准指数由非采暖期的 0.685 上升到 0.735。

BaP 两季监测结果各监测点日均浓度变化不明显，采暖期日均最大浓度较非采暖期略有上升，标准指数由非采暖期的 0.508 上升到 0.527。

总体分析，该地区环境空气质量，采暖期（12 月）与非采暖期（10 月）的监测结果基本一致，采暖期污染程度略低于非采暖期；分析其原因，可能是由于在监测范围内，采暖期基本无采暖设施运行，施工机械运行量减少，另外有冰冻和雪覆盖地面所致。

3.4.2　环境空气质量现状评价

通过对评价范围内的现状监测评价以及对历史监测资料评价，得到以下相关结论：

（1）2005 年非采暖期现状监测结果

非采暖期 5 个监测点中，3#点由于距离岸边及当时曹妃甸填海工程较远，空气质量最为清洁，各污染因子均不超标；4#点和5#点受当时岸边工程及交通运输污染，主要污染物为 TSP 和 PM_{10}，其中 PM_{10} 日平均浓度标准指数最高分别达到 0.95 和 0.98，已接近标准限值，其他污染物均不超标；1#点和2#点受当时填海工程施工影响污染较为严重，首要污染物为 PM_{10}，两监测点超标率分别为 57.1%、42.9%，H_2S 小时平均浓度标准指数最高达到 0.9，已接近标准限值，其他污染物均不超标，污染较轻。各监测点降尘监测结果在 18.04～

23.10 t/（km^2·月），平均值为 18.88 t/（km^2·月）。

（2）2005 年采暖期现状监测结果

采暖期 5 个监测点中，3$^#$点 SO$_2$ 小时平均浓度标准指数和日平均浓度标准指数范围分别在 0.044～0.096 和 0.220～0.293，NO$_2$ 小时平均浓度标准指数和日平均浓度标准指数范围分别在 0.100～0.179 和 0.233～0.283，各污染因子均不超标（日均浓度按小时样平均取得，未进行 18 h 海上连续采样）；4$^#$点和 5$^#$点主要污染物为 TSP 和 PM$_{10}$，其中4$^#$点 PM$_{10}$ 日平均浓度标准指数最高达到 0.940，已接近标准限值，其他污染物均不超标；1$^#$点和 2$^#$点首要污染物为 PM$_{10}$，两监测点的超标率均为 14.3%，两监测点的 TSP 日平均浓度标准指数最高分别达到 0.900 和 0.950，均已接近标准限值，其他污染物均不超标。

总体分析该地区环境空气质量，当地现状环境空气质量由于受当时填海工程及交通运输的影响，PM$_{10}$ 浓度较高，部分时段已超过环境空气质量标准，TSP 接近标准限值，其余污染物尚有一定容量。采暖期（12 月）与非采暖期（10 月）监测结果基本一致，采暖期污染程度略低于非采暖期；分析其原因，可能是由于在监测范围内，采暖期基本无采暖设施运行，施工机械运行量减少，另外有冰冻和雪覆盖地面所致。

3.4.3 评价区污染气象分析

污染物在大气中的扩散和输送主要受气象条件的制约，其中直接影响大气污染物输送扩散的气象要素是空气的流动特征——风和湍流，而温度层结又在很大程度上制约着风场和湍流结构，因此，在众多的气象要素中与大气污染物输送扩散关系最密切的是风向、风速、温度梯度和湍流强度，风向规定了污染物输送方向；风速表征大气污染物的输送速率，风速梯度与湍流脉动密切相关；温度梯度是大气稳定度的重要参数。因此，分析工程厂址所在地区的风场、温度场等污染气象特征，对大气环境影响至关重要。

3.4.3.1 多年气象资料分析

曹妃甸岛地区气候属于大陆性季风气候，具有明显的暖温带半湿润季风气候特征。据唐海气象站（39°17′N，118°27′E，距离某钢铁公司厂址约 32 km）1971—2000 年的观测资料统计如下：

（1）气温

• 年平均温度：11.3℃

• 年最热月平均最高温度：27.6℃

• 年最冷月平均最低温度：−8.6℃

• 极端最高温度：34.1℃

- 极端最低温度：−16.2℃

（2）降水

- 年平均降水量：608.1 mm
- 年最大降水量：934.0 mm
- 日最大降水量：266.2 mm
- 一小时最大降水量：118.6 mm
- 一次最大暴雨持续时间：5 天
- 一次最大暴雨降雨量：530.1 mm

年降水主要集中在 6—8 月，降水量占全年降水量的 60%，年均降雨日数 57.9 天，年均降雪日数 8 天。历年最大积雪厚度 24 cm。历年最大冻土深度 59.0 cm。

（3）风

该区全年盛行常风向为 SW 向，频率 9.0%；次常风向为 ENE 向，频率 8.0%。夏季盛行风向 SSE 向，强风向为 ENE 向，最大风速 25 m/s；次强风向为 NE 向，最大风速 21 m/s。全年各向平均风速 2.9 m/s，全年各向≥7 级风的出现频率为 4.9%（见图 3-12）。

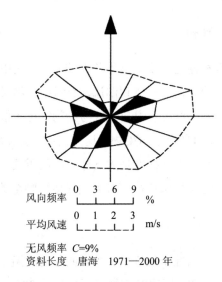

| 风向频率 | 0   3   6   9 | % |
| 平均风速 | 0   1   2   3 | m/s |

无风频率 C=9%
资料长度 唐海 1971—2000 年

图 3-12 唐海县区域多年风玫瑰图

3.4.3.2 地面气象观测资料分析

某钢铁公司厂址位于曹妃甸岛新港工业区内，距离厂址最近的气象站为曹妃甸气象观测站（39°06′N，118°27′E），距厂址约 13 km。曹妃甸气象观测站 2006 年建成，因此仅有 2006—2008 年 3 年地面常规气象资料，本评价依此进行统计分析，为大气污染物浓度预测提供基础数据。

曹妃甸地区 2006—2008 年 3 年年平均气温为 12.74℃，3 年平均气温月变化趋势见表 3-25 和图 3-13，其中 1 月平均气温最低，为-2.92℃，8 月平均气温最高，达到 26.15℃。3 年极端最高气温 35.4℃，极端最低气温-12.1℃。

表 3-25　曹妃甸各月及年平均气温

月份	1 月	2 月	3 月	4 月	5 月	6 月	7 月	8 月	9 月	10 月	11 月	12 月
温度/℃	-2.92	-0.01	5.68	12.11	18.57	22.87	25.25	26.15	22.35	15.57	7.05	-0.46

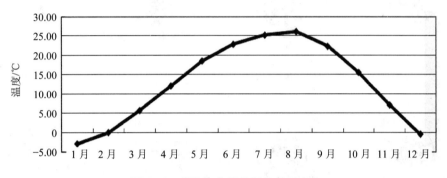

图 3-13　曹妃甸年平均温度的月变化

曹妃甸地区 2006—2008 年年均风频及其随月、季变化情况见表 3-26；风向频率玫瑰图见图 3-14。可知，2006—2008 年曹妃甸气象站所在区域年主导风向为 E 风，出现频率 8.36%，次多风向为 SW 风、SSW 风，频率分别为 8.28%、8.03%，年最少风向为 NNE 风，出现频率为 3.52%，年静风频率为 0.19%。

曹妃甸地区 2006—2008 年各月各风向地面平均风速、年平均风速月变化、季小时平均风速的日变化情况见表 3-27 至表 3-29。该区域年平均风速为 4.27 m/s，3 年最大风速达 27.7 m/s。从表 3-27 和图 3-15 可以看出，E 风年均风速最大，为 5.43 m/s，其次为 ESE 风，年均风速 5.28 m/s，NNE 风年均风速最小，为 3.24 m/s。

从表 3-28、表 3-29 和图 3-16、图 3-17 可以看出，春季风速较大，平均风速为 4.91 m/s；夏、秋季平均风速分别为 4.28 m/s、4.09 m/s，冬季平均风速最小，为 3.80 m/s，风速受季节变化影响不显著。小风不利于烟气扩散，容易给近距离地面造成污染，因此，在本工程厂址周围地区大气环境中，冬季受污染较重，春季受污染较轻。

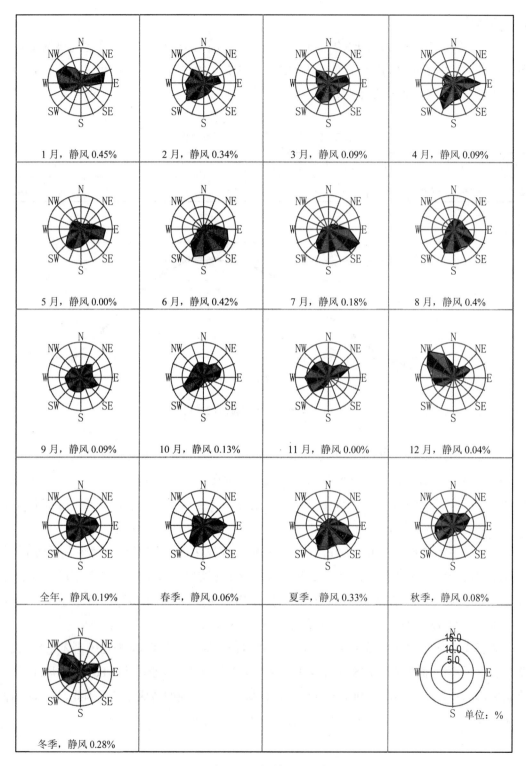

图 3-14 年、月及各季风向频率玫瑰图

表 3-26　曹妃甸地区 2006—2008 年年均风频的月变化

时间 \ 风向 风频/%	N	NNE	NE	ENE	E	ESE	SE	SSE	S	SSW	SW	WSW	W	WNW	NW	NNW	C
1月	3.58	3.36	4.66	12.14	10.3	3.63	2.37	1.12	2.46	3.18	5.11	8.78	10.13	12.1	10.04	6.59	0.45
2月	2.7	2.5	3.48	7.01	8.09	4.07	4.85	5.1	6.23	8.04	11.32	8.09	8.48	7.11	7.94	4.66	0.34
3月	3.14	1.93	3.32	8.42	9.72	6.14	6.41	5.96	8.51	9.36	8.15	4.7	5.73	6.18	7.53	4.7	0.09
4月	2.22	2.69	4.07	6.53	12.22	6.81	5.56	7.36	7.92	12.78	9.07	5.74	4.03	5.56	4.91	2.45	0.09
5月	2.87	2.37	3.49	5.65	11.69	11.02	5.69	6	7.44	9.09	9.9	6.32	4.57	4.79	5.11	3.99	0
6月	2.18	1.99	2.45	5.28	10.46	12.13	12.59	9.86	11.48	12.45	8.29	3.33	3.19	1.9	0.79	1.2	0.42
7月	1.21	2.33	3.32	4.75	9.32	15.28	13.13	9.23	9.41	11.51	7.66	3.94	3.05	2.51	1.75	1.43	0.18
8月	4.48	5.06	5.33	5.11	6.27	10.08	9.5	8.38	10.08	10.75	7.35	4.26	3.58	2.69	3.27	3.41	0.4
9月	4.17	5.88	7.27	5.51	5.74	8.98	6.67	5.09	6.76	6.94	7.45	7.13	7.41	6.06	5.51	3.33	0.09
10月	6.23	5.29	8.06	8.56	7.12	5.06	2.82	2.06	3.18	5.51	10.04	10.22	6.85	5.82	6.32	6.72	0.13
11月	5.32	5.05	7.45	10.83	5.23	2.22	1.44	1.02	2.78	4.72	9.58	9.21	10.56	8.7	8.29	7.59	0
12月	5.15	3.72	6.94	8.15	4.17	1.66	0.81	1.7	1.25	2.15	5.78	8.83	9.95	12.68	16.26	10.75	0.04
春季	2.75	2.32	3.62	6.87	11.2	8	5.89	6.43	7.96	10.39	9.04	5.59	4.79	5.51	5.86	3.73	0.06
夏季	2.63	3.14	3.71	5.04	8.67	12.5	11.73	9.15	10.31	11.56	7.76	3.85	3.28	2.37	1.95	2.02	0.33
秋季	5.25	5.4	7.6	8.3	6.04	5.42	3.63	2.72	4.23	5.72	9.04	8.87	8.26	6.85	6.7	5.89	0.08
冬季	3.84	3.21	5.07	9.16	7.5	3.09	2.61	2.57	3.23	4.35	7.29	8.58	9.55	10.73	11.52	7.41	0.28
全年	3.61	3.52	5	7.33	8.36	7.28	5.99	5.23	6.45	8.03	8.28	6.71	6.45	6.35	6.48	4.75	0.19

表3-27　曹妃甸2006—2008年各月各风向地面平均风速统计

单位：m/s

时间\风速\风向	N	NNE	NE	ENE	E	ESE	SE	SSE	S	SSW	SW	WSW	W	WNW	NW	NNW	平均
1月	2.41	2.36	2.55	3.75	4.1	3.35	2.15	2.14	2.93	2.62	2.49	2.47	3.02	3.92	4.89	4.22	3.41
2月	3.61	2.9	3.3	4.58	5.26	4.94	3.77	3.65	3.04	3.51	3.4	3.44	3.91	4.25	4.96	4.79	3.99
3月	4.38	3.2	4.22	5.74	6.3	5.31	5.08	4.18	4.05	3.86	3.78	3.91	4.57	5.07	6.05	5.88	4.84
4月	3.66	3.79	3.78	5.15	6.24	5.44	4.9	4.83	5.07	4.63	4.48	4.09	4.85	5.56	6.08	5.32	5
5月	4.76	3.81	3.82	4.32	5.84	6.03	5.42	4.92	4.48	4.44	4.18	4.21	3.84	4.76	5.35	6.1	4.89
6月	2.57	3.27	3.68	4.18	4.81	5.5	5.45	5	4.1	3.8	3.21	3.27	3.08	3.18	2.45	2.8	4.31
7月	3.7	3.23	4.72	4.1	5.39	5.83	4.93	4.71	4.55	4.02	3.65	3.69	3.22	3.77	4.12	3.94	4.58
8月	3.24	3.22	4.17	3.61	5.05	4.75	4.47	4.27	4.12	3.68	3.36	3.29	3.09	3.57	3.33	3.88	3.94
9月	3.71	3.49	3.79	3.59	4.9	5.17	3.88	3.41	3.12	3.62	3.8	3.84	3.96	3.8	4.42	3.55	3.92
10月	3.37	3.42	4.55	5.45	6.34	4.98	3.13	2.78	3.28	3.6	3.74	4.03	3.29	3.15	5.01	4.88	4.22
11月	3.1	3.41	3.81	5.34	5.92	3.81	2.57	2.16	2.54	3.28	3.57	4.08	3.73	3.83	5.12	5.04	4.13
12月	2.81	2.66	3.21	3.85	4.34	4.48	2.49	3.32	3.02	2.76	3.47	3.42	3.32	3.94	5.88	4.55	3.99
全年	3.37	3.24	3.81	4.54	5.43	5.28	4.6	4.3	3.98	3.85	3.65	3.65	3.63	4.11	5.22	4.74	4.27

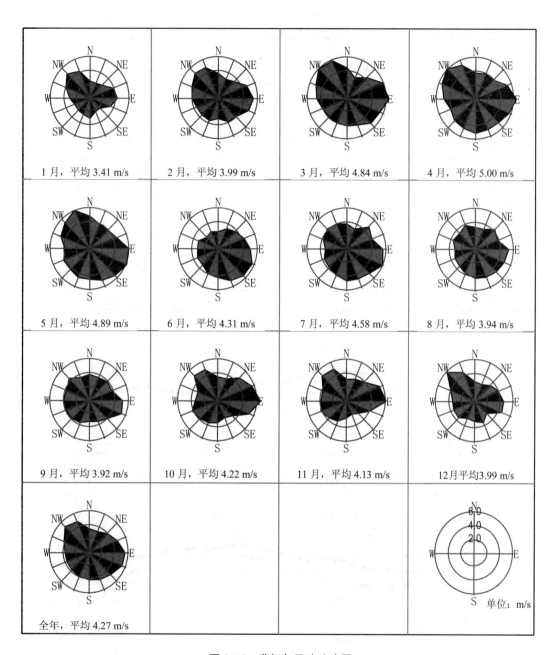

图 3-15　曹妃甸风速玫瑰图

表 3-28 年平均风速的月变化

月份	1 月	2 月	3 月	4 月	5 月	6 月	7 月	8 月	9 月	10 月	11 月	12 月
风速/ (m/s)	3.41	3.99	4.84	5.00	4.89	4.31	4.58	3.94	3.92	4.22	4.13	3.99

表 3-29 季小时平均风速的日变化

时间/h 风速/ (m/s)	1	2	3	4	5	6	7	8	9	10	11	12
春季	4.48	4.39	4.31	4.28	4.36	4.40	4.47	4.68	4.83	4.88	4.78	4.96
夏季	4.01	3.86	3.73	3.59	3.59	3.59	3.65	3.80	3.90	4.09	4.31	4.51
秋季	3.92	3.88	3.94	3.92	3.89	3.81	3.82	3.79	3.98	4.29	4.45	4.58
冬季	3.77	3.68	3.68	3.66	3.57	3.57	3.50	3.51	3.74	3.82	3.99	4.17
时间/h 风速/ (m/s)	13	14	15	16	17	18	19	20	21	22	23	24
春季	5.13	5.32	5.54	5.59	5.44	5.31	5.36	5.31	5.25	5.02	4.96	4.82
夏季	4.66	4.79	4.95	5.04	5.08	4.96	4.80	4.58	4.43	4.35	4.27	4.13
秋季	4.65	4.71	4.55	4.50	4.32	4.09	3.88	3.86	3.85	3.75	3.86	3.84
冬季	4.34	4.39	4.36	4.14	3.81	3.63	3.56	3.58	3.50	3.58	3.64	3.75

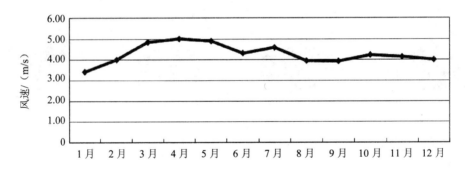

图 3-16 年平均风速的月变化

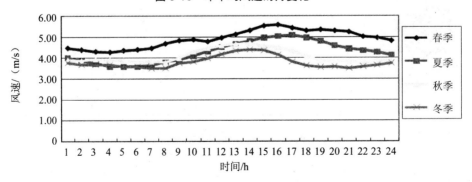

图 3-17 季小时平均风速的日变化

从各时刻的平均风速可以看出，15 时年均风速最大，为 4.85 m/s，5 时、6 时年均风速最小，分别为 3.85 m/s 和 3.84 m/s。因此，从风速的日变化看，夜间至清晨风速小，对大气污染物扩散、稀释不利。午后风速大，对大气污染物的扩散、稀释有利。

3.4.4　环境空气影响预测与评价

3.4.4.1　污染源源强及排放参数

污染源资料是预测计算的基础，根据预测模式要求，以工程分析资料和物料衡算等方法为依据，进行污染源参数模式化处理。

3.4.4.2　污染物预测计算内容及方法

（1）预测范围

综合考虑某钢铁公司实际情况，结合项目周围环境特征和气象条件，环境空气影响预测评价范围为整个曹妃甸新港工业区及邻近区域，具体范围如图 3-18 所示，覆盖范围约 22.5 km（东西向）×29 km（南北向）。计算网格大小为 500 m×500 m，共 3 009 个计算网格点。预测网格采用直角坐标网格。

（2）预测点位

根据某钢铁公司工程特点和当地环境特征，以环境空气质量现状监测点、环境关心点及厂界监控点的形式，设置 15 个点作为某钢铁公司预测点（见图 3-18 和表 3-30）。

（3）预测因子

预测因子根据评价因子而定，选取有环境空气质量标准的评价因子作为预测因子。按上述原则，本评价大气环境影响预测因子确定为：SO_2、NO_2、PM_{10}、TSP、F^-、HCl、BaP。各预测因子的评价标准见表 3-31。

表 3-30　预测点相对位置

类别	序号	预测点	坐标 x	坐标 y
监测点	1#	沙岛南侧	632 155	4 309 053
	2#	钢铁厂东厂界	633 259	4 316 087
	3#	港池	632 872	4 327 418
	4#	林雀堡	624 411	4 329 404
	5#	咀东	618 269	4 325 342
关心点	6#	海岛植物园	641 743	4 324 402
	7#	湿地公园	624 730	4 327 791

类别	序号	预测点	坐标 x	坐标 y
关心点	8#	高新技术组团	622 662	4 323 183
	9#	港区	624 356	4 316 994
	10#	中央公园	626 601	4 325 419
	11#	石化区	632 247	4 320 187
	12#	备用地	637 171	4 321 714
厂界监控点	13#	北厂界	630 085	4 316 801
	14#	西厂界	628 384	4 313 194
	15#	南厂界	631 921	4 311 268

注：4#、6#预测点 BaP 执行居住区标准，其他点位 BaP 执行非居住区标准。

表 3-31　大气环境影响预测评价标准值

污染物名称	浓度限值/（mg/m³）		
	小时平均	日平均	年平均
SO_2	0.5	0.15	0.06
NO_2	0.24	0.12	0.08
PM_{10}		0.15	0.1
TSP		0.3	0.2
F⁻	0.02	0.007	
HCl	0.05	0.015	
BaP		非居住区 0.01 μg/m³，居住区 0.005 μg/m³	

（4）预测内容

根据某钢铁公司污染物的特点及《环境影响评价技术导则　大气环境》的要求，结合该区域的污染气象特征，预测内容见表 3-32。

表 3-32　预测内容

序号	污染源类型	预测因子	计算点	预测内容	浓度图分析
1#	正常排放下环境空气	SO_2、NO_2、PM_{10}、TSP、HCl、F⁻、BaP	敏感点 网格点	小时浓度	小时预测浓度分析、日均预测浓度分析、年均浓度分析、叠加分析
				日平均浓度	
				年平均浓度	
2#	非正常工况事故排放	SO_2、TSP	敏感点 网格点	小时浓度	小时预测浓度分析

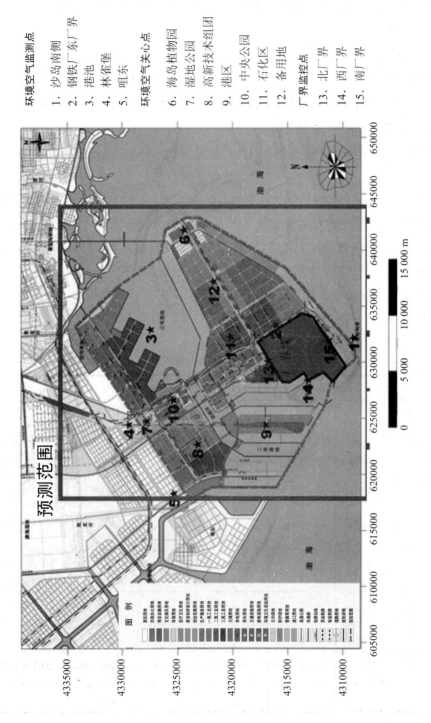

图 3-18　环境空气评价范围及监测点、关心点分布

（5）评价标准

环境空气质量执行《环境空气质量标准》（GB 3095—1996 及 2000 年修改单）中的二级标准，标准值见表 3-31。

（6）关心点背景值

根据 2005 年现状环境监测结果（采暖期和非采暖期）及 2002—2003 年历史上的 3 次环境现状监测结果，选取现状各监测点小时监测最大浓度值及日均监测浓度最大值作为各监测点背景值（见表 3-33 和表 3-34）。

由于现状监测（采暖期和非采暖期）及区域环评监测期间，曹妃甸岛正值填海工程实施时段，填海工程及其交通运输等造成的扬尘、粉尘对各监测点位的影响较大，现状监测的 TSP、PM_{10} 的监测浓度不能反映现状环境质量，为反映各监测点 TSP 的实际背景浓度，各监测点位的 TSP 背景值参考曹妃甸通路工程于 2002 年 6 月监测值及曹妃甸工业区用海一期工程于 2003 年 8 月监测值作为背景值；而由于历史监测没有 PM_{10} 的监测结果，因此，各监测点背景浓度未包括 PM_{10} 浓度值。

对于 2#、3# 监测点位缺少监测值的污染因子浓度，参考 1# 点位选取；非采暖期 F^- 背景浓度各点位均参考 2# 点位监测值。

表 3-33　非采暖期各监测点背景浓度　　　　　　　　单位：μg/m³

序号	预测点	TSP	SO₂		NO₂		F⁻	BaP	说明
		日均	小时	日均	小时	日均	日均	日均/ （10⁻³μg/m³）	
1#	沙岛南侧 （曹妃甸岛）	130	93	63	78	42	1.5	4.1	TSP、BaP 为 2003 年监测值，F⁻参考 2#点位，其他为现状监测值
2#	钢铁厂 东厂界	130	90	58	56	43	1.5	5.1	TSP 参考 1#点位，其他为现状监测值
3#	港池	130	54	43	39	34	1.5	4.1	TSP、BaP 参考 1#点位，F⁻参考 2#点位，其他为现状监测值
4#	林雀堡	180	74	47	58	42	1.5	0.6	TSP、BaP 为 2003 年监测值，F⁻参考 2#点位，其他为现状监测值
5#	咀东	180	80	52	54	39	1.5	1.0	TSP、BaP 为 2003 年监测值，F⁻参考 2#点位，其他为现状监测值

表 3-34　采暖期各监测点背景浓度　　　　　　　　　　　单位：μg/m³

序号	预测点	TSP	SO₂		NO₂		F⁻	BaP	说明
		日均	小时	日均	小时	日均	日均	日均/ (10⁻³μg/m³)	
1#	沙岛南侧 （曹妃甸岛）	130	46	39	39	34	0	4.1	TSP、BaP 为 2003 年监测值，其他为现状监测值
2#	钢铁厂 东厂界	130	49	40	43	34	0	5.27	TSP 参考 1#点位，其他为现状监测值
3#	港池	130	48	44	43	34	0	4.1	TSP、BaP 参考 1#点位，其他为现状监测值
4#	林雀堡	180	63	59	41	34	0	0.6	TSP、BaP 为 2003 年监测值，其他为现状监测值
5#	咀东	180	58	52	45	36	0	1.0	TSP、BaP 为 2003 年监测值，其他为现状监测值

3.4.4.3　预测模式及参数

环境空气影响预测采用 AERMOD 模式系统进行预测。本次预测地面气象资料采用曹妃甸气象站（39.1°N，118.45°E，距某钢铁公司厂区约 16 km）2006—2008 年三年 26 304 个小时逐日逐时地面气象数据。其中包括温度、风速、风向、总云量、低云量、相对湿度、气压。按 AERMET 参数格式生成近地面逐时气象输入文件。

本次预测采用的高空数据是中尺度数值模式 MM5 模拟生成，该模式采用的原始数据有地形高度、土地利用、陆地-水体标志、植被组成等数据，数据源主要为美国的 USGS 数据。原始气象数据采用美国国家环境预报中心的 NCEP/NCAR 的再分析数据。本次高空气象数据层数总共为 25 层，收集的探空观测数据包括大气压、高度、干球温度、露点温度、风向偏北度数、风速。所采用高空模拟网格点编号为（117，90），对应经纬度为：118.534 2°E，38.848 75°N。距离某钢铁公司厂址直线距离为 12 km，数据年限为 2006—2008 年三年逐日 2 次模拟探空数据。

有关参数选取情况见表 3-35。

表 3-35　模式计算选用参数一览

参数名称	单位	数值				
地形高程	m	不考虑地形预处理（作为平坦地形）				
地表参数	—	扇区	时段	正午反照率	波文比	粗糙度
		0～360	冬季（12月、1月、2月）	0.35	1.5	1
		0～360	春季（3月、4月、5月）	0.14	1	1
		0～360	夏季（6月、7月、8月）	0.16	2	1
		0～360	秋季（9月、10月、11月）	0.18	2	1

参数名称	单位	数值
化学转化	—	不考虑
烟囱出口下洗	—	考虑
扩散过程的衰减	—	考虑 SO_2 的衰减，取半衰期为 4 h
NO_2 化学反应	—	假定 NO_2/NO_x=0.9

3.4.4.4　地面浓度预测结果

（1）正常排放下预测点预测结果

100%保证率下，某钢铁公司主要污染物对各预测点最大浓度预测情况统计见表 3-36 至表 3-38。

由表 3-36 至表 3-38 可知，在 100%保证率下，工程在各预测点造成的 SO_2、NO_2、F^-、HCl 小时最大浓度值占标准比例分别为 1.66%～5.34%、10.58%～28.06%、0.08%～0.46% 和 1.96%～9.90%，均未超过《环境空气质量标准》中相应标准限值。

SO_2、NO_2、PM_{10}、TSP、F^-、HCl、BaP 日均最大浓度值占标准比例分别为 0.74%～6.41%、2.43%～17.06%、4.78%～35.10%、3.38%～27.97%、0.04%～0.62%、0.55%～8.00%、5.00%～59.20%，均未超过《环境空气质量标准》中相应标准限值。

SO_2、NO_2、PM_{10}、TSP 年均浓度值占标准比例分别为 0.18%～2.35%、0.37%～5.36%、0.40%～9.23%、0.26%～7.38%，均未超过《环境空气质量标准》中相应标准限值。

从预测结果来看，某钢铁公司投产后，各污染物总体上对 15 个预测点的贡献值均较低。BaP 日均最大浓度在 1# 和 15# 点值占标准比例分别为 41.30%和 59.20%，贡献值较高，但两点周围均无居住人群。1# 点位于沙岛南侧区域（见图 3-18），周围为码头和海洋，15# 点位于南厂界（见图 3-18），周围为码头和海洋。

100%保证率下，非采暖期某钢铁公司主要污染物对各关心点最大浓度叠加预测情况统计见表 3-39 和表 3-41，表中监测最大值选取本次现状监测中的最大值（见表 3-33）。

叠加背景值后，非采暖期某钢铁公司在各关心点和厂界监控点造成的各项污染物的小时最大浓度值和日均最大浓度值占标准比例均未超过《环境空气质量标准》中二级标准限值。

100%保证率下，采暖期某钢铁公司主要污染物对各关心点最大浓度叠加预测情况统计见表 3-40 和表 3-42，表中监测最大值选取本次现状监测中的最大值（见表 3-34）。

由表 3-40 和表 3-42 可知，叠加背景值后，采暖期某钢铁公司在各关心点和厂界监控点造成的各项污染物的小时最大浓度值和日均最大浓度值占标准比例均未超过《环境空气质量标准》中二级标准限值。

表 3-36 非采暖期预测点小时最大浓度预测值统计

序号	预测点	SO₂		NO₂		F⁻		HCl	
		小时最大浓度/（mg/m³）	占标率/%	小时最大浓度/（mg/m³）	占标率/%	小时最大浓度（μg/m³）	占标率/%	小时最大浓度/（mg/m³）	占标率/%
1#	沙岛南侧	0.026 3	5.25	0.061 1	25.48	0.065 1	0.33	0.002 8	5.57
2#	钢铁厂东厂界	0.023 3	4.65	0.058 6	24.42	0.050 6	0.25	0.003	6.08
3#	港池	0.009 9	1.98	0.035 9	14.95	0.026 1	0.13	0.001	1.96
4#	林雀堡	0.008 5	1.71	0.026 9	11.20	0.016 8	0.08	0.001	2.01
5#	咀东	0.008 7	1.74	0.025 4	10.58	0.017 3	0.09	0.001 1	2.28
6#	海岛植物园	0.008 3	1.66	0.028	11.67	0.022 9	0.11	0.002	4.00
7#	湿地公园	0.009 6	1.92	0.029 4	12.26	0.019	0.10	0.001 3	2.68
8#	高新技术组团	0.011 6	2.33	0.031 1	12.95	0.021 3	0.11	0.001 1	2.23
9#	港区	0.016 3	3.27	0.052 3	21.77	0.036 1	0.18	0.002 8	5.54
10#	中央公园	0.009 1	1.82	0.026 6	11.07	0.016 3	0.08	0.001 9	3.86
11#	石化区	0.017 2	3.44	0.052 5	21.87	0.042 7	0.21	0.002 4	4.76
12#	备用地	0.011 3	2.26	0.039 7	16.54	0.038 8	0.19	0.001 5	3.00
13#	北厂界	0.023 7	4.75	0.067 3	28.06	0.064 3	0.32	0.003 3	6.64
14#	西厂界	0.026 7	5.34	0.060 5	25.20	0.092 5	0.46	0.005	9.90
15#	南厂界	0.023 4	4.67	0.052 2	21.77	0.074 6	0.37	0.002 4	4.78

表 3-37 非采暖期预测点日均最大浓度预测值统计

序号	SO₂		NO₂		PM₁₀		TSP		F⁻		HCl		BaP	
	日均最大浓度/（mg/m³）	占标率/%	日均最大浓度/（mg/m³）	占标率/%	日均最大浓度/（mg/m³）	占标率/%	日均最大浓度/（mg/m³）	占标率/%	日均最大浓度/（μg/m³）	占标率/%	日均最大浓度/（mg/m³）	占标率/%	日均最大浓度/（μg/m³）	占标率/%
1#	0.008 3	5.53	0.014 6	12.17	0.045 2	30.20	0.055 4	18.47	0.016 6	0.24	0.000 4	2.60	0.004 1	41.30
2#	0.005 2	3.45	0.011 5	9.56	0.031 4	20.90	0.052 5	17.51	0.009 9	0.14	0.000 4	2.53	0.003 4	34.40
3#	0.001 5	1.00	0.003 7	3.06	0.017 9	12.00	0.028 5	9.49	0.003 1	0.04	0.000 1	0.78	0.001 5	15.00
4#	0.001 1	0.76	0.002 9	2.43	0.016 3	10.90	0.032	10.67	0.002 5	0.04	0.000 1	0.77	0.001 8	18.10
5#	0.001 1	0.74	0.003 1	2.59	0.007 17	4.78	0.010 2	3.38	0.002 9	0.04	0.000 1	0.55	0.000 5	5.00
6#	0.001 5	0.98	0.004 1	3.46	0.012 4	8.28	0.019 1	6.37	0.003 2	0.05	0.000 2	1.51	0.001 0	10.00
7#	0.001 2	0.83	0.003 3	2.72	0.018 8	12.60	0.033 5	11.16	0.002 7	0.04	0.000 2	1.03	0.001 7	17.20
8#	0.001 9	1.26	0.005	4.17	0.009 08	6.05	0.012 1	4.05	0.003 8	0.05	0.000 1	0.60	0.001 1	11.40
9#	0.002 8	1.86	0.006 6	5.49	0.022	14.70	0.037 2	12.40	0.005 1	0.07	0.000 3	1.93	0.002 0	20.10
10#	0.001 5	1.03	0.003 9	3.23	0.014 1	9.37	0.029 7	9.90	0.003 1	0.04	0.000 1	0.74	0.002 0	20.10
11#	0.002 6	1.75	0.006 1	5.08	0.028 2	18.80	0.041 3	13.77	0.005 7	0.08	0.000 2	1.65	0.002 0	19.80
12#	0.001 9	1.24	0.005 7	4.77	0.013 6	9.07	0.020 6	6.87	0.005 7	0.08	0.000 2	1.36	0.001 0	10.00
13#	0.004 3	2.87	0.010 3	8.61	0.041 5	27.70	0.070 4	23.46	0.010 5	0.15	0.000 6	4.04	0.002 9	28.90
14#	0.009 6	6.41	0.020 5	17.06	0.050 1	33.40	0.076 9	25.63	0.043 1	0.62	0.000 1 2	8.00	0.003 7	36.50
15#	0.007 9	5.28	0.015 1	12.62	0.052 7	35.10	0.083 9	27.97	0.020 2	0.29	0.000 4	2.84	0.005 9	59.20

注：4#、6#预测点 BaP 执行居住区标准，其他点位 BaP 执行非居住区标准。

表 3-38　非采暖期预测点年均最大浓度预测值统计

序号	预测点	SO₂		NO₂		PM₁₀		TSP	
		年均浓度/ (mg/m³)	占标率/ %	年均浓度/ (mg/m³)	占标率/ %	年均浓度/ (mg/m³)	占标率/ %	年均浓度/ (mg/m³)	占标率/ %
1#	沙岛南侧	0.000 7	1.12	0.001 5	1.87	0.003 3	3.31	0.005 0	2.48
2#	钢铁厂东厂界	0.000 6	0.97	0.001 5	1.87	0.003 3	3.35	0.005 0	2.48
3#	港池	0.000 2	0.29	0.000 5	0.58	0.000 7	0.70	0.000 9	0.46
4#	林雀堡	0.000 1	0.20	0.000 3	0.39	0.000 5	0.48	0.000 6	0.32
5#	咀东	0.000 1	0.18	0.000 3	0.37	0.000 4	0.40	0.000 5	0.26
6#	海岛植物园	0.000 2	0.29	0.000 5	0.58	0.000 8	0.78	0.001 0	0.51
7#	湿地公园	0.000 1	0.22	0.000 3	0.43	0.000 5	0.54	0.000 7	0.36
8#	高新技术组团	0.000 2	0.25	0.000 4	0.50	0.000 6	0.60	0.000 8	0.39
9#	港区	0.000 3	0.51	0.000 8	1.00	0.001 2	1.20	0.001 7	0.85
10#	中央公园	0.000 2	0.27	0.000 4	0.54	0.000 7	0.67	0.000 9	0.45
11#	石化区	0.000 3	0.57	0.000 9	1.14	0.001 6	1.58	0.002 2	1.08
12#	备用地	0.000 3	0.42	0.000 7	0.84	0.001 1	1.13	0.001 5	0.75
13#	北厂界	0.000 6	0.93	0.001 6	2.02	0.003 0	2.98	0.004 3	2.16
14#	西厂界	0.001 4	2.35	0.004 3	5.36	0.009 1	9.12	0.012 6	6.32
15#	南厂界	0.001 1	1.88	0.002 5	3.13	0.009 2	9.23	0.014 8	7.38

表 3-39　非采暖期污染物小时最大值叠加统计

序号	SO₂			NO₂		
	现状监测 最大值/ (mg/m³)	叠加结果/ (mg/m³)	叠加值占评价 标准份额/ %	现状监测 最大值/ (mg/m³)	叠加结果/ (mg/m³)	叠加值占评价 标准份额/ %
1#	0.093	0.119 3	23.86	0.078	0.139 1	57.96
2#	0.09	0.113 3	22.66	0.056	0.114 6	47.75
3#	0.054	0.063 9	12.78	0.039	0.074 9	31.21
4#	0.074	0.082 5	16.50	0.058	0.084 9	35.38
5#	0.08	0.088 7	17.74	0.054	0.079 4	33.08

表 3-40　采暖期污染物小时最大值叠加统计

序号	SO₂			NO₂		
	现状监测 最大值/ (mg/m³)	叠加结果/ (mg/m³)	叠加值占评价 标准份额/ %	现状监测 最大值/ (mg/m³)	叠加结果/ (mg/m³)	叠加值占评价 标准份额/ %
1#	0.046	0.072 3	14.46	0.039	0.100 1	41.71
2#	0.049	0.072 3	14.46	0.043	0.101 6	42.33
3#	0.048	0.057 9	11.58	0.043	0.078 9	32.88
4#	0.063	0.071 5	14.30	0.041	0.067 9	28.29
5#	0.058	0.066 7	13.34	0.045	0.070 4	29.33

表 3-41　非采暖期污染物日均最大值叠加统计

序号	SO$_2$			NO$_2$			BaP			F$^-$			TSP		
	现状监测最大值/(mg/m³)	叠加结果/(mg/m³)	叠加值占评价标准份额/%	现状监测最大值/(mg/m³)	叠加结果/(mg/m³)	叠加值占评价标准份额/%	现状监测最大值/(μg/m³)	叠加结果/(μg/m³)	叠加值占评价标准份额/%	现状监测最大值/(mg/m³)	叠加结果/(mg/m³)	叠加值占评价标准份额/%	现状监测最大值/(mg/m³)	叠加结果/(mg/m³)	叠加值占评价标准份额/%
1#	0.063	0.071 3	47.53	0.042	0.056 6	47.17	0.004 1	0.008 2	82.30	0.001 5	0.001 5	21.67	0.13	0.185 4	61.80
2#	0.058	0.063 2	42.13	0.043	0.054 5	45.42	0.005 1	0.008 5	85.40	0.001 5	0.001 5	21.57	0.13	0.182 5	60.83
3#	0.043	0.044 5	29.67	0.034	0.037 7	31.42	0.004 1	0.005 6	56.00	0.001 5	0.001 5	21.47	0.13	0.158 5	52.83
4#	0.047	0.048 1	32.07	0.042	0.044 9	37.42	0.000 6	0.002 4	48.20	0.001 5	0.001 5	21.46	0.18	0.212	70.67
5#	0.052	0.053 1	35.40	0.039	0.042 1	35.08	0.000 0	0.001 5	15.00	0.001 5	0.001 5	21.47	0.18	0.190 2	63.40

表 3-42　采暖期污染物日均最大值叠加统计

序号	SO$_2$			NO$_2$			BaP			F$^-$			TSP		
	现状监测最大值/(mg/m³)	叠加结果/(mg/m³)	叠加值占评价标准份额/%	现状监测最大值/(mg/m³)	叠加结果/(mg/m³)	叠加值占评价标准份额/%	现状监测最大值/(μg/m³)	叠加结果/(μg/m³)	叠加值占评价标准份额%	现状监测最大值/(μg/m³)	叠加结果/(μg/m³)	叠加值占评价标准份额/%	现状监测最大值/(mg/m³)	叠加结果/(mg/m³)	叠加值占评价标准份额%
1#	0.039	0.047 3	31.53	0.034	0.048 6	40.50	0.004 1	0.008 2	82.30	0	0.016 6	0.24	0.13	0.185 4	61.80
2#	0.040	0.045 2	30.13	0.034	0.045 5	37.92	0.005 3	0.008 7	87.10	0	0.009 9	0.14	0.13	0.182 5	60.83
3#	0.044	0.045 5	30.33	0.034	0.037 7	31.42	0.004 1	0.005 6	56.00	0	0.003 1	0.04	0.13	0.158 5	52.83
4#	0.059	0.060 1	40.07	0.034	0.036 9	30.75	0.000 6	0.002 4	48.20	0	0.002 5	0.04	0.18	0.212	70.67
5#	0.052	0.053 1	35.40	0.036	0.039 1	32.58	0.001 0	0.001 5	15.00	0	0.002 9	0.04	0.18	0.190 2	63.40

（2）正常排放下区域网格最大浓度结果

评价区域网格内，100%保证率下，某钢铁公司主要污染物小时及日均最大浓度预测结果见表 3-43。

表 3-43　某钢铁公司主要污染物网格小时及日均最大浓度预测结果

污染物	分类	小时浓度	日均浓度
SO₂	最大值/（mg/m³）	0.037 4	0.015 1
	占标率/%	7.48	10
	发生时间	2007 年 11 月 24 日 10 时	2008 年 3 月 11 日
	位置/m	631 500，4 313 500	628 500，4 311 500
NO₂	最大值/（mg/m³）	0.090 5	0.028 3
	占标率/%	38	24
	发生时间	2007 年 11 月 24 日 10 时	2007 年 04 月 18 日
	位置/m	631 000，4 313 500	631 000，4 313 500
PM₁₀	最大值/（mg/m³）	—	0.106
	占标率/%	—	71
	发生时间	—	2007 年 8 月 24 日
	位置/m	—	630 500，4 313 000
TSP	最大值/（mg/m³）	—	0.231
	占标率/%	—	77
	发生时间	—	2007 年 12 月 9 日
	位置/m	—	628 500，4 311 500
F⁻	最大值/（μg/m³）	0.161 2	0.087 2
	占标率/%	0.81	1.25
	发生时间	2008 年 6 月 7 日 9 时	2007 年 2 月 27 日
	位置/m	630 000，4 313 000	629 000，4 312 500
HCl	最大值/（μg/m³）	9.92	4.54
	占标率/%	20.00	30.00
	发生时间	2007 年 9 月 12 日 7 时	2007 年 1 月 1 日
	位置/m	629 500，4 314 000	629 500，4 314 000
BaP	最大值/（μg/m³）	—	0.019 2
	占标率/%	—	192.00
	发生时间	—	2008 年 10 月 19 日
	位置/m	—	631 000，4 312 500

　　预测结果显示，在 100%保证率条件下，某钢铁公司污染源排放产生的地面 SO_2 最大小时浓度贡献值为 0.037 4 mg/m³，占相应大气质量标准限值的 7.48%（见图 3-19）；SO_2 最大日均浓度贡献值为 0.015 1 mg/m³，占相应大气质量标准限值的 10%（见图 3-20）。

　　在 100%保证率条件下，NO_2 最大小时浓度贡献值为 0.090 5 mg/m³，占相应大气质量标准限值的 38%（见图 3-21）；NO_2 最大日均浓度贡献值为 0.028 3 mg/m³，占相应大气质量标准限值的 24%（见图 3-22）。在 100%保证率条件下，PM_{10} 和 TSP 最大日均浓度贡献值分别为 0.106 mg/m³ 和 0.231 mg/m³，分别占相应大气质量标准限值的 71%和 77%，评价范围内无超标区域（见图 3-23 和图 3-24）。在 100%保证率条件下，F^- 最大小时浓度贡献值 0.161 2 μg/m³，占相应大气质量标准限值的 0.81%，评价范围内无超标区域（见图 3-25）。F^- 最大日均浓度贡献值为 0.087 2 μg/m³，占相应大气质量标准限值的 1.25%，评价范围内无超标区域（见图 3-26）。

　　在 100%保证率条件下，HCl 最大小时浓度贡献值 9.92 μg/m³，占相应大气质量标准限值的 20%，评价范围内无超标区域（见图 3-27）。HCl 最大日均浓度贡献值为 4.54 μg/m³，占相应大气质量标准限值的 30.0%，评价范围内无超标区域（见图 3-28）。

　　在 100%保证率条件下，BaP 最大日均浓度贡献值为 0.019 2 μg/m³，超过相应大气质量标准限值 0.92 倍，最大点超标区域位于厂区中心（见图 3-29），附近无居民居住。超标区域主要位于海洋和厂界内的码头，超标面积很小。

　　某钢铁公司建成投产后排放污染物在区域网格点造成的 SO_2、NO_2、PM_{10} 和 TSP 污染物年均浓度等值线分布见图 3-30 至图 3-33。就年均浓度而言，各污染物年均浓度均低于环境空气质量二级标准。

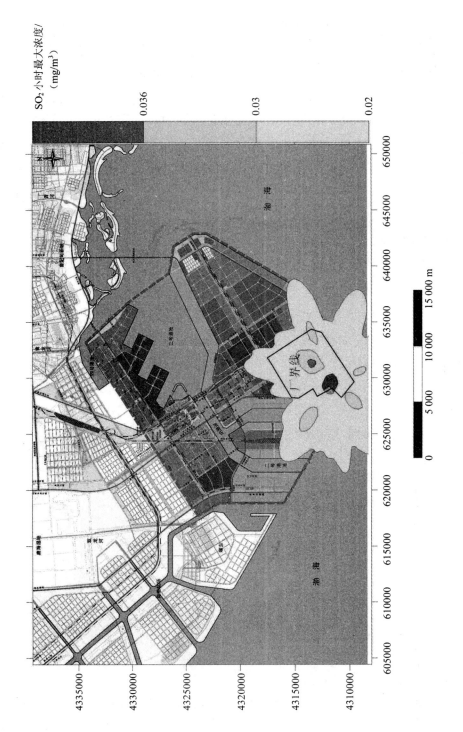

图 3-19　SO₂ 网格小时最大浓度

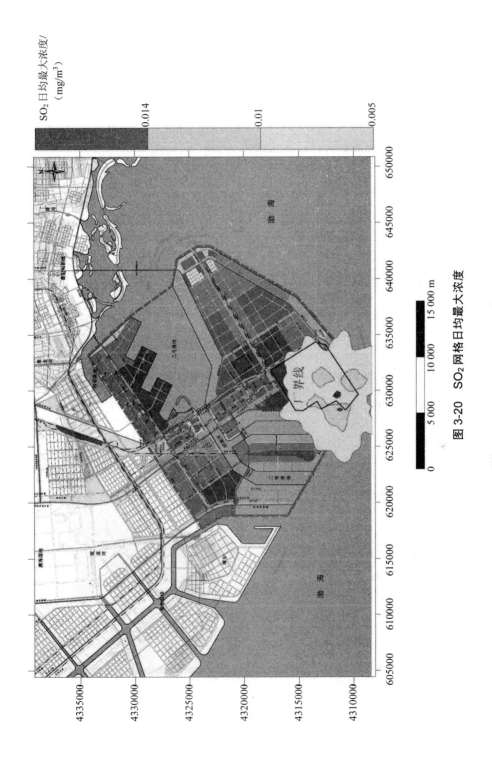

图 3-20　SO₂ 网格日均最大浓度

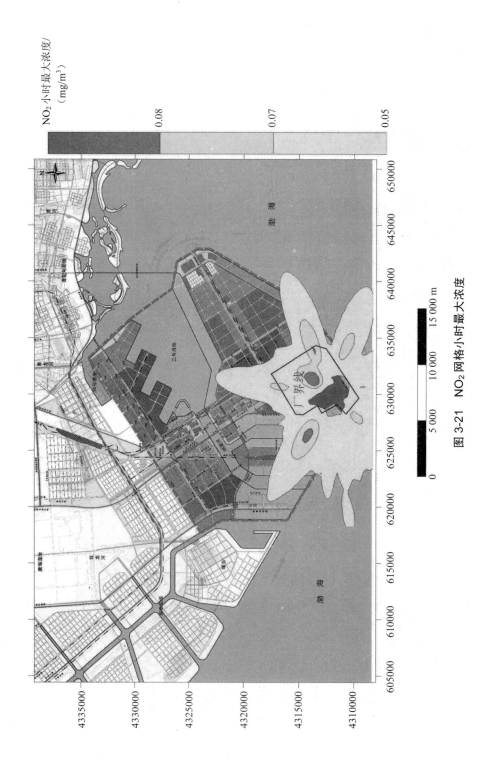

图 3-21 NO₂ 网格小时最大浓度

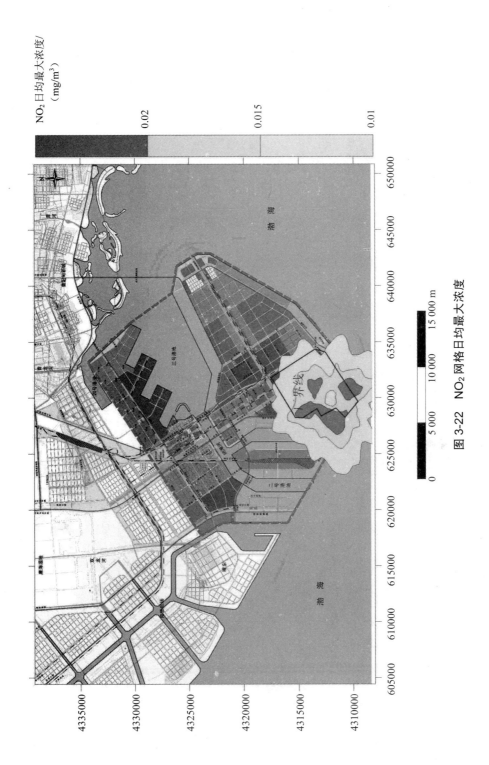

图 3-22　NO₂ 网格日均最大浓度

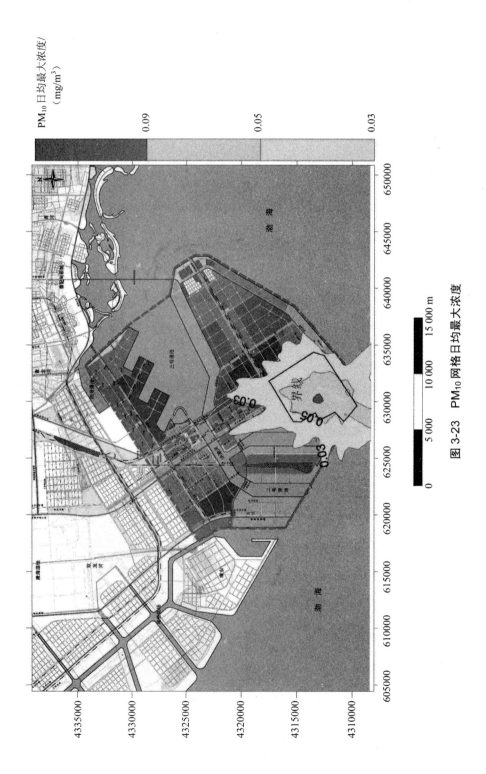

图 3-23　PM₁₀ 网格日均最大浓度

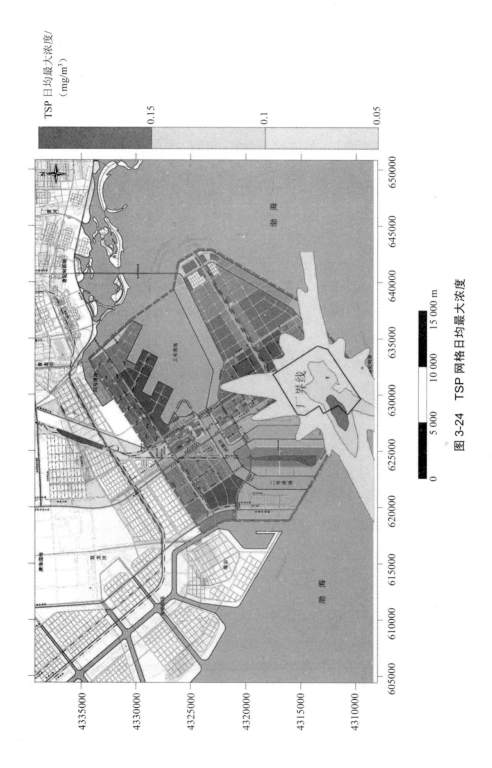

图 3-24　TSP 网格日均最大浓度

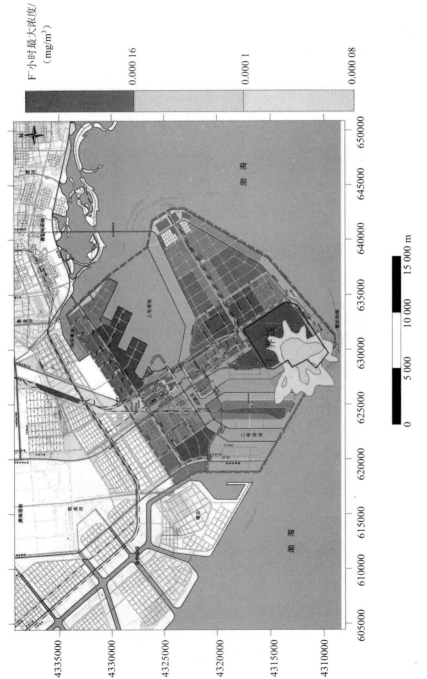

图 3-25　F⁻网格小时最大浓度

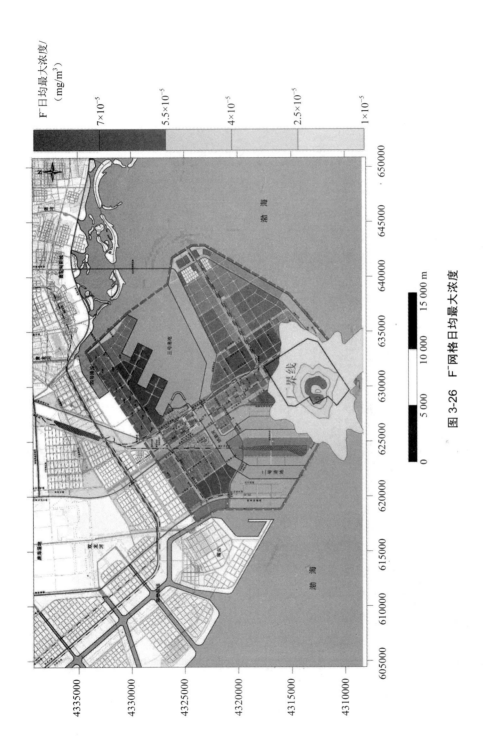

图 3-26　F⁻网格日均最大浓度

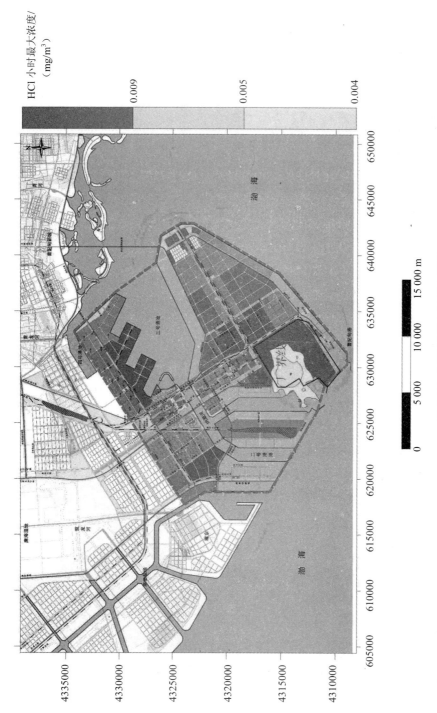

图 3-27 HCl 网格小时最大浓度

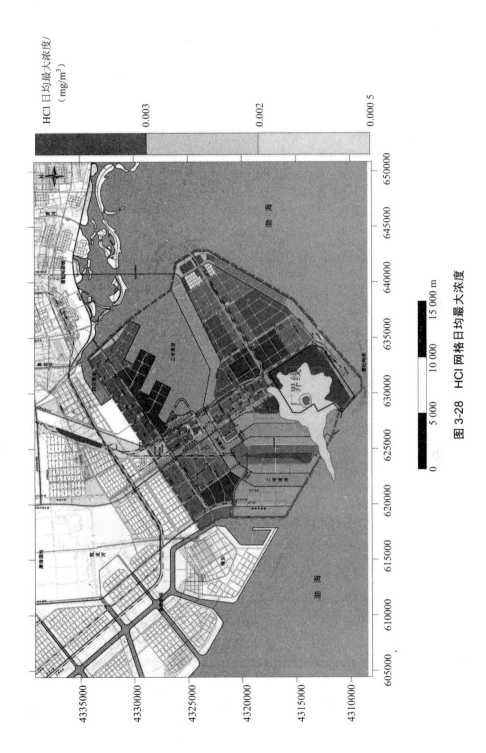

图 3-28　HCl 网格日均最大浓度

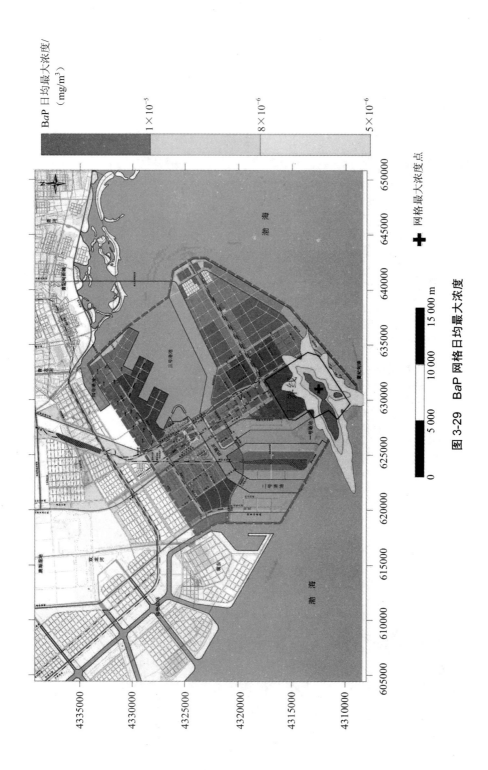

图 3-29　BaP 网格日均最大浓度

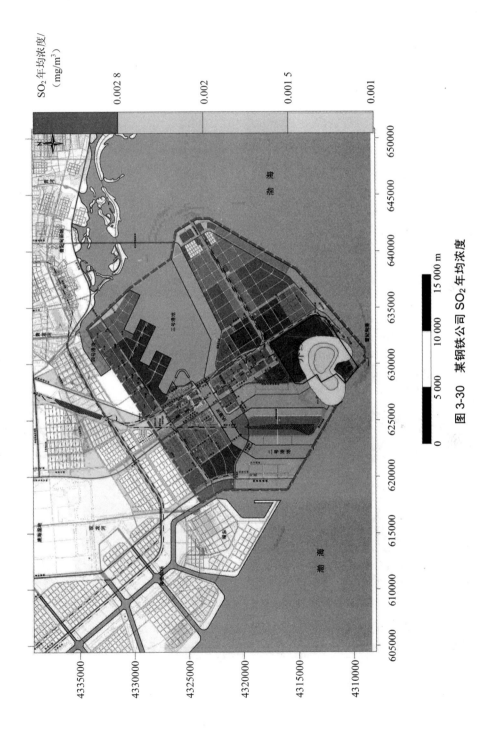

图 3-30　某钢铁公司 SO₂ 年均浓度

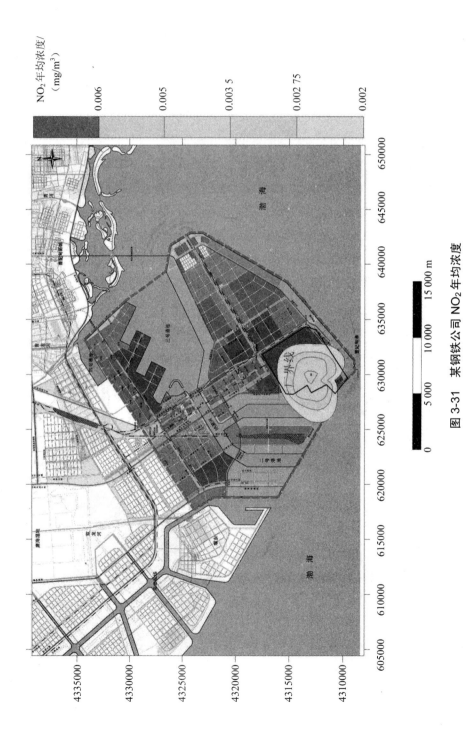

图 3-31　某钢铁公司 NO$_2$ 年均浓度

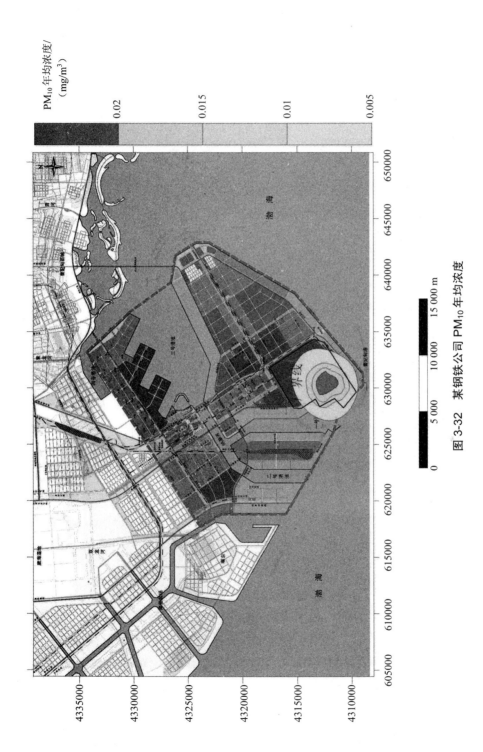

图 3-32　某钢铁公司 PM₁₀ 年均浓度

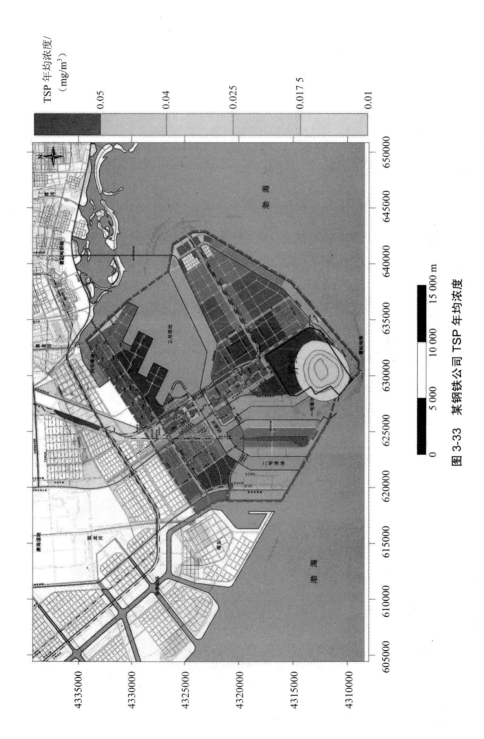

图 3-33　某钢铁公司 TSP 年均浓度

（3）大气环境防护距离

考虑到曹妃甸岛为工业区，工业区拟建的生活区距某钢铁公司北侧 5 km 以上，因此本评价不再进行卫生防护距离的计算。根据《环境影响评价技术导则　大气环境》（HJ 2.2 — 2008）规定，为保护人群健康，减少正常排放条件下大气污染物对居住区的环境影响，在项目厂界以外设置大气环境防护距离。经过计算，最大超标距离为 2 450 m，污染物为焦炉炉体产生的 BaP，其他污染物不超标。具体范围见图 3-34，由图可知，焦炉炉体大气环境防护距离内无长期居住人群。

3.4.5　结　论

（1）某钢铁公司在正常排放情况下，对评价区的主要影响来源于排放的 BaP 的影响。在各气象条件下，厂界及各预测点预测浓度均达到环境空气质量标准。

预测结果显示，某钢铁公司对曹妃甸地区地面 BaP 日均最大浓度贡献值为 0.019 2 $\mu g/m^3$，超标区域主要集中在厂区范围之内和邻近海洋，各预测点日均最大浓度平均值为 $2.31\times10^{-3}\mu g/m^3$。

某钢铁公司对评价区 SO_2、NO_2、TSP、PM_{10}、HCl 及 F^- 的影响则较小，其中 SO_2 小时、日均最大贡献浓度值均不到标准的 10%，NO_2 小时、日均最大贡献浓度值均不到标准的 40%，HCl 小时、日均最大贡献浓度值均不到标准的 30%。而 F^- 日均最大贡献浓度值仅相当于标准的 1.25%。TSP 日均最大贡献浓度值为标准的 77%，发生在厂区内。PM_{10} 日均最大贡献浓度值为标准的 71%，也发生在厂区内。

（2）非采暖期现状各监测点叠加背景分析

非采暖期（2005 年 10 月 11—17 日），通过现状 5 个监测点预测浓度叠加背景浓度分析来看，各点 SO_2 小时最大浓度叠加背景浓度之后，其浓度范围在 64～119 $\mu g/m^3$，占标率为 13%～24%。而各点 NO_2 小时最大浓度叠加背景浓度之后，各点浓度在 75～139 $\mu g/m^3$，占标率为 31%～58%，影响最大的点位为邻近某钢铁公司所在地的 1# 点位。

SO_2 及 NO_2 各点日均预测浓度叠加背景浓度后，占标率在 30%～50%，受工程影响不大。各点 TSP 日均预测值叠加背景值后，占标率在 53%～71%。

1#、2# 监测点位 BaP 由于日均监测浓度较高，叠加背景值后浓度值分别占到标准值的 82% 和 85%，1# 点位于沙岛南侧区域，周围为码头和海洋，无长期居住人群。而 5# 监测点位叠加背景值后，浓度值不到标准值的 15%，影响较小。此外，3# 点港区的预测值在叠加背景值后，BaP 的日均最大浓度相当于标准的 56%。

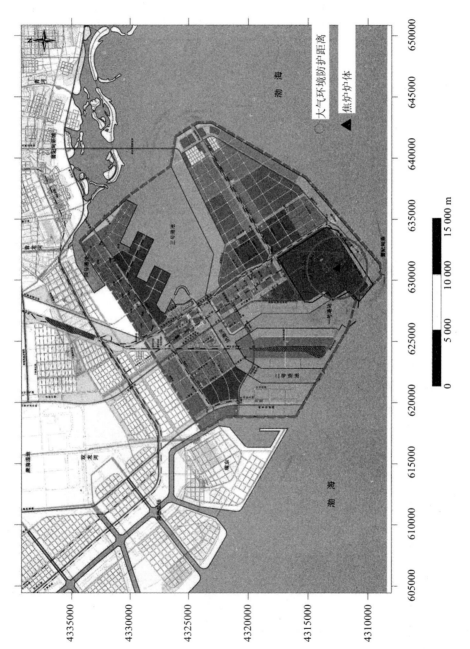

图 3-34 大气环境防护距离

（3）采暖期现状各监测点叠加背景分析

采暖期（2005 年 12 月 20—26 日），通过现状 5 个监测点预测浓度叠加背景浓度分析来看，各点 SO_2 小时最大浓度叠加背景浓度之后，其浓度范围在 46～63 μg/m³，占标率为 12%～15%。而各点 NO_2 小时最大浓度叠加背景浓度之后，各点浓度在 39～45 μg/m³，占标率为 28%～43%，影响最大的点位为邻近某钢铁公司所在地的 2# 点位。

SO_2 及 NO_2 各点叠加背景浓度后，日均浓度占标率在 30%～40%，受工程项目影响不大。各点 TSP 的日均预测值叠加背景值后，日均浓度占标率在 50%～71%。

1#、2# 监测点位的 BaP 由于日均监测浓度较高，预测浓度叠加背景值后浓度值分别占到标准值的 82% 和 87%，1# 点位于沙岛南侧区域，周围为码头和海洋，无长期居住人群。而 5# 监测点位叠加背景值后，浓度值不到标准值的 15%，影响较小。此外，3# 点港区的预测值在叠加背景值后，BaP 的日均最大浓度相当于标准的 56%。由于各现状监测点 F 日平均浓度均为未检出，贡献值对周围环境影响很小，叠加背景值后，各点浓度相当于标准值的 0.3% 左右。

3.5　AERMOD 模型在机场项目中的标准化应用

目前，机场对环境影响研究主要集中在噪声污染方面，机场排放废气污染研究相对较少，机场大气污染研究主要集中在机场对温室效应和臭氧层耗损方面。飞机在起飞、降落的过程中会排放大量的 CO、NO_x、VOC、SO_2、PM_{10} 等物质，其造成的大气污染具有局地性、集中性特点。机场空气污染物排放计算、空气环境影响模拟和各类污染源的环境影响评估需要应用系统化的方法和工具。在机场排放清单方面，国内外学者多运用燃料消耗量和飞机起飞降落（Landing-Taking Off，LTO）循环次数对机场排放量进行估算；在机场大气污染方面，Gregor、褚艳萍等分别对 Zurich 机场和上海浦东国际机场的飞机尾气排放对周围环境的影响进行了研究，曹慧玲、Das 等分别基于高斯模型和拉格朗日随机模型展开机场扩散模拟研究。飞机不同运行阶段、不同设备等的污染物排放量差异较大，Masiol、Zhu 及 Kesgin 等的研究表明，飞机在起飞状态的污染物排放量最大，对周围环境产生影响最大。樊守彬等根据 LTO 总次数、飞机总数等信息，采用 EDMS 计算了 2007 年机场排放清单。

通过分析 2003—2015 年共 110 本国家级审批机场环境影响评价报告书，发现我国机场环境影响分析主要集中在机场噪声影响，而针对机场大气污染影响的分析较为简单，绝大部分环评报告书中飞机排放尾气主要根据 1982 年世界卫生组织的《空气、水、土地污染快速评价手册》的排放系数和起降次数简单估算，报告中缺少机场大气污染模拟分析章节。开展机场大气污染模拟研究对机场大气环评、大型机场大气污染防治具有重要意义。

本章根据 2012 年首都机场逐时航班信息、年车流量等，计算了飞机发动机、飞机辅助动力设备（APU）、地面保障设备（GSE）、停车场等排放源逐日逐时排放信息，采用 EDMS 建立具有实时性（排放随时间变化）首都机场排放清单，并模拟了机场对周围大气环境的污染情况。

3.5.1   研究区域概况

北京首都国际机场位于北京市顺义区，包含 3 座航站楼（T1、T2、T3），2010 年至今旅客吞吐量稳居世界第二位。2012 年首都机场国际国内航班起降架次为 56 万，旅客和货邮吞吐量多达 8 192 万人次和 7 867 t。

3.5.2   EDMS 模型介绍

EDMS（Emission and Dispersion Modeling System）模型由美国联邦航空管理局（FAA）与美国空军（USAF）联合开发，主要应用于机场空气质量评估，包括排放清单建立、污染物扩散模拟两部分。该系统内置 MOBILE、AERMOD 模型，可对机场内飞机发动机、APU、GSE、机动车辆等排放源进行统计。

本章依据 2012 年全年逐时飞机起飞降落时刻表、车流量等信息，编制了具有实时性机场排放清单，计算了飞机发动机、辅助动力设备（APU）、地面保障设备（GSE）、停车场及场内公路机动车等的污染物排放量，物种包括 NO_x、SO_2、CO、VOC、PM_{10}。本章采用 AERMOD 模型进行扩散模拟。

3.5.3   参数设定

飞机行为包括进近、滑入、启动、滑出、起飞、爬升 6 个阶段，在各个阶段的操作时间参考美国联邦航空局的集成噪声模型（Integrated Noise Model，INM）中采用的滑行时间，滑入和滑出时间分别为 7 min 和 19 min，其他四个阶段操作时间根据具体机型进行定义。

EDMS 综合考虑机动车行驶速度、汽车使用年限等因素，采用 MOBILE6.2 模块计算停车场、道路机动车排放量。首都机场停车场所较多，选择车流量和规模较大的 1 号停车场、2 号停车楼、3 号停车楼为例进行计算（年车流量分别为 100 万车次、411 万车次和 426 万车次）。

3.5.4   首都机场污染物排放量分析

根据 EDMS 统计结果显示，2012 年起降于首都机场的飞机共 55 种机型，主要包括 Airbus 系列、Boeing 系列、Gulfstream 系列和 Bombardier 系列等，其中 Boeing 系列、Airbus

系列机型所占比重最大，约分别为 53.78%、44.09%。

2012 年首都机场污染物排放总量见表 3-44，CO、VOC、NO$_x$、SO$_2$、PM$_{10}$ 排放量分别为 2 497.36 t、259.83 t、3 119.5 t、191.37 t、27.73 t，其中 NO$_x$、SO$_2$、PM$_{10}$ 分别占 2012 年北京市污染物总量的 0.19%、1.61%、0.02%。

表 3-44 首都机场各设施排放情况   单位：t

设施	CO	VOC	NO$_x$	SO$_2$	PM$_{10}$
飞机发动机	946.82	198.95	2 856.66	174.23	13.13
GSE	1 437.91	50.07	168.77	3.60	6.14
APU	44.89	4.25	86.06	10.24	8.32
停车场	—	4.52	4.84	3.27	0.02
场内公路	29.31	2.04	3.17	0.03	0.12
总量	2 497.36	259.83	3 119.5	191.37	27.73

飞机发动机是机场最主要的污染源，NO$_x$、SO$_2$、VOC 和 CO 的排放量分别占机场排放总量的 91.62%、92.62%、76.56% 和 37.91%。

GSE 的 CO 排放量最大，约占 57.58%；停车场和场内公路机动车排放量不高，贡献率均低于 2.52%（VOC 排放量占 2.52%）。

飞机起降循环各阶段污染物排放量见表 3-45，飞机起飞阶段 NO$_x$、SO$_2$、PM$_{10}$ 排放量最大，分别占飞机排放总量的 62.66%、40.33%、47.30%，该阶段 CO 和 VOC 排放量相对较小；爬升阶段 NO$_x$ 和 PM$_{10}$ 排放量较大，分别占飞机排放总量的 20.89% 和 15.91%；滑行（滑入+滑出）阶段主要排放 CO、VOC 等，约占飞机排放总量的 85.17% 和 57.90%；滑入阶段排放量略低于滑出阶段；飞机启动阶段时间较短，VOC 排放量较大，其他污染物可忽略不计；进近阶段各类污染物排放量均不高。

表 3-45 飞机飞行各阶段污染物排放量   单位：t

飞行阶段	CO	VOC	NO$_x$	SO$_2$	PM$_{10}$
进近	103.12	10.94	229.60	27.37	1.62
爬升	11.23	2.26	596.86	27.72	2.20
启动	—	62.44	—	—	—
起飞	26.02	5.71	1 789.89	70.27	6.21
滑入	348.39	47.80	123.52	22.48	1.41
滑出	458.06	64.05	116.79	26.40	1.69

3.5.5 各污染物年均浓度分析

首都机场周围各污染物年均浓度分布如图 3-35 所示，由于不受短时间气象影响，各污染物年均扩散形式一致，CO、NO$_x$、VOC、PM$_{10}$、SO$_2$ 的网格最大年均贡献浓度分别为 842.08 μg/m³、165.28 μg/m³、71.89 μg/m³、8.06 μg/m³、9.49 μg/m³。除 NO$_x$ 外，机场产生其他污染物年均贡献浓度对机场周围环境影响并不大，均低于国家二级空气质量标准浓度，且主要对机场内部环境产生影响，机场外扩散浓度均处于较低水平。NO$_x$ 年均贡献浓度超标主要集中在机场内。但考虑到不利气象条件等因素，首都机场有可能出现对周围局部环境污染物小时贡献浓度超标的情况。

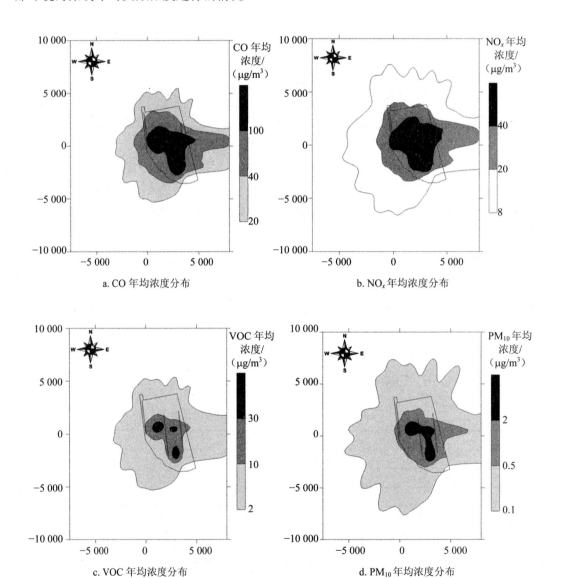

a. CO 年均浓度分布   b. NO$_x$ 年均浓度分布

c. VOC 年均浓度分布   d. PM$_{10}$ 年均浓度分布

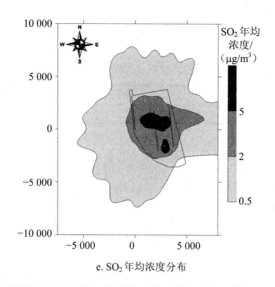

e. SO₂ 年均浓度分布

图 3-35　首都机场大气污染物年均浓度分布（直角坐标系中横纵坐标单位：m）

3.5.6　结论

（1）从污染物排放量来看，飞机发动机是机场最主要的污染源。NO_x、SO_2、PM_{10} 主要在飞机起飞阶段排放，年排放量分别为 3 119.5 t、191.37 t、27.73 t；CO、VOC 主要在滑行阶段排放，年排放量分别为 2 497.36 t、259.83 t；

（2）从污染物扩散模拟来看，除 NO_x 外，机场其他污染物排放对机场周围环境年均贡献影响并不大，均低于国家二级空气质量标准浓度，且主要对机场内部环境产生影响，机场外年均贡献浓度均处于较低水平。NO_x 网格最大年均浓度为 165.28 μg/m³，占标率为 330.56%，NO_x 年均浓度超标主要集中在机场内。机场应重点关注不利风向、高峰起降量等不利条件下的局部、瞬时大气集中污染问题。

3.6　建设项目大气环评篇章框架设计

本节介绍了典型建设项目环评报告书框架，可供环评工作人员参考使用。

3.6.1　环境空气质量现状监测与评价

主要介绍和描述建设项目周围大气环境质量现状。

（1）评价范围和监测点位

介绍监测布点原则：以《环境影响评价技术导则　大气环境》监测布点要求为主，同时考虑全方位的影响，并根据环境空气保护目标、环境功能区等做适当调整。

提供环境空气评价范围及现状监测点位置的图和表。

表 3-46　环境空气现状监测点名称、方位、距离（样表）

编号	监测点名称	坐标 x	坐标 y	与厂址方位	与厂界距离/m
1#					

（2）监测因子及分析方法

介绍监测因子、监测的分析方法等。

表 3-47　监测分析方法一览表（样表）

编号	因子	分析方法	方法来源	最低检出限/（mg/m^3）
1#				

（3）监测时间、频率

介绍监测时间、频率、采样时间等。

（4）评价标准、评价方法

介绍监测因子执行的空气质量标准、环境空气质量评价评价方法。

（5）监测结果与评价

介绍项目的环境空气质量现状监测评价结果、评价结论。

表 3-48　环境空气质量现状监测及评价结果（样表）

监测因子	监测结果统计		监测点				
			1#	2#	3#	4#	5#
日均值		浓度范围/（mg/m^3）					
		单因子标准指数/%					
		超标率/%					
		最大超标倍数/倍					

3.6.2　评价区污染气象分析

介绍项目所在的气象站经纬度、与项目所在地的距离、多年气象统计情况（气温、风、气压、降水、相对湿度等）、近年地面常规气象资料（气温、风、气压、降水、相对湿度等）。

3.6.3　环境空气质量影响预测与评价

（1）污染源源强及其排放参数

介绍拟建项目预测的源强、区域内其他污染源源强等。

表 3-49　有组织源源强（样表）

序号	污染源	排气筒编号	废气量/（m³/h）	污染物	排放情况			年工作小时数/h	排气筒数量及高度/m
					浓度/（mg/m³）	速率/（kg/h）	排放量/（t/a）		
1#									

表 3-50　无组织源源强（样表）

污染源	污染物	总排放量/（t/a）	面源长度/m	面源宽度/m	面源排放高度/m	年排放小时数/h	排放速率/（kg/h）

（2）预测模式和参数

介绍预测选用的模型名称、模型所用地表数据、地形数据、模型内置参数等。

（3）污染物浓度预测计算内容及方法

介绍模拟的大气污染物因子、预测范围、网格距大小、网格点是否加密、预测点位情况以及分布图。

表 3-51　预测关心点相对位置（样表）

编　号	预测关心点	坐标 x	坐标 y	与厂址方位	与厂界距离/m

（4）预测内容

根据拟建项目污染物的特点及《环境影响评价技术导则　大气环境》的要求，介绍正常排放下拟建项目对环境空气影响模拟方案、非正常工况方案、厂界无组织小时排放方案、考虑区域内其他拟建源污染的叠加影响方案等。

（5）预测结果

统计分析拟建项目主要污染物对各预测关心点影响情况、区域网格点主要污染物预测结果、拟建项目主要污染物对预测关心点最大浓度叠加预测情况等。

表 3-52　预测关心点预测值统计（样表）

预测	SO$_2$		SO$_2$		SO$_2$	
关心点	小时最大浓度/（mg/m³）	占标率/%	日均最大浓度/（mg/m³）	占标率/%	年均浓度/（mg/m³）	占标率/%
1#						

表 3-53　主要污染物网格小时、日均最大浓度及年均浓度预测结果（样表）

污染物	分类	小时浓度	日均浓度	年均浓度
SO$_2$	最大值/（μg/m³）			
	占标率/%			
	坐标			

表 3-54　预测关心点污染物浓度预测值叠加统计（样表）

预测关心点	PM$_{10}$			
	监测值	贡献值	叠加值	叠加值占标率/%
1#				

（6）非正常排污分析

介绍拟建项目非正常排放分析、预测、非正常排放防范措施等。

（7）考虑区域内其他拟建源预测影响

考虑叠加区域内其他废气污染源影响，分析对各关心点最大浓度叠加预测情况。

表 3-55　考虑区域内其他拟建源预测影响叠加统计（样表）

预测关心点	PM$_{10}$			
	监测值	贡献值	叠加值	叠加值占标率/%
2#				

注：贡献值=拟建项目贡献值+区域拟建项目贡献值；叠加值=现状监测值+贡献值。

3.7　大气环境影响技术复核资料清单

在国家审批制度改革的大形势下，技术复核工作是适应环评改革要求、确保环评审批权限下放后"接得住，批得对，管得好"的重要举措，是保障环评文件编制质量、强化环评事中和事后监管的重要手段，法规模型大气技术复核是环评管理的重要手段之一。自 2007 年以来，生态环境部环境工程评估中心依据国家相关环境管理要求和技术导则规范，针对重点项目环境影响报告书中有关大气环境影响预测与评价部分开展了一系列大气技术复核工作，环评单位可参考技术复核资料清单提交复核材料，科研工作者也可按照技术复核资料清单要求开展项目的前期准备工作。大气环境影响技术复核资料清单具体要求如下：

一、基本图件

提供预测区域背景图（标明关心位置和名称、厂址位置、厂界线、比例尺、指北针等）、厂区平面图（标明大气污染源的位置、大气污染源名称、厂界线、比例尺、指北针等）。

二、原始气象文件

提供逐日地面观测数据（txt、word、excel 格式），说明气象数据来源、气象站经纬度坐标及气象数据描值方法。

提供探空气象数据，说明探空站经纬度坐标、数据来源。

三、原始地形文件

选用 AERMOD、ADMS 预测复杂地形项目，需提供预测所用的原始地形高程文件，说明数据来源和数据分辨率。

选用 CALPUFF，需提供原始地形高程文件和土地利用类型文件，说明数据来源和数据分辨率。

四、污染源数据文件

提供不同预测方案污染源的排放参数表，包括污染源坐标、污染物排放量、烟气排放参数等。污染源数据文件格式向符合《环境影响评价技术导则　大气环境》（HJ 2.2—2008）中附录 C 规范要求。

五、坐标投影数据

提供关心点名称及预测坐标，选用相对坐标系的需说明原点（0，0）与经纬度或 UTM 坐标系的换算关系。

六、模型输入及输出文件

提供与模型预测相关气象输入文件、地形输入文件、程序主控文件、预测浓度输出文件等。

（1）选用 AERMOD 需提供：".inp"".sfc"".pfl"等格式文件；

（2）选用 ADMS 需提供：".upl"".met"".ter"等格式文件；

（3）选用 CALPUFF 需提供：".inp"".dat"等格式文件；

（4）选用 AERMOD、ADMS、CALPUFF 商业软件进行预测的项目，除提供上述（1）、（2）、（3）对应的文件外，还需提供商业软件的预测相关控制文件，并说明预测模型和商业软件的版本号。

第4章
模型在规划及战略环评中的应用研究

本章基于国内外战略环评研究进展，调研了国内战略环评、规划环评等研究取得的成果，分析了当前战略环评中大气环境影响评价研究中存在的问题，最终提出了一套大气战略环境评价技术体系，并对大气战略环评的研究方法做了明确要求，为环境管理者进行科学、有效的决策提供技术支持。基于某石化产业基地案例，开展 CALPUFF 在规划环评案例中的应用研究。

4.1 规划及战略环评中大气环境影响评价技术体系研究

近年来，随着我国经济的高速增长，大气污染物排放总量明显增加，除了京津冀、长三角、珠三角空气重污染过程较为多发外，近期郑州、合肥、武汉等中部城市群也成了灰霾的"重灾区"，给国民经济的平稳运行和生态环境保护工作带来了巨大的挑战。要想解决当前的大气环境问题，不仅需要加强污染的末端治理，更需要从战略规划以及宏观环境管理层面加强对区域环境管理的深入研究，因此需要高度重视大气战略环评在整个环境管理中所起的指导作用。

目前国内战略环评相关研究工作主要集中在技术方法、工作程序及风险评估等内容，然而现有的研究在工作思路上一般参考建设项目大气环评的要求，但战略环评的评价目的、影响范围、评价尺度及预测方法等与建设项目环评存在较大的差异，不能简单地套用建设项目环评的工作思路。另外，当前部分研究过于关注技术方法的科学性和先进性，忽略了大气战略环评本身的指导作用。总体来说，当前针对大气战略环评技术体系的研究尚不成熟，有待进一步完善。

本节在调研国内外相关案例及管理经验的基础上，深入分析了当前我国大气战略环评存在的问题，并结合国家相关政策规划，建立了一套适用于我国国情的大气战略环境评价技术体系，进一步明确相关研究方法和要求，更好地服务于环境规划、环境管理等工作。

4.1.1　大气规划及战略环评现状

美国自 1969 年以来，陆续颁布了《国家环境政策法》《国家环境政策法实施条例》等法律制度。这些法律制度明确了环境影响评价的范围、研究目标等方面的要求，健全了美国国家战略环境影响评价体系，对后续开展的水环境、大气环境等专项规划环评起到了非常关键的作用。欧盟于 1997 年发布了《战略环境影响评价导则（草案）》，并在后续开展的专项战略环评中积极推广该草案，开展了土地使用规划、交通规划、行业规划等战略环评。目前，欧洲大部分国家在开展战略环评时，其评价方法主要遵循了欧盟环境指令（2001/42/EC）。虽然美国、欧盟等发达国家目前已经在战略环评的理论研究、实践等方面积累了丰富经验，但多侧重于公众参与、替代方案及减缓措施等方面，对于如何开展大气战略环评，并没有建立具体的技术方法体系。

我国于 2003 年颁布了《中华人民共和国环境影响评价法》，将规划环评纳入了环境影响评价的范围，并相继出台了《规划环境影响评价技术导则　总纲》（HJ 130—2014）、《规划环境影响评价条例》等，完善了战略环评的法律体系。在实践方面，"十二五"前后相继开展了五大区域重点产业发展战略环评、西部大开发重点区域和行业发展战略环评、中原经济区发展战略环评等区域战略环境评价研究，丰富了我国战略环评的理论与实践经验。然而，我国在规划环评层面仍然存在一定的缺陷，虽然国家颁布了《规划环境影响评价技术导则　总纲》（HJ 130—2014），但该导则未对大气规划环评工作的具体研究内容、技术方法、指标等提出详细的指导和要求，缺乏指导性的大气战略环评技术体系。我国目前完成的区域性战略环评主要有五大区域重点产业发展战略环评、中原经济区发展战略环评、西部大开发重点区域和行业发展战略环评。上述战略环评以区域环境现状分析及污染物区域间远距离传输分析为基础，对区域关键环境问题进行了识别，并围绕区域重点产业的布局、结构及规模，模拟了未来区域产业发展情景对空气质量的贡献情况，对各行业提出了具体的大气污染物削减方案，充分考虑了大气区域性复合型污染、区域酸雨风险评估等问题，并结合了区域大气战略环评复杂、跨区域及多层次等特点，采用大气环境承载力等传统方法及环境空气资源评价等创新型技术方法，在宏观层面上为环境管理提供了大气风险预警，为促进区域产业发展与环境保护之间的协调发展做出了一定的贡献。

4.1.2　大气战略环评存在的问题

总体来看，国内大气战略环评虽取得了一定进展，但仍沿袭了建设项目环评的思路，不符合战略环评的战略性、前瞻性、基础性的要求，需进一步从工作总则、现状分析、影响预测预评估、大气环境承载力等方面开展技术体系方面的研究。以下是对上述问题的详细分析。

4.1.2.1　工作总则

由于缺乏国家层面的导则、指南等技术文件，导致了目前战略环评中评价范围、研究目标、评价标准、评价因子、环境功能区划、环境保护目标、技术路线等内容缺少统一的参考和评价标准，给后续的评价工作带来了一定的难度。

4.1.2.2　气象气候条件

战略环评涉及的评价范围一般较大，需要利用中尺度气象模式对研究区域的气象、气候条件进行系统分析，但很多报告在分析内容的深度、广度上存在一定的差异，并且该章节的研究重点更偏向于气象特征（如日照、气温、降水、霜降等），最终分析结果与大气环境影响无实际联系，未能从环境保护的角度对战略规划中的产业布局、优化配置等提出指导性建议。

4.1.2.3　大气环境现状分析

现状污染源分析的数据主要来自环境统计和污染源普查的结果，不同来源的数据会在基准年、统计口径、分析方法等方面存在一定差异，不利于摸清区域污染源的真实情况。

现状空气质量分析方面，很多报告中仅分析了国控监测点的常规污染物浓度特征，未能针对区域特征污染物（如苯并芘、重金属等）开展补充监测和分析工作。

4.1.2.4　排放清单

由于缺少国家层面统一的排放源清单，不同区域战略环评在开展大气模拟时都需要自己编制一套排放源清单，而这些清单由于数据来源、统计口径、编制方法等缺乏统一标准，导致不同清单之间的污染物分类、分辨率、基准年等方面存在巨大差异，这将给宏观层面大气环境管理及不同区域间的叠加影响预测带来一定的困难。

4.1.2.5　预测模型

在开展大气环境影响预测与评估研究时，由于缺少统一的预测模式，不同报告采用的预测模型往往不统一，甚至同一个报告中采用了多种模型开展预测。由于不同模型采用的扩散参数、化学机制等存在较大差异，即使污染源强保持一致，不同模型的预测结果也会存在较大偏差，而这一差异将会影响最终的评价结论。

4.1.2.6　预测参数

（1）模拟时间

由于战略环评评价范围较大，污染过程复杂，计算资源耗费较多，很多单位在模拟时仅选取了典型月进行模拟，时间上缺乏一定的连续性，不能反映规划对大气环境的长期影响；此外，不同战略规划实施的期限存在差异，因而选取的基准年也不同，这会导致气象条件的差异，最终会对国家层面多区域战略规划整合带来了一定的困难。

（2）预测因子

目前在战略环评中，大气影响预测主要关注规划发展对常规污染物（SO_2、PM_{10}、$PM_{2.5}$、NO_x 等）的年均、月均浓度分布的影响，未能结合区域特征污染、人群健康及碳排放等对特征污染因子开展进一步分析研究。

4.1.3　大气战略环境影响评价技术体系

4.1.3.1　基于生态文明建设需求的大气战略环评技术体系

（1）统一内容体系

在战略环境影响评价的层次上开展大气环境影响评价工作，其内容的设置及评价的深度和广度均应与评价工作所涉及的区域尺度相对应。考虑到上述问题，本节建立了一套大气战略环评体系要求（见表 4-1）。

表 4-1　大气战略环评技术体系要求

分类	内容	要求
总则	基准年	战略环评在确立基准年时，应与国家"五年战略规划"相结合，选取五年计划的初始年作为评价基准年
	评价范围	现状调查与影响预测应有不同层次的范围
	环境目标	分阶段制定环境目标
	环境保护目标	重点关注人口集中区
现状分析	气候气象条件	与空气质量模型参数确定紧密相关的内容
	补充监测	特征污染物、无自动监测体系的工业园区或集中区必须开展
影响预测	污染源清单	统一全国污染源清单
	模型选择	大尺度范围采用 CMAQ 或 CAMx 模型；中小尺度可采用 CALPUFF 模型
	网格分辨率	大尺度范围内，最内层网格设置不超过 9 km×9 km；中小尺度网格设置最大不超过 3 km×3 km
	预测因子	SO_2、NO_2、PM_{10}、$PM_{2.5}$、CO、O_3 必选；重金属、VOCs 及酸雨因地制宜
	预测时段	分析全年气象条件及年平均浓度影响

（2）统一评价基准年

战略环境影响评价的目的不仅仅是服务于地区的发展，更重要的意义在于实现各大区域之间的战略整合，最终从国家层面掌握全国各地区的战略发展情况，从而做到统筹规划，为国家长期发展政策的制定和落实提供依据。因此，建议战略环评在确立基准年时，与国家"五年战略规划"相结合，选取五年计划的初始年作为评价基准年。

（3）设置不同层次的评价范围

现状调查与评价及战略环境影响预测与评价应有不同的评价范围。前者以战略覆盖区域为基础，按照行政区划全覆盖的原则确定；后者以战略影响区域为基础，从发展战略关联性及气象气候单元整体性的角度考虑，适度延伸到战略区域的周边。

（4）确立符合区域实际的环境目标

应在战略区域环境质量现状分析基础上，深入分析区域关键环境问题的形成机制和未来的改善空间，明确区域未来分阶段可实现的环境目标，并以此作为大气战略环评的研究主线。

（5）重点关注环境保护目标

对战略覆盖区域内的主要环境保护目标进行梳理，建议考虑县城及市区等人口集中居住区，以及国家级和省级自然保护区、森林公园等需要特别关注的区域。

（6）适度分析气候气象条件

需要开展长期气候资料统计和近期气象资料分析。长期气候统计资料的分析在深度与广度上应从预测模拟的需要出发，适度考虑气候单元的整体性；对近期气象资料的分析，主要分析其与长期气候条件的一致性，说明近期气象资料的代表性。

（7）建立国家大气污染源清单

需要从国家层面加强法规化大气污染源清单的编制工作，建立一套以各工业行业、交通、生活为主的基准年排放清单，以此作为评价基础，开展科学的预测和评价工作。建议环保部基于环评、环境统计、污染源普查、总量核查、在线监测、工商等数据，进一步完善环评基础数据库，建立一套基于环评基础数据库的全国排放源清单，从而提高大气源解析、大气战略环评等工作的科学性和可靠性。

（8）统一空气质量模型

为实现模拟结果的情景再现和区域层面的影响叠加，应规定统一的法规区域空气质量模型及预测方案。对于小尺度的模拟可采用 CALPUFF 模型，其他情况均应统一采用 CMAQ 或 CAMx 模型。对于市级以上尺度范围，建议统一采用 CMAQ 或 CAMx 模型开展预测，并且确保最内层网格设置不超过 9 km×9 km，对于小于市级范围的评价，建议采用 CALPUFF 模型，网格设置最大不超过 3 km×3 km。

（9）强化特征因子预测

预测因子选取 SO_2、NO_2、PM_{10}、$PM_{2.5}$、CO、O_3 作为六项必须评价的因子，此外需要根据评价区域行业特征，有针对性地选取重金属、VOCs、酸雨等典型环境问题，选取特征因子开展深入的环境及人体健康影响分析。

4.1.3.2　基于大数据等技术的大气战略环评研究

（1）积极推动战略规划环评的信息融合

气候资源的融合。从污染扩散的角度，结合区域内长期气候观测资料，建立一套科学的指标评价体系，分析各地区扩散能力的差异，并将结果与规划产业布局相叠加，避免出现在扩散条件较差区域建设重污染企业的问题。

大数据的融合。借助环境大数据技术，识别区域内近 5 年重污染事件、大气环境风险事件等，并借助科学的方法分析其成因，制定相应的控制对策。对于重污染事件的识别，可利用空气质量与气象监测数据，筛选并识别典型大气重污染过程，并对重污染过程的气象特征进行诊断分类，分析大气重污染过程的主要天气类型，识别引起大气重污染的关键气象因子；对于区域大气环境风险，可根据区域产排污特征开展预测模拟研究，针对西南酸雨影响区域，建议增加酸沉降模拟，对于部分特征污染物（如含 VOCs、含氟化合物、重金属等）可结合规划产业规模开展专项调查研究。

（2）鼓励开展空气质量与区域经济的耦合关系分析

开展支撑分析大气环境质量现状研究的资料收集与实地调研工作，基于现状和历史数据，开展能源、污染物排放、资源环境效率与大气环境质量的耦合关系研究，评估大气污染与社会经济发展的关联性。

4.1.4　结论

我国当前大气区域性复合型污染形势严峻，必须从战略环评层面整体考虑重点行业发展、工业布局、能源结构等方面问题，因此，开展大气战略环境影响评价技术体系研究具有重大的现实意义，可系统化确定大气战略环评工作内容、深度、原则等，减少大气战略环评成果的不确定性，最终为环境管理者提供科学、有效的决策。

4.2　CALPUFF 在规划环评项目中的应用

4.2.1　长期气候特征分析

距离规划区域最近的 A 区地面气象观测站于 2007 年建成并开始地面常规气象资料观

测，观测时间较短，不适于进行长时间序列气象条件分析。与规划区域最近的具有长期观测历史的地面气象观测站为原 T 县地面气象观测站，距离规划区域约 30 km，海拔高度相差 2.5 m，与规划区域气候特征基本相同。因此，可以用原 T 县气象站气象观测资料所反映的气候背景特征代表规划区域。本规划环境影响评价的区域气候特征分析选取原 T 县地面气象观测站 1956—2008 年的统计资料。

4.2.1.1　原 T 县地面气象观测站简介

原 T 县气象站位于 39°17′N、118°27′E，观测场海拔高度 4.7 m，距离规划区域约 30 km。原 T 县气象站于 1956 年 1 月建站，2003 年 12 月 20 日开始有自动站观测，2005 年 1 月 1 日开始使用自动站观测资料。

4.2.1.2　主要气候特征分析

A 区属于大陆性季风气候，具有明显的暖温带半湿润季风气候特征。冬半年主要受蒙古冷气团控制，多西北风，气温较低，降水较少；夏半年主要受太平洋副热带暖高压影响，以偏南风为主，气温偏高，降水偏多，降水主要集中在夏季。海域受台风影响不大，平均每三年出现一次，有时一年发生两次。

表 4-2　原 T 县气象站长期气象要素统计

序号	气象要素		单位	统计结果	极值出现时间
1	风速	年平均风速	m/s	3.2	
2		最大风速	m/s	19.4	2008 年 4 月 25 日
3	气温	年平均气温	℃	11.3	
4		最高气温	℃	38.7	2002 年 7 月 14 日
5		最低气温	℃	−20.9	1983 年 1 月 8 日
6	降水量	年平均降水量	mm	604.0	
7		最大年均降水量	mm	1 183.7	1964 年
8		最小年均降水量	mm	243.7	2002 年
9	相对湿度	年平均湿度	%	66	
10		最大年均湿度	%	73	1964 年
11		最小年均湿度	%	63	1967 年
12	日照	年平均日照时数	h	2 649.3	
13		最大年日照时数	h	2 950.6	1978 年
14		最小年日照时数	h	2 243.0	2002 年
15	蒸发	年平均蒸发量	mm	1 564.3	
16		月最大蒸发量	mm	427.4	1957 年 5 月
17		月最小蒸发量	mm	23.4	1982 年 1 月

（1）风向

1956—2008 年风向频率分布如表 4-3 所示，风向玫瑰图如图 4-1 所示。最大频率风向为 SW，风向频率为 9%；其次为 ENE，风向频率为 8%。

表 4-3　各风向频率分布　　　　　　　　　　　　　　　　　　　单位：%

风向	N	NNE	NE	ENE	E	ESE	SE	SSE	S	SSW	SW	WSW	W	WNW	NW	NNW	C
频率	3	3	6	8	7	4	4	6	6	7	9	6	6	7	6	3	9

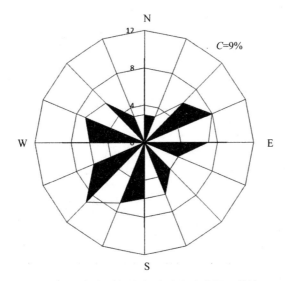

图 4-1　原 T 县气象站风向频率分布玫瑰图（单位：%）

（2）风速

图 4-2 至图 4-4 分别为全年、夏季（6 月、7 月、8 月）、冬季（12 月、1 月、2 月）平均风速年际变化曲线。图中风速为 2 min 平均风速。全年、夏季、冬季多年平均风速分别为 3.2 m/s、2.9 m/s、3.0 m/s。年平均风速、夏季平均风速、冬季平均风速均随时间呈略减少趋势。

原 T 县气象站 2005 年才开始有历年瞬间最大风速观测资料。2005 年、2006 年、2007 年、2008 年瞬间最大风速分别为：18.6 m/s（WNW，出现在 2005 年 6 月 13 日）、18.3 m/s（WNW，出现在 2006 年 11 月 5 日）、17.1 m/s（SSW，出现在 2007 年 8 月 10 日）及 19.4 m/s（N，出现在 2008 年 4 月 25 日）。

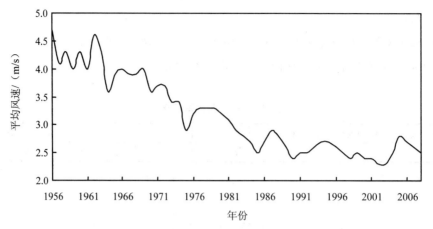

图 4-2　原 T 县气象站年平均风速年际变化（1956—2008 年）

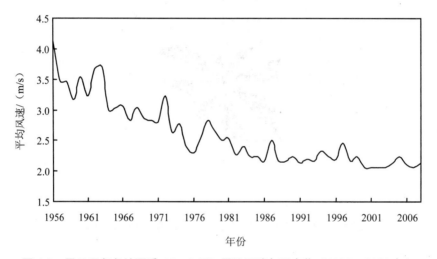

图 4-3　原 T 县气象站夏季（6—8 月）平均风速年际变化（1956—2008 年）

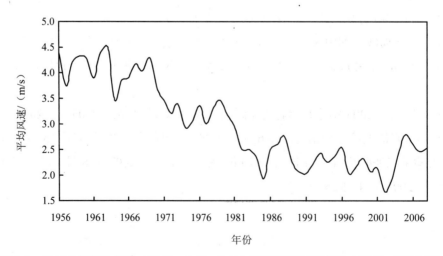

图 4-4　原 T 县气象站冬季（12 月、1 月、2 月）平均风速年际变化（1956—2008 年）

　　原 T 县气象站 1972 年开始有 10 min 平均风速观测资料。1972—2008 年，最大 10 min 平均风速为 19.0 m/s，风向为 NW，出现在 1986 年 1 月 3 日。最大台风 10 min 平均风速为 17.0 m/s，风向为 ENE，出现在 1972 年 7 月 27 日（见表 4-4 至表 4-6、图 4-5）。

表 4-4　各风向平均风速　　　　　　　　　　　　　单位：m/s

风向	N	NNE	NE	ENE	E	ESE	SE	SSE
风速	2.7	2.7	2.9	4.0	3.8	3.4	3.3	3.4
风向	S	SSW	SW	WSW	W	WNW	NW	NNW
风速	3.1	3.3	3.5	3.3	3.0	3.9	3.7	3.2

表 4-5　各风向最大风速　　　　　　　　　　　　　单位：m/s

风向	N	NNE	NE	ENE	E	ESE	SE	SSE
风速	14.0	14.0	22.0	20.0	18.0	15.0	12.0	16.0
风向	S	SSW	SW	WSW	W	WNW	NW	NNW
风速	12.0	16.0	14.0	12.0	18.0	20.0	20.0	14.0

表 4-6　多年平均风速的月变化　　　　　　　　　　单位：m/s

月份	1 月	2 月	3 月	4 月	5 月	6 月
风速	2.6	2.8	3.4	4.0	3.7	3.1
月份	7 月	8 月	9 月	10 月	11 月	12 月
风速	2.7	2.3	2.2	2.5	2.6	2.5

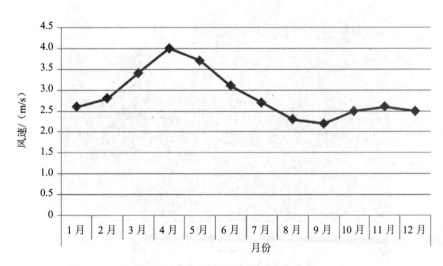

图 4-5　多年平均风速的月变化曲线

4.2.2　模型相关参数及数据说明

规划区域紧邻海边，属于复杂流场，选用 CALPUFF 模式。

4.2.2.1　预测范围及网格设置

为了设置不同的预测精度，大气环境影响预测范围分 3 个尺度，分别为 JJJ 区域、TS 市及 A 区。CALPUFF 模式设置 3 层网格嵌套。JJJ 区域网格间距 4 km，网格大小 146×182（584 km×728 km）；TS 市网格间距 2 km，网格大小 90×100（180 km×200 km）；A 区网格间距 1 km，网格大小 70×84（70 km×84 km）。网格设置如图 4-6 所示。垂直方向上，共设置不等距的 11 层，包括地面层在内，分别为地面层 0 m、20 m、40 m、80 m、160 m、320 m、640 m、1 200 m、2 000 m、3 000 m 及 4 000 m。

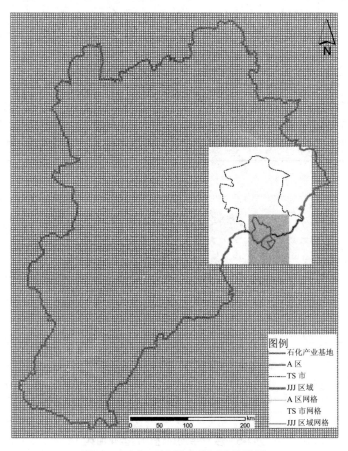

图 4-6　大气环境影响预测网格设置

4.2.2.2　地形数据

地形数据采 USGS 提供的 SRTM3 数据，地形精度为 3″，分辨率约为 90 m。

4.2.2.3　土地利用数据

土地利用数据采用 USGS 提供的亚洲土地利用数据 AISA.LU，该数据精度为 30″，分辨率约为 900 m。

4.2.2.4　化学转化

采用 MESOPUFF II 化学转化机制，分析 SO_2 及 NO_x 转化为硫酸盐和硝酸盐形成的二次 $PM_{2.5}$。其中，O_3 和 NH_3 采用月平均浓度。根据 A 区 5 个环境空气质量自动监测站 2015 年的监测数据，采暖季和非采暖季 O_3 的月平均浓度分别为 $14×10^{-9}$ 和 $35×10^{-9}$。根据现状补充监测，采暖季和非采暖季 NH_3 平均浓度分别为 0.007 mg/m^3 和 0.008 mg/m^3，折算后分别为 $9×10^{-9}$ 和 $11×10^{-9}$。

4.2.2.5　主要参数设置

CALPUFF 主要参数见表 4-7。

表 4-7　CALPUFF 主要参数设置

参数	设置
化学转化机制	MESOPUFF II
SO_2 夜间转化率	0.2%/h
NO_x 夜间转化率	2%/h
HNO_3 夜间转化率	2%/h
风速廓线模式	ISC RURAL
扩散选项	PG&MP

由于规划区域没有高空气象站，故采用新一代中尺度气象模式 WRF 来驱动 CALPUFF 扩散模式。目前中尺度气象模式 WRF 是较为先进的中尺度气象模式之一。WRF 模式由美国国家大气研究中心（NCAR）、美国国家大气海洋总署-预报系统实验室、国家环境预报中心（FSL，NCEP/NOAA）共同研制。2000 年，WRF 模式推出 1.0 版，模式中只有几何高度坐标（eulerian-height）。2002 年，推出 1.2 版，加入了几何质量（静力气压）坐标（eulerian-mass）。2004 年，2.0 版本中垂直坐标只保留质量坐标，并支持多重嵌套网格的设

计。WRF 3.0 改进了多种微物理、YSU 边界层方案、RUC LSM 等参数化方案，修正了部分 Nudging 选项。为了应用于科研和气象预报，WRF 分为两个版本，一个是在 NCAR 的 MM5 模式基础上发展的 ARW（Advanced Researeh WRF），另一个是在 NCEP 的 Eta 模式上发展而来的 NMM（Nonhydrostatie Mesoseale Model）。本案例选用适用于科学研究的 ARW 版本（3.2.1 版本）。

模型主要的参数设置见表 4-8。主要包括模式的格点分辨率、嵌套方式、参数化选择等。其中主要的参数方案包括微物理过程、短波辐射方案、长波辐射方案、边界层方案、陆面过程方案及积云参数化方案等。

表 4-8　WRF 模式主要参数设置

参数	设置
投影方式	Lambert 投影
嵌套方案	Two-way feed back
两条真纬度	30°和 60°
边界条件	1°×1°NCEP 资料
微物理过程	WSM6
短波辐射方案	MM5 短波辐射方案
长波辐射方案	GFDL 长波辐射方案
PBL 方案	Yonsei University 边界层方案
陆面过程方案	Noah 陆面过程方案
积云参数化方案	浅对流 Kain-Fritsch（new Eta）方案

WRF 模式采用 LCC 坐标系，中心点为（118°E，39°N），标准经线为 118°E，两条平行纬线分别为 30°N 和 60°N。设置 4 层网格嵌套（见图 4-7）：D01 覆盖华北地区，为模拟区域输入边界条件；D02 覆盖 JJJ 地区；D03 覆盖 TS 市；D04 覆盖 A 区。4 层网格分辨率分别为 27 km、9 km、3 km 及 1 km，模拟区域大小分别为 37×42（999 km×1 134 km）、78×93（702 km×837 km）、78×93（234 km×279 km）及 114×120（114 km×120 km）。垂直方向设置 27 层：0.997 0、0.988 0、0.977 0、0.962 0、0.944 0、0.921 0、0.895 0、0.855 0、0.804 0、0.754 0、0.704 0、0.635 0、0.553 0、0.479 0、0.412 0、0.352 0、0.299 0、0.251 0、0.208 0、0.170 0、0.137 0、0.107 0、0.082 0、0.059 0、0.039 0、0.022 0 及 0.007 0。WRF 模式使用 NCEP（美国国家环境预报中心）6 h 一次、1°×1°的全球再分析气象资料。

输入模型的 A 区 5 个地面气象观测站与规划区域之间的位置关系如图 4-8 所示。

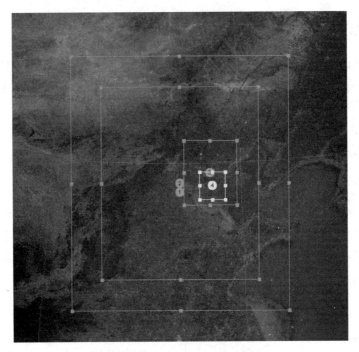

图 4-7　WRF 网格设置示意

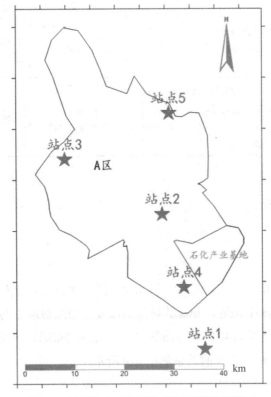

图 4-8　地面气象观测站与规划区域位置关系

4.2.3　污染源

规划环境影响评价除了要分析本规划的环境影响之外，还要分析本规划与区域其他规划或重大项目的累积环境影响。污染源包括本规划新增污染源、A 工业区主要已批待建污染源以及"十三五"时期主要的减排项目。

4.2.4　预测方案

预测方案分三种。第一，本规划环境影响：针对规划污染源，预测其对区域及关心点的贡献；第二，累积环境影响：在本规划环境影响基础上，叠加 A 工业区其他重大已批待建项目及主要减排项目，分析区域重大规划对区域及关心点的累积环境影响；第三，环境目标可达性分析：在区域减排方案基础上，叠加区域重大规划项目，分析环境质量目标可达性。具体的预测方案见表 4-9。

表 4-9　大气环境影响预测方案

序号	预测方案	污染源	预测对象	预测内容
1	本规划环境影响	规划新增污染源	区域、关心点	小时平均质量浓度、日平均质量浓度、年平均质量浓度
2	累积环境影响	规划新增污染源、A 工业区重大已批待建污染源、A 工业区削减源	区域、关心点	常规污染物年平均浓度及日均浓度最大值
3	环境目标可达性	规划新增污染源、A 工业区重大已批待建污染源、A 工业区削减源、TS 市减排计划、HB 省减排计划	TS 市区域、A 区环境空气质量自动监测站	常规污染物年平均浓度

4.2.5　规划布局分析

4.2.5.1　方法概述

在石化基地选择西南、东南、东北、西北及中间 5 个位置，分别设置一个典型的点源及面源，分别放在上述 5 个位置，分析其导致的浓度分布及对最近的敏感点——A 城的影响差异，研究不同布局方案环境影响方面的差异，为规划布局评价及优化调整提供依据。具体的位置分布及其与 A 城之间的关系如图 4-9 所示。

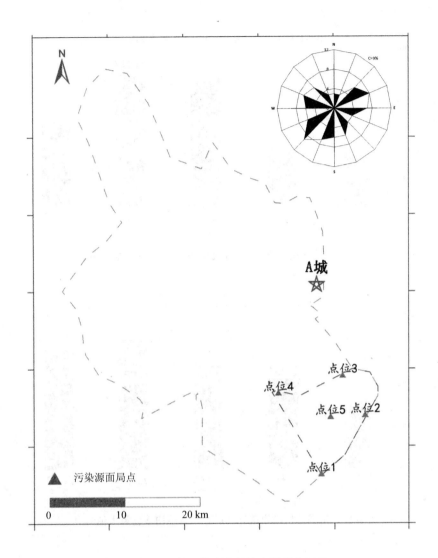

图 4-9　某石化产业基地布局研究示意

点源分析时，选取常减压蒸馏加热炉烟气作为典型的污染源，选取 SO_2 作为代表性污染物；面源分析时，选取罐区为典型污染源，选取非甲烷总烃（NMHC）为代表性污染物。

4.2.5.2　分析结果

一个典型的污染源在 5 个不同的点位对区域浓度贡献。5 个位置上的典型点源及面源对 A 城的影响及其统计结果分别见图 4-10 至图 4-13、表 4-10。

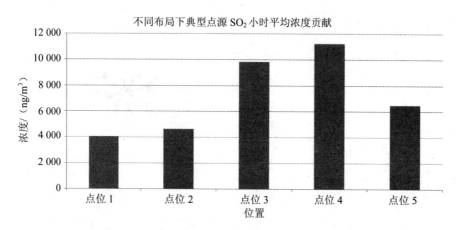

图 4-10　布局分析结果统计（点源，小时平均浓度最大值）

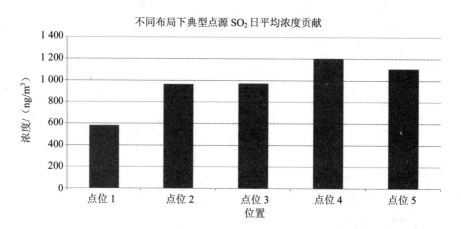

图 4-11　布局分析结果统计（点源，日平均浓度最大值）

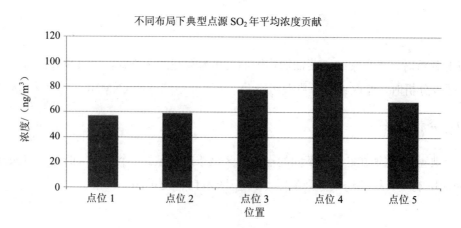

图 4-12　布局分析结果统计（点源，年平均浓度最大值）

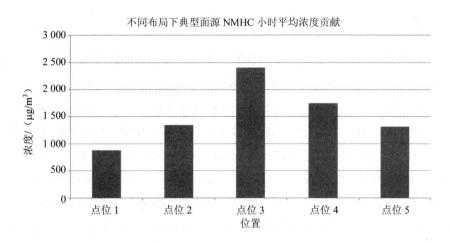

图 4-13 布局分析结果统计（面源，小时平均浓度最大值）

表 4-10 布局分析结果统计汇总   单位：ng/m³

布局	点位	SO_2 小时均值	SO_2 日均值	SO_2 年均值	NMHC 小时均值
西南	点位 1	4 054	584	57	878
东南	点位 2	4 629	965	59	1 342
东北	点位 3	9 842	973	78	2 407
西北	点位 4	11 245	1 205	100	1 747
中间	点位 5	6 483	1 108	68	1 315
平均值 X		7 251	967	72	1 538
标准差 S		2 841	211	15	514
差异系数 CV		0.39	0.22	0.21	0.33

由差异系数 CV 的计算结果可见，将典型的点源和面源分别布局在上述 5 个点位上，其对唐山湾生态城的影响存在一定的差别。其中，点源对 A 城的小时平均浓度最大值贡献差异最大，其次是面源的小时平均浓度最大值贡献，最小的是点源的年平均浓度贡献。从相对大小来看，南部的点位 1 和点位 2 对 A 城的影响相对比较小。因此，从大气环境影响的角度分析，规划提出的"南重北轻"布局方案具有环境合理性。

4.2.6 规划规模环境影响预测与评价

规模分析就是基于某石化产业基地规划的总体规模，对其产生的污染物浓度贡献进行预测和评价。分 A 区、TS 市及 JJJ 地区 3 个区域层次分别预测浓度贡献。

4.2.6.1　A 区

规划远期 2030 年，A 区主要关心点 SO_2、NO_2、PM_{10} 及 $PM_{2.5}$ 年均浓度贡献值占标率分别为 1.37%～5.92%、2.25%～36.89%、0.80%～2.24% 及 1.18%～3.03%，4 项常规污染物影响最大的均是关心点 M，年平均浓度最大贡献值分别为 3.553 $\mu g/m^3$、14.754 $\mu g/m^3$、1.565 $\mu g/m^3$ 及 1.062 $\mu g/m^3$；CO 日均浓度最大值占标率为 0.03%～0.69%，影响最大的是关心点 M，日均浓度最大贡献值为 27.580 $\mu g/m^3$；H_2S 小时平均浓度最大贡献值占标率为 1.04%～5.05%，影响最大的是关心点 N，小时平均浓度最大贡献值为 0.505 $\mu g/m^3$；NH_3、NMHC、苯、甲苯及二甲苯小时平均浓度最大贡献值占标率分别为 0.01%～0.07%、6.03%～47.75%、0.30%～3.36%、0.35%～3.90% 及 0.85%～9.39%，影响最大的是关心点 Q，小时平均浓度最大贡献值分别为 0.137 $\mu g/m^3$、954.970 $\mu g/m^3$、3.359 $\mu g/m^3$、7.791 $\mu g/m^3$ 及 18.774 $\mu g/m^3$。规划对 A 区的污染物浓度贡献值均达到相应的标准。

4.2.6.2　TS 市

规划远期 2030 年，TS 市主要城区（不含 A 区），SO_2、NO_2、PM_{10} 及 $PM_{2.5}$ 年均浓度贡献值占标率分别为 0.34%～0.98%、0.29%～1.57%、0.38%～0.67% 及 0.65%～1.05%，年平均浓度最大贡献值分别为 0.886 $\mu g/m^3$、1.051 $\mu g/m^3$、0.631 $\mu g/m^3$ 及 0.473 $\mu g/m^3$；CO 日均浓度最大贡献值占标率为 0.01%～0.02%，最大为 1.604 $\mu g/m^3$；H_2S、NMHC、苯、甲苯及二甲苯小时平均浓度最大贡献值占标率分别为 0.22%～0.64%、0.44%～2.95%、0.03%～0.18%、0.03%～0.21% 及 0.07%～0.51%，最大值分别为 0.118 $\mu g/m^3$、0.011 $\mu g/m^3$、83.628 $\mu g/m^3$、0.253 $\mu g/m^3$、0.599 $\mu g/m^3$ 及 1.452 $\mu g/m^3$。规划对 TS 市的污染物浓度贡献均达到相应标准。

4.2.6.3　JJJ 区域

规划远期 2030 年，JJJ 区域主要地级城市（不含 TS 市），SO_2、NO_2、PM_{10} 及 $PM_{2.5}$ 年均浓度贡献值占标率分别为 0.06%～0.53%、0.02%～0.69%、0.11%～0.45% 及 0.20%～0.73%，年平均浓度最大贡献值分别为 0.303 $\mu g/m^3$、0.258 $\mu g/m^3$、0.312 $\mu g/m^3$ 及 0.256 $\mu g/m^3$；CO 日均浓度最大贡献值占标率为 0.01%～0.02%，最大值为 0.792 $\mu g/m^3$；H_2S、NMHC、苯、甲苯及二甲苯小时平均浓度最大贡献值占标率分别为 0.08%～0.47%、0.13%～1.24%、0.01%～0.07%、0.01%～0.09% 及 0.02%～0.21%，最大值分别为 0.047 $\mu g/m^3$、0.003 $\mu g/m^3$、24.810 $\mu g/m^3$、0.074 $\mu g/m^3$、0.174 $\mu g/m^3$ 及 0.421 $\mu g/m^3$。规划对 JJJ 区域主要地级城市的污染物浓度贡献均达到相应标准。

4.2.7　累积环境影响预测与评价

结合 A 工业区主要的已批待建项目及"十三五"期间的减排计划,分析本规划与 A 工业区其他重大项目的累积环境影响。由于上述已批待建项目及削减任务均在"十三五"期间完成,且主要涉及常规大气污染物,故累积环境影响只针对常规大气污染物开展,并重点分析规划近期 2020 年。

4.2.7.1　A 区

在叠加 A 区重大已批待建项目及"十三五"减排工程的累积环境影响下,规划对 A 区关心点常规大气污染物的环境影响。2020 年,A 区主要关心点 SO_2、NO_2、PM_{10} 及 $PM_{2.5}$ 年均浓度贡献值占标率分别为 0.60%~3.62%、1.71%~32.84%、1.65%~7.42% 及 2.13%~9.13%,所有常规大气污染物的年均浓度贡献均达标。

4.2.7.2　TS 市

在叠加 A 区重大已批待建项目及"十三五"减排工程的累积环境影响下,规划对 TS 市主要城区常规污染物的环境影响。2020 年,TS 市主要城区(不含 A 区)SO_2、NO_2、PM_{10} 及 $PM_{2.5}$ 年均浓度贡献值占标率分别为 0.25%~0.55%、0.26%~1.20%、0.48%~0.96% 及 0.72%~1.34%,所有常规大气污染物的年均浓度贡献均达标。

4.2.7.3　JJJ 区域

在叠加 A 区重大已批待建项目及"十三五"减排工程的累积环境影响下,规划对 JJJ 区域主要城市常规污染物的环境影响。2020 年,JJJ 区域主要地级城市(不含 TS 市)SO_2、NO_2、PM_{10} 及 $PM_{2.5}$ 年均浓度贡献值占标率分别为 0.04%~0.31%、0.02%~0.55%、0.12%~0.62% 及 0.20%~0.89%,所有常规大气污染物的年均浓度贡献均达标。

4.2.8　环境目标可达性分析

TS 市 2020 年空气质量改善目标为"$PM_{2.5}$ 年均浓度比 2015 年下降 25%",即由 2015 年的 84.7 μg/m³ 下降为 64 μg/m³。

在前述累积环境影响下,A 区 5 个空气质量自动监测站的环境空气质量预测结果见表 4-11。在累积环境影响下,A 区 2020 年环境空气质量实现不了上述目标,需要采取进一步的治理措施。本次规划环评对 A 区分析环境目标可达性。

表 4-11 累积环境影响下 A 区 2020 年环境空气质量预测结果

年份 \ 污染物	年均浓度/（μg/m³）			
	SO₂	NO₂	PM₁₀	PM₂.₅
2015 年	43	41	131	78
累积环境影响	0.934	4.033	2.424	1.525
2020 年	44	45	134	80

A 区"十三五"期间除了某电厂脱硫脱硝改造，还可以从交通源治理及码头扬尘治理两个方面进一步改善环境空气质量。其中，交通源治理包括两个方面：利用火车替代疏港运输的重型载货汽车、利用岸电替代船舶停靠后的辅机运转。

4.2.8.1 火车替代重型载货汽车

A 区交通源大气污染物排放主要来源于以下两个方面：港口物流运输卡车和港口船舶。A 区正在建设的两条铁路将取代其境内部分重型运输货车，以降低机动车排放量。根据工程可行性研究，两条铁路输送能力见表 4-12 和表 4-13。

表 4-12 铁路甲输送能力与运量适应情况 单位：万 t/a

区段	通过能力	2025 年			2035 年		
		客车	货车	预测运量	客车	货车	预测运量
a—b	180	8	13 500	3 785	15	12 000	4 550
b—c	180	8	13 500	5 200	15	12 000	5 900
c—d	180	2	15 000	5 200	2	15 000	5 900
c—e	40	6	2 500	—	13	1 500	—

表 4-13 铁路乙通过能力及输送能力适应性

区段	通过能力/对	输送能力/万 t	2025 年		2030 年	
			需要能力/对	预测运量/万 t	需要能力/对	预测运量/万 t
f—g	180	16 500	110	10 015	157	15 030

根据 A 区港务公司统计，2015 年 A 港区完成货物吞吐量 25 987 万 t，同比减少 9.1%。其中煤炭吞吐量 5 325 万 t，矿石吞吐量 13 565 万 t，钢材吞吐量 3 558 万 t，原油天然气吞吐量 1 605 万 t，其他货物吞吐量 1 934 万 t；集装箱完成 40.6 万标箱，同比增长 66.4%。上述货物吞吐量中，矿石、钢材及其他货物合计 1.91 亿 t 均通过重型载货汽车运输疏港。两条铁路 2025 年预测运量合计 1.52 亿 t。A 港区 2015 年汽车运量中至少有 1.52 亿 t 可以通过交通运输方式的调控手段实现火车替代，以减少机动车污染物排放量。根据 A 区港务

公司 2016 年 9 月统计数据，A 港区疏港重型载货汽车平均载重量 35 t/辆。由此计算出可替代的重型载货汽车为 434.7 万辆次/a。

根据《大气细颗粒物一次源排放清单编制技术指南（试行）》，燃用国Ⅳ标准柴油的重型载货汽车细颗粒物排放系数为 0.06 g/km。参考《JJJ 区域机动车污染物排放总量测算及减排防控策略研究》，燃用国Ⅳ标准柴油的重型载货汽车 NO_x 排放系数为 5.3 g/km。A 港区疏港运输车辆在 A 区境内行驶 50 km 左右。

综上所述，铁路替代的重型载货汽车减排的 NO_x 和细颗粒物分别为 1 152 t/a 和 13 t/a，具体情况见表 4-14。

表 4-14 重型载货汽车减排量估算

指标 污染物	车辆/（万辆次/a）	单车行驶里程/km	排放系数/（g/km）	减排量/（t/a）
NO_x	434.7	50	5.3	1 152
细颗粒物			0.06	13

4.2.8.2 岸电替代船舶辅机

船舶停靠港口后利用辅机维持其正常运行。A 区可利用岸电技术替代船舶停靠后的辅机运转，以降低其污染物排放量。

参考《防治到港船舶污染的岸电技术研究》，根据《上海港口 2005 年统计年鉴》，2004 年上海港货物吞吐量为 3.79 亿 t，SO_2、NO_x 及烟尘排放量分别为 1 429.02 t/a、655.61 t/a 及 210.38 t/a。类比测算 A 港区 2015 年 2.60 亿 t 吞吐量 SO_2、NO_x 及烟尘排放量分别为 980 t/a、450 t/a 及 144 t/a。设定 2020 年有 50%的船舶实现岸电技术替代，则 SO_2、NO_x 及烟尘减排量分别为 225 t/a、72 t/a 及 72 t/a。

4.2.8.3 码头扬尘

A 港区码头堆场目前采用的抑尘措施是防风抑尘网。根据国内外其他港口码头堆场的调研，A 区可以针对码头堆场使用抑尘剂，以进一步降低扬尘产生量。根据 2015 年排污收费情况，2015 年码头扬尘产生量为 93 859 t/a。根据有关项目环境影响报告书中所做的扬尘粒径分布试验结果，各种码头扬尘中 TSP、PM_{10} 及 $PM_{2.5}$ 占扬尘比例见表 4-15。抑尘剂抑尘效果按 65%计算，可分别削减 4 018 t/a 的 PM_{10} 和 645 t/a 的 $PM_{2.5}$，具体情况见表 4-16。

表 4-15　主要行业颗粒物粒径分布

行业	TSP 系数	PM$_{10}$ 系数	PM$_{2.5}$ 系数
煤码头	0.07	0.014 9	0.003 2
矿石码头	0.35	0.051 4	0.008 0
通用码头	0.21	0.033 2	0.005 6

表 4-16　码头堆场烟尘削减量估算

名称	类型	粉尘量/(t/a)	粉尘削减量/(t/a)	PM$_{10}$ 占粉尘系数	PM$_{2.5}$ 占粉尘系数	PM$_{10}$ 削减量/(t/a)	PM$_{2.5}$ 削减量/(t/a)
码头 1	煤炭	29 935	19 458	0.014 9	0.003 2	290	62
码头 2	矿石	18 441	11 987	0.051 4	0.008 0	616	96
码头 3	通用	8 136	5 289	0.033 2	0.005 6	176	30
码头 4	矿石	87 886	57 126	0.051 4	0.008 0	2 936	457
合计	—	144 398	93 859	—	—	4 018	645

4.2.8.4　环境影响预测

汇总交通源治理及码头扬尘治理减排量如表 4-17 所示,进一步治理后的环境空气质量预测结果见表 4-18 和表 4-19。仅仅依靠 A 区自身的治理措施, A 区 PM$_{2.5}$ 年均浓度为 76 μg/m^3,不能实现 64 μg/m^3 的目标,需要在 TS 市范围内采取更多的大气污染治理措施,从更大区域层面改善环境空气质量背景。

表 4-17　A 区进一步治理措施削减效果　　　　　　　　　　单位：t/a

削减量	NO$_x$	PM$_{10}$	PM$_{2.5}$
铁路替代货车	1 152	13	13
岸电替代船舶辅机	225	72	72
码头堆场使用抑尘剂	0	4 018	645
合计	1 377	4 103	730

表 4-18　进一步削减措施下 A 区 2020 年环境空气质量预测结果

污染物　年份	年均浓度/（μg/m^3）			
	SO$_2$	NO$_2$	PM$_{10}$	PM$_{2.5}$
2015 年	43	41	131	78
进一步治理措施后累积影响	0.934	−1.400	−20.282	−2.565
2020 年	44	40	111	76

表 4-19　进一步削减措施下 A 区 5 个环境空气质量自动监测站预测结果

方案	年限	站点	年均浓度/（μg/m³）			
			SO_2	NO_2	PM_{10}	$PM_{2.5}$
现状	2015	监测站 1	38	15	115	53
		监测站 2	40	50	118	79
		监测站 3	37	44	169	94
		监测站 4	60	48	139	87
		监测站 5	39	48	116	78
进一步削减措施后贡献	2020	监测站 1	1.783	1.760	−31.179	−4.178
		监测站 2	0.627	−6.238	−10.855	−1.403
		监测站 3	0.577	−0.146	−1.389	0.296
		监测站 4	0.462	0.146	−0.840	0.254
		监测站 5	1.223	−2.524	−57.145	−7.795
预测质量	2020	监测站 1	40	17	84	49
		监测站 2	41	44	107	78
		监测站 3	38	44	168	94
		监测站 4	60	48	138	87
		监测站 5	40	45	59	70

第 5 章
模型在排污许可中的应用研究

排污许可制度是美国污染排放管理体系的核心制度，其中大气污染物排放许可管理开始于 1990 年修正的《清洁空气法》。根据美国《清洁空气法》（CAA）和《联邦法规法典》（CFR）的规定，有污染物排放的新建或改（扩）建污染排放源都要执行大气质量影响模拟分析，以详细地描述项目对大气质量造成的恶化影响。大气质量模拟分析报告需作为许可申请的一部分提交，且模拟分析必须能通过审核，能证明污染源对环境造成的影响符合所有联邦和州的法规要求。本章对美国排污许可制度中大气质量模拟的应用进行介绍，总结其特点，为我国大气污染物排污许可证的管理提供经验启示。

5.1 大气质量影响模拟概述

根据美国相关法律规定，企业在申请大气许可证时，需对新建（改建）项目的大气质量影响进行模拟分析，以证明新增污染源对环境造成的影响符合所有联邦和州的法规要求。大气质量影响模拟过程由环保部门指定的审查工程师指导进行，在与企业沟通项目情况后，审查工程师会确定模拟分析的范围，并对企业所提交的大气质量模拟方案给出相应建议，企业提交大气质量模型分析报告后，审查工程师会对该报告进行技术审查，以评估模拟分析的技术质量和结果是否正确。

美国排污许可制度中的大气质量影响模拟可分为筛选模拟和精细模拟两个层次，其中筛选模拟属于第一层次，适用于评估单个源的影响，对多个源可进行分开模拟，再将单个源的最大预测浓度加和以评估总的最大预测浓度，属于较保守的分析方法；精细模拟属于第二层次的模拟分析方法，通常需要更详细和更准确的输入数据和更复杂的模型内容以得到更精细的浓度预测。当筛选模拟的结果超过适用标准值时，审查工程师会决定有必要进行精细模拟。

在大气质量模拟进行过程中，主要从 NAAQS 分析、PSD 分析、州健康影响分析、州厂界标准分析 4 个方面进行判断，从而决定具体的模拟方案。

5.1.1　NAAQS 分析

NAAQS（国家环境空气质量标准）是美国国家环境保护局（EPA）针对人群健康和环境有害污染物所指定，包含了一氧化碳、铅、二氧化氮、臭氧、颗粒物（PM_{10}、$PM_{2.5}$）、二氧化硫 6 种常规污染物，其法律依据是《清洁空气法》1990 年修正案。

NAAQS 分析的目的在于论证项目的影响是否造成空气质量超标，是排污许可大气质量模拟分析中的基础性分析。NAAQS 分析过程主要分为 3 步：①首先进行初步影响分析，并将厂界外的污染物模拟预测结果浓度与 NAAQS 中的"可忽略"标准值进行对比，若预测浓度小于标准值，即可完成分析，若预测浓度大于标准值，则进行后续分析；②确定每个污染物的影响区域（AOI），并从环保部门获取该区域所有排放源参数和代表性背景浓度监测值，将所有污染源进行模拟，所获取的模拟结果浓度与背景浓度累加后，与 NAAQS 值进行对比，若分析值小于 NAAQS 值，即可完成分析，若分析值大于 NAAQS 值，则进行后续分析；③对模拟分析进行精细化设定，或通过其他途径证明项目污染源对大气环境质量无显著影响。

5.1.2　PSD 分析

PSD（防止重大恶化）分析是针对达标区域或未分类区域重大源项目所执行，由 1977 年的《清洁空气法》修订案提出具体要求，主要目的在于防止达标区域大气环境质量的恶化。其中达标区域是指大气质量优于美国联邦政府所要求大气质量标准的区域。对于整厂新建的项目，单个污染物最大可能排放量（PTE）达到 91 t/a（针对 EPA 规定的 28 类污染源）或 227 t/a（针对其他类别污染源）时，可被认定为重大污染源；对于改扩建项目，污染物的 PTE 超过 PSD 显著排放水平时，可被认定为重大污染源。

表 5-1　PSD 显著排放水平规定

污染物	PSD 显著排放水平/（t/a）
二氧化硫	36
氮氧化物	36
VOC	36
一氧化碳	91
PM	23
PM_{10}	14
$PM_{2.5}$	9.1
硫化氢或总还原性硫	9.1
硫酸	6.4

PSD 大气质量分析主要包括：PSD NAAQS 分析、PSD 申请前分析、PSD 增量分析、PSD 臭氧环境影响分析、额外影响分析，其中 PSD NAAQS 分析与 NSR NAAQS 执行相同步骤，当初步影响分析中获得的预测值大于显著监测浓度（SMC）时，还需进行 PSD 申请前分析，以分析项目所在区域当前的环境空气质量。

PSD 增量分析是 PSD 分析中的一个重要部分，目的在于证明建设项目的基准污染物排放不会造成增量标准的超标。PSD 增量标准是某地区常规污染物的大气质量浓度在基线浓度基础上允许的增加量，基线浓度一般为该影响区域中第一个完整的 PSD 许可证申请提交时的环境浓度。美国目前将大气质量辖区认定为两类，一类地区为国家公园、国家森林等自然奇观和风景秀丽的特殊区域，其大气质量保护非常严格；一类地区以外的默认为二类地区，其大气质量允许适度恶化。所有地区均执行联邦大气质量标准，但一类地区的大气质量浓度允许增量比二类地区更为严格。

表 5-2   PSD 增量设定

污染物	浓度平均时间	一类地区 PSD 增量/（μg/m³）	二类地区 PSD 增量/（μg/m³）
二氧化氮	年度	2.5	25
二氧化硫	3 h	25	512
	24 h	5	91
	年度	2	20
PM₁₀	24 h	8	30
	年度	4	17
PM₂.₅	24 h	2	9
	年度	1	4

当达标区域或未分类区域内 VOC 污染源的排放量超过 91 t/a 时，需要进行 PSD 臭氧环境影响分析，通过筛选模拟或精细模拟论证污染源的排放是否会导致臭氧 8 h 标准的超标。同时，根据建设项目的具体情况，需进行 PSD 额外影响分析，主要包括增长分析、土壤和植被分析、可见度损害分析、PSD Ⅰ 级区域影响分析，其中增长分析重点关注建设项目带来的影响区域内工业、商业和居民增长及其对环境空气的潜在影响；土壤和植被分析重点关注影响区域内污染物对土壤、植被的影响；能见度损害分析重点关注污染物对影响区域内可见度和透明度的影响；PSD Ⅰ 级区域影响分析重点关注特定自然区、人文历史区域等 Ⅰ 级区域内的 NO_x、SO_2、PM_{10}、$PM_{2.5}$ 的 PSD 增量指标以及大气质量相关值（AQRV）。

5.1.3   州厂界标准分析

美国部分州对项目厂界处的污染物净地面水平浓度有相应规定，当地企业在申请大气排污许可证时需要进行州厂界标准分析，以证明项目污染源的排放与当地标准合规。

州厂界标准分析过程主要按 3 步进行：①对项目污染源进行初步影响确定的模拟，并将预测浓度与标准值进行对比，对于新建源，若预测浓度低于标准值，即可结束分析，否则进行全厂模拟，对于存在改建源的项目，若预测浓度低于标准值的 2%，企业可结合环境空气监测值等信息进行技术申辩，以避免进行全厂模拟；②若进行全厂模拟，需将全厂有排放的源加入模型中进行模拟，并使用排放源的允许排放量作为排放速率，将模拟结果浓度与州的标准值进行对比，若模拟结果浓度低于标准值，即可结束分析；③若模拟结果浓度高于标准值，应对模拟分析进行进一步精细化设定。

5.1.4　健康影响分析

健康影响分析的目的是证明项目的非基准污染物的排放不会对公共卫生造成不利影响。毒理学家会建立厂界外污染物的地面水平浓度，并将模拟的地面浓度与 ESL（影响筛选水平）进行对比，评估此地面浓度对公共卫生会造成的潜在影响。

5.2　大气质量影响分析模拟需求流程

项目建设方可使用如图 5-1 所示的模拟需求流程图，确定是否需要执行模拟分析。模拟需求流程图的解释如下：

框 A：审查许可申请。由审查工程师来确定是否需要执行扩散模拟。

框 1：是否需要 PSD 审查？由审查工程师确定是否需要 PSD 审查。

框 2：是否需要灾害审查模拟？由申请者制订合理的最不利场景；再由许可审查工程师评估。如果对特定污染物没有合理预防措施，或此最不利场景会导致厂界外不利影响时，则需要执行灾害审查模拟。

框 3：TNRCC（自然资源保护委员会）员工要求执行模拟分析？TARA（毒性和危害评价部门）可能会需要模拟分析来协助他们用于听证会上使用，或者帮助他们进行常规的技术审查流程，或完成特定项目。

框 B：要求执行模拟分析。工程师会要求申请者执行筛选模拟分析或精细化模拟分析。

框 4：需要州影响审查？许可中需包括一份影响审查分析。

框 C：遵从模拟和健康影响适用性指南文档。

框 5：需要州 NAAQS 或州厂界达标审查？工程师来确定是否需要州 NAAQS 或州厂界达标审查。

框 D：执行筛选模拟。工程师应使用 EPA 的 SCREEN 模型并按适用的模拟步骤进行分析。

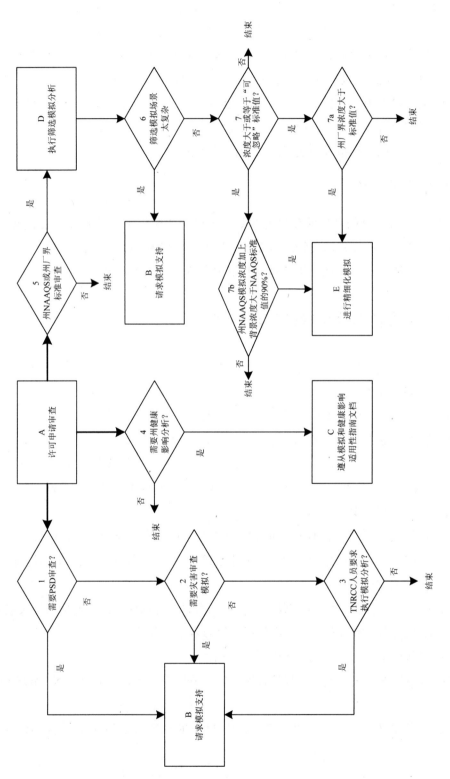

图 5-1 模拟需求流程

框 6：筛选模拟场景太过复杂？在确定审查类型后（州 NAAQS 或州厂界标准），工程师确定是否需要专业知识来执行筛选模拟。需要考虑的因素有：是否能获取或制订筛选模拟所用的输入参数？使用筛选分析能充分地模拟这些源吗？通常考虑的关键因素为项目的复杂性（多于一个源、点源和逸散源兼有、高低烟囱、污染物种类、建筑物下洗、排放量等）。

框 7：浓度大于或等于"可忽略"标准值？如果模拟结果大于或等于"可忽略"标准值，则需进一步模拟分析，如果小于标准值，则模拟分析结束。

框 7a：州厂界标准分析中全厂模拟浓度大于标准值。如果模拟结果低于标准值，则分析结束，如果高于标准值，则需进一步精细化模拟分析。

框 7b：州 NAAQS 模拟浓度加上背景浓度达到 NAAQS 标准值的 90%？如果项目的预测浓度加上环境背景浓度等于或小于 NAAQS 标准值的 90%，则分析结束。如果不是，则需进一步精细化模拟分析。

框 E：需要进行进一步精细化模拟分析。

5.3　大气质量模拟应用特点

5.3.1　综合采用多项管理标准

美国排污许可制度中，建设项目污染源对大气环境质量的影响需执行多项管理标准。在大气排污许可证的申请过程中，大气质量影响模拟的结果需要与 NAAQS、PSD 增量标准进行对比，部分地区建设项目污染源的排放还需符合州厂界标准和健康影响指南的限定，当污染源对大气质量的影响超过其中任一标准时，均不能发放排污许可证。

5.3.2　不同区域、污染源差异化管理

美国排放许可制度中，不同区域、不同污染源适用于不同的大气质量模拟流程。针对空气质量达标区域的重大污染源，应执行 PSD 分析，而对于未触发重大源审查的污染源，只需进行 NSR 分析。PSD 分析比 NSR 分析更为严格，在 NAAQS 分析、州厂界标准分析及健康影响分析的基础上，还需进行 PSD 增量分析、PSD 臭氧环境影响分析和额外影响分析。

5.3.3　审查工程师专业指导

美国大气污染物排放许可证的申请过程中，大气质量影响模拟由环保部门指定的审查工程师进行指导和审核。审查工程师负责确定模拟分析的范围，并对企业所提交的大气质量模拟方案给出相应建议，企业提交大气质量模型分析报告后，审查工程师会对该报告进行技术审查，以评估模拟分析的技术质量和结果是否正确。

第6章
模型在城市空气质量达标规划中的应用研究

　　随着经济快速发展，京津冀地区能源消耗大幅攀升，$PM_{2.5}$污染形势更为严峻，仅2013年1月，京津冀地区就发生了5次强雾霾天气，污染持续时间长，日均最大浓度超过了300 μg/m³，远远高于国家二级标准日均浓度75 μg/m³的限值。《国家环境保护"十二五"科技发展规划》具体目标中，明确提出在大气污染防治领域以区域大气复合污染与灰霾综合控制为重点研究方向，从"十二五"开始，将大气细颗粒物防治工作提到议事日程。

　　唐山是京津冀地区重要的工业城市，产业结构以冶金、煤矿、建材、化工等高能耗、高排污的重工业为主。唐山市的大气环境污染随着经济的快速发展而日渐加重，根据《2013河北省环境状况公报》，2013年唐山空气质量在河北省排名倒数第四。

　　新的《环境空气质量标准》和《大气污染防治行动计划》出台后，各地纷纷打响了"向污染宣战"的攻坚战，但在具体工作中仍然遇到不少困惑和技术难题。2014年，环境保护部开展实施"送服务、解难题，环保科技下基层"活动，发挥环境保护部及下属单位在政策、技术、平台等方面的优势，主动为地方大气污染治理释疑解惑、出谋划策，促进环境保护优化经济发展。

　　本章为"送服务、解难题，环保科技下基层"活动的子课题成果，对唐山地区重点行业（钢铁、火电、水泥、焦化）污染源排放与活动水平数据进行了收集与完善，以"京津冀地区钢铁行业排放清单""京津冀火电企业排放清单"为基础，结合"基于遥感技术的建设项目违法开工定位与评估方法研究"课题的高分辨卫星遥感技术手段，获取了整个唐山地区基于具体工艺的高分辨率重点行业大气污染源排放清单；对唐山2013年逐时PM_{10}、$PM_{2.5}$及前体物SO_2、NO_2的监测及相关气象监测数据开展收集工作；建立了适用于唐山的WRF-CALPUFF并行计算耦合模型，突破CALPUFF计算量"瓶颈"（CALPUFF大气污染模型最多可模拟200个污染源，本章模拟约1 400个污染源），国内首次采用了高分辨率土地利用数据（30 m），解决了当前国内CALPUFF土地利用数据分辨率过低（1 km）的问题，并采用多核高性能计算终端（HPC）开展大气预测，有力地提高了CALPUFF模型计算速度（与普通个人计算机相比，速度提高30倍以上）；应用WRF-CALPUFF模型定量评估了 2013 年唐山地区重点行业大气污染物排放对唐山地区 PM$_{2.5}$ 污染贡献情况，首次采用卫星遥感数据估算了唐山重点行业无组织扬尘排放量，并定量评估了对唐山大气环境的影响；首次采用卫星遥感数据计算了唐山市水泥企业、钢铁企业防护距离内人口分布情况；结合《京津冀及周边地区落实大气污染防治行动计划实施细则》等文件，评估减排情景下唐山市重点行业大气污染物排放量情况及对环境 PM$_{2.5}$ 污染情况，为唐山以及曹妃甸地区环境管理、经济可持续发展、产业结构调整提供科技支撑。

6.1　重点行业总体状况

2013 年唐山市总计 44 家钢铁企业，20 家火电企业，25 家独立焦化企业，16 家水泥企业（见图 6-1）。其中钢产能 7 188.00 万 t/a，火电装机 6 245 MW，水泥产能 33.9 万 t/d。

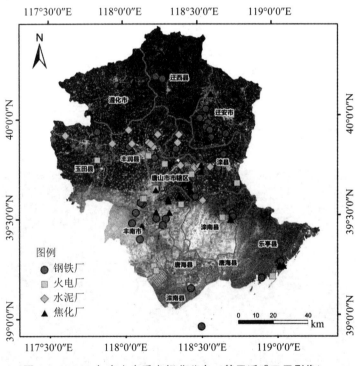

图 6-1　2013 年唐山市重点行业分布（基于遥感卫星影像）

从钢铁行业来看，唐山市总计高炉 136 座，总产能 17 832 万 t/a。其中 450 m³ 及以下 24 座，450~1 000 m³ 共 25 座，1 000 m³ 及以上 36 座；转炉/电炉 112 座，其中 30 t 及以下 16 座，30~100 t 有 53 座，100 t 及以上 32 座，总产能 7 188.00 万 t/a。唐山市烧结机 150 台，约 2.4 万 m²。球团设备 57 台。

6.2 环境空气质量现状

6.2.1 数据与标准

　　历史空气质量分析数据来源于 2006—2012 年唐山市市区 6 个环境空气质量监测点位，包括供销社、雷达站、物资局、陶瓷公司、十二中和小山，监测因子主要为 SO_2、NO_2 和 PM_{10}。同时，利用相同点位 2013 年大气污染物浓度数据对唐山市空气质量现状进行分析，包括 SO_2、NO_2、PM_{10}、$PM_{2.5}$、CO 以及 O_3。监测点位具体信息见表 6-1，检测点位分布见图 6-2。唐山市的环境空气质量按照《环境空气质量标准》（GB 3095—2012）要求评价。

表 6-1　唐山六个监测站点基本信息

序号	监测点	经度	纬度	所在功能区
1	供销社	118°09′58″	39°37′51″	商业区
2	雷达站	118°08′38″	39°38′35″	清洁区
3	物资局	118°11′07″	39°38′27″	交通区
4	陶瓷公司	118°13′07″	39°40′05″	工业区
5	十二中	118°11′02″	39°39′28″	居住区
6	小山	118°11′59″	39°37′46″	商业区

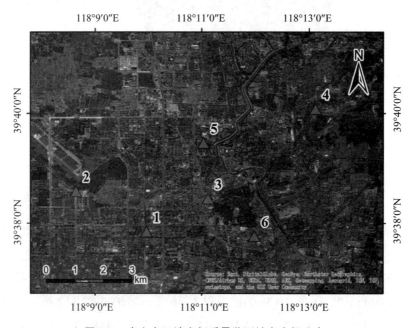

图 6-2　唐山市环境空气质量监测站点空间分布

6.2.2　历史环境空气质量分析

根据收集到的 2006—2012 年唐山市 6 个监测站点的污染物数据，对唐山市的历史环境空气质量进行分析，各站点 SO_2、NO_2、可吸入颗粒物月均值变化见图 6-3。

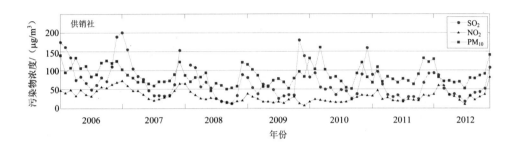

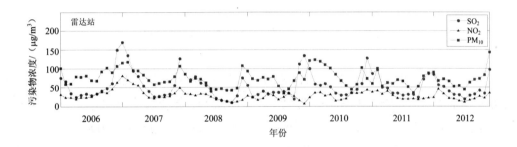

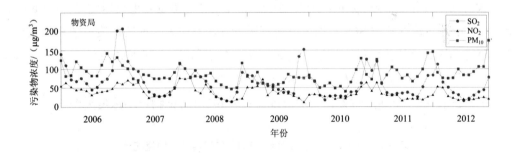

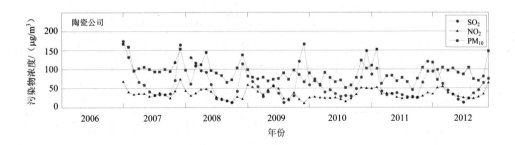

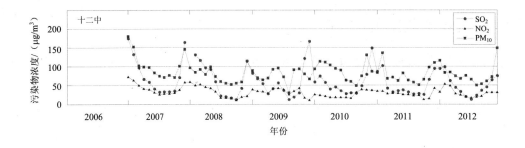

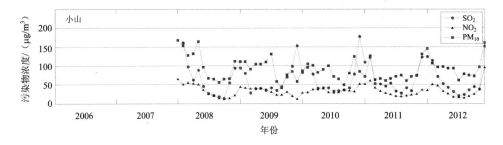

图 6-3   唐山市各监测站点污染物月均浓度变化

从图 6-3 可以看出，污染物浓度的变化明显呈现出冬季高于其他时期的规律，这主要受北方冬季采暖期的影响，以 SO_2 尤为突出，监测点 SO_2 冬季月均浓度大于 $100\ \mu g/m^3$，明显大于同站其他三季的浓度，夏季月均浓度最低，为 $20\sim30\ \mu g/m^3$；2006—2007 年冬季唐山市 SO_2 浓度为分析时段最大值，其中位于商业区的供销社和位于交通区的物资局两个站点最大月均浓度超过 $200\ \mu g/m^3$，采暖期与非采暖期 SO_2 浓度差值可以超过 $100\ \mu g/m^3$，但到 2012 年，各站点冬季 SO_2 月均浓度均有所下降，与非采暖期的浓度差值逐渐减小。冬季 NO_2 和 PM_{10} 月均浓度最高超过 $80\ \mu g/m^3$ 和 $150\ \mu g/m^3$，与非采暖期浓度差值以 NO_2 最小；位于清洁区的雷达站点浓度明显低于其他 5 个站点。

2006—2012 年 6 个站点污染物年均值统计见表 6-2，污染物年均浓度见图 6-4。

表 6-2   唐山市各站点 2006—2012 年污染物年均值统计

污染物	监测站点	年均浓度/（$\mu g/m^3$）						
		2006	2007	2008	2009	2010	2011	2012
SO_2	供销社	104.95	85.02	62.30	66.18	65.12	51.42	53.00
	雷达站	52.50	72.73	47.62	50.08	57.52	52.17	46.17
	物资局	—	78.45	70.76	59.85	56.55	51.17	51.42
	陶瓷公司	—	98.74	81.16	65.03	48.41	60.17	64.50
	十二中	89.03	76.47	58.49	70.85	47.64	53.83	50.92
	小山	—	—	81.97	63.31	65.57	64.50	62.67

污染物	监测站点	年均浓度/（μg/m³）						
		2006	2007	2008	2009	2010	2011	2012
NO₂	供销社	47.59	41.72	27.17	20.53	22.33	26.92	38.50
	雷达站	32.44	42.57	22.98	23.73	29.95	27.00	24.75
	物资局	—	42.36	32.15	32.64	25.58	27.17	30.08
	陶瓷公司	—	40.35	31.34	37.68	28.51	33.25	36.67
	十二中	47.56	47.40	37.41	40.20	32.90	29.17	26.92
	小山	—	—	34.60	31.45	34.25	31.50	34.67
PM₁₀	供销社	112.76	79.94	72.43	79.23	94.66	86.25	85.33
	雷达站	82.31	84.39	61.86	68.97	88.49	65.17	73.83
	物资局	—	104.66	76.92	76.39	89.12	79.08	79.58
	陶瓷公司	—	115.08	97.97	80.35	78.29	87.67	95.75
	十二中	106.38	86.01	75.19	70.88	69.60	90.83	100.67
	小山	—	—	106.06	90.15	85.85	77.50	98.42

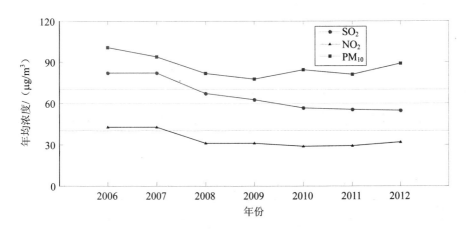

图 6-4　唐山市 2006—2012 年污染物年均浓度变化

结合表 6-2 和图 6-4 可知，唐山市历史环境空气质量存在超标现象，PM₁₀ 超标程度最严重。分析时段中以 2006 年污染最为严重，之后污染物年均浓度逐渐下降，到 2012 年 SO₂ 和 NO₂ 年均浓度满足二级标准；PM₁₀ 始终超标，从 2006 年起年均浓度有所下降，但到 2009 年又开始逐渐升高，污染情况较为严重。对比 6 个监测站点浓度可以发现，工业区和商业区污染物浓度明显高于清洁区，但值得注意的是，位于居住区的十二中站点污染也较为严重，且 PM₁₀ 年均浓度有逐渐升高的趋势，到 2012 年年均浓度在 6 个监测站点中为最高。

6.2.3　环境空气质量现状分析

参照 2013 年唐山市 6 个监测站点的污染物浓度数据，对唐山市环境空气质量的现状进行分析。污染物因子包含 SO₂、NO₂、PM₁₀、PM₂.₅、CO 以及 O₃ 共 6 种。图 6-5 给出了唐山市区域平均后的各污染物月均浓度年变化。

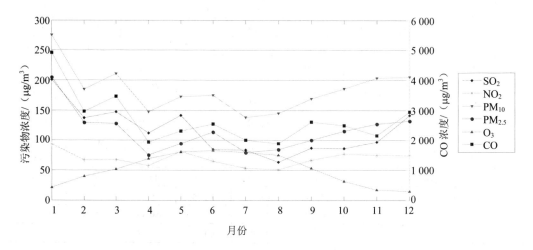

图 6-5   2013 年唐山区域平均污染物月均浓度年变化

根据图 6-5 可知，唐山市采暖期污染形势较非采暖期严重，SO_2、NO_2、PM_{10}、$PM_{2.5}$、CO 在 1 月有最大月均值，NO_2 月变化不明显，其余 4 种污染物明显呈现出冬季高夏季低的变化规律，但 O_3 呈现出相反的变化规律。

表 6-3 和表 6-4 分别给出了 2013 年唐山市 6 个监测站点污染物年均浓度以及最大日均浓度和最大超标倍数的统计结果。

表 6-3   2013 年唐山市各监测站点污染物年均值统计

污染物	年均浓度/（μg/m³）						占标率/%
	供销社	雷达站	物资局	陶瓷公司	十二中	小山	
SO_2	120.89	114.63	99.89	143.16	100.84	109.40	166.5～238.6
NO_2	78.49	44.81	71.82	81.71	69.51	67.43	112.0～204.3
PM_{10}	181.40	169.71	190.54	184.79	202.65	176.00	242.4～289.5
$PM_{2.5}$	110.01	110.74	115.91	114.81	120.24	119.68	314.3～343.6
CO	2 419.64	2 649.78	2 720.45	3 013.67	2 826.07	2 462.78	—
O_3	52.43	52.29	52.28	48.62	52.89	49.31	—

表 6-4   2013 年唐山市各监测站点污染物最大日均浓度统计

污染物		最大日均浓度/（μg/m³）						最大超标倍数
		供销社	雷达站	物资局	陶瓷公司	十二中	小山	
采暖期	SO_2	481.63	422.46	429.08	554.88	431.54	364.75	1.43～2.70
	NO_2	258.25	164.57	209.33	185.13	179.25	307.38	1.06～2.84
	PM_{10}	621.38	570.92	702.38	627.50	619.91	580.67	2.81～3.68
	$PM_{2.5}$	477.17	448.92	529.35	498.00	412.57	469.54	4.50～6.06

污染物		最大日均浓度/（μg/m³）						最大超标倍数
		供销社	雷达站	物资局	陶瓷公司	十二中	小山	
采暖期	CO	9 822.46	10 299.88	11 657.58	13 487.83	10 924.33	9 292.48	1.32～2.37
	O_3	74.08	76.08	122.75	60.43	65.88	60.00	—
非采暖期	SO_2	283.17	263.50	319.82	354.96	279.83	329.40	0.76～1.37
	NO_2	146.46	73.50	168.04	221.62	126.21	157.83	0.56～1.77
	PM_{10}	398.00	341.33	452.88	416.17	578.50	369.04	1.28～2.86
	$PM_{2.5}$	276.58	255.38	323.83	282.79	352.87	285.08	2.41～3.70
	CO	5 872.43	7 768.60	13 656.43	5 985.50	6 324.45	5 511.35	0.38～2.41
	O_3	175.00	140.83	204.21	144.83	199.10	160.71	—

根据表 6-3 和表 6-4 的统计结果可知，唐山市空气质量污染现状依然十分严重，以颗粒物污染最为突出。6 个监测站点污染物 2013 年年均浓度均超标。其中，SO_2 年均浓度占标率在 166.5%～238.6%，NO_2 年均浓度占标率为 112.0%～204.3%，PM_{10} 和 $PM_{2.5}$ 年均浓度最低占标率分别为 242.4% 和 314.3%，最高占标率为 289.5% 和 343.6%；各站点 CO 年均浓度均大于 2 000 μg/m³，O_3 年均浓度也在 50 μg/m³ 左右。无论采暖期或非采暖期，污染物最大日均浓度均超标，除 O_3 外，其余 5 种污染物非采暖期超标倍数相对较小，PM_{10} 和 $PM_{2.5}$ 超标倍数最大。

6.3　污染气象分析

6.3.1　多年气候特征统计

对国家气象局提供的唐山市 5 个气象站 2000—2013 年共 14 年地面气象数据进行统计，分析唐山地区长期的气候特征，气象要素包括温度、风向、风速、降水以及能见度等。5 个气象站包括遵化、迁安、唐山、曹妃甸以及乐亭气象站，站点信息见表 6-5，相对位置见图 6-6。

表 6-5　唐山市 5 个气象站点基本信息

站号	站名	经度	纬度	观测场海拔高度/m
54429	遵化	117°57′	40°12′	54.9
54439	迁安	118°43′	40°01′	50.9
54534	唐山	118°06′	39°39′	23.2
54535	曹妃甸（唐海）	118°28′	39°17′	3.2
54539	乐亭	118°53′	39°26′	10.5

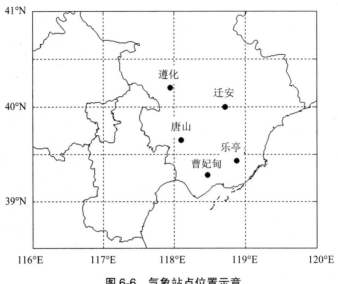

图 6-6　气象站点位置示意

唐山市位于我国东部沿海，属暖温带湿润半干旱大陆性季风气候。唐山市背山临海，地形复杂，地方气候多样，气候资源丰富。具有冬干、夏湿、降水集中、季风显著、四季分明等特点。年平均气温 12℃左右，无霜期 180～190 d。常年降水 500～700 mm，主要集中在 7—8 月，占全年降水量的一半。全年日照 2 600～2 900 h。2000—2013 年的唐山地区 5 个站点的气候特征见表 6-6，南北部有温度差异，北部地区年均降水量较南部稍大，离海岸线最近的乐亭县能见度最佳。

表 6-6　区域主要气候参数统计数据一览

	遵化	迁安	唐山	曹妃甸	乐亭	平均
平均气温/℃	11.8	11.2	12.2	12.1	11.8	11.82
极端最高气温/℃	40.5	39.2	40.1	38.7	38.7	39.32
极端最低气温/℃	−20.9	−23.6	−25.2	−22.8	−19.2	−21.82
降水/mm	631.3	625	569.7	563.9	574.5	589.82
能见度/m	16.7	17	16.1	15.3	18.9	17.15

表 6-7 给出了 2000—2013 年唐山市 5 个气象站月平均温度的年变化统计结果，区域平均月均温度年变化曲线见图 6-7。

根据统计结果，唐山市年均温度为 12℃。最冷时期为 1 月，月平均温度在−4.8℃左右，最热时期为 7 月，月平均气温 26℃左右，四季分明。5 个站点温度变化规律一致，北部地区温度季节差异大于南部地区。

表 6-8 给出了 5 个站点不同季节的主导风向区间的统计结果。

表 6-7　唐山市 5 个站点长期月平均温度变化统计（2000—2013 年）

站点	1月	2月	3月	4月	5月	6月	7月	8月	9月	10月	11月	12月	平均
遵化	−5.4	−1.5	5.3	13.5	20.3	24.1	26.3	25.3	20.3	12.6	3.8	−3.1	11.79
迁安	−6.0	−2.1	4.5	12.6	19.6	23.3	25.7	24.7	19.9	12.1	3.3	−3.5	11.18
唐山	−4.8	−1.0	5.7	13.4	20.2	24.1	26.4	25.5	20.9	13.4	4.5	−2.6	12.14
曹妃甸	−4.5	−1.1	5.2	12.7	19.4	23.3	26.1	25.5	21.1	13.9	5.1	−1.9	12.07
乐亭	−4.7	−1.4	4.8	12.3	19.1	23.0	25.9	25.3	20.9	13.6	4.8	−2.1	11.79

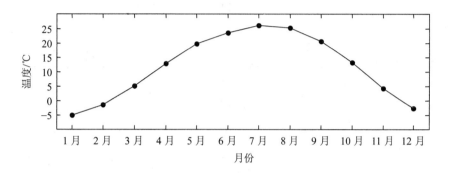

图 6-7　唐山长期月均温度年变化（2000—2013 年）

表 6-8　唐山市 5 个站点季节主导风向区间统计（2000—2013 年）

站点	明显主导风区间			
	春季	夏季	秋季	冬季
遵化	偏 ENE	偏 NE	偏 NE	偏 ENE
迁安	无	偏 ESE	偏 NW	偏 NW
唐山	无	偏 SE	偏 W	偏 W
曹妃甸	偏 SSW	偏 SSE	无	偏 WNW
乐亭	偏 E	偏 SW	偏 ENE	偏 ENE

　　受地形影响，唐山市风向多变，随季节变化规律性明显。冬季受西伯利亚强高压冷气团控制，风向偏北偏西，夏季由于海洋暖湿气流的影响，风向偏南偏东，春秋两季属于冬季风和夏季风的过渡季节，风向多变。

　　根据 14 年气象资料的统计，5 个站点多年风向频率玫瑰图如图 6-8 所示。遵化与乐亭两个站点风向以偏东北和偏西南两个风向区间为主，迁安长期风向以偏西北和偏东南两个区间为主，而位于唐山西南部的唐山与曹妃甸两站点风向多变，主导风向区间不明显，但偏北风出现频率明显最低。

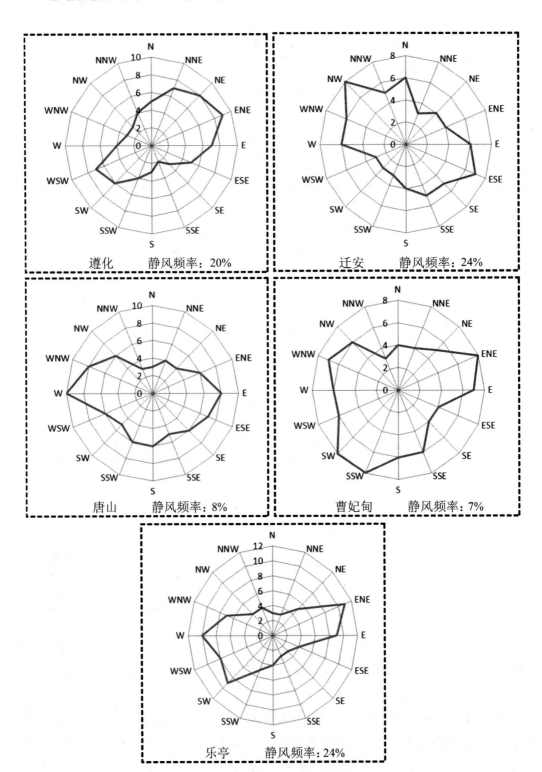

图 6-8　唐山市 5 个站点长期风玫瑰图（2000—2013 年）

6.3.2　近期地面气象观测资料统计

利用遵化、迁安、唐山和乐亭 4 个站点 2013 年全年的地面气象数据进行统计分析，以了解唐山市近期地面风温场特征。气象数据由国家气象局提供，其中遵化、迁安两站点数据一天包含 24 个时次；而唐山与乐亭两站每天包含 02、05、08、11、14、17、20、23 总共 8 个时次数据。

6.3.2.1　气温

唐山市 4 个站点 2013 年各月平均温度变化见表 6-9，4 个站点平均后的月均温度年变化曲线见图 6-9。

表 6-9　唐山市 4 个站点 2013 年各月平均温度统计

站点	1 月	2 月	3 月	4 月	5 月	6 月	7 月	8 月	9 月	10 月	11 月	12 月	平均
遵化	−5.83	−1.66	5.04	11.66	21.49	23.65	27.31	26.89	20.06	12.87	5.50	−1.22	12.15
迁安	−6.41	−2.22	3.84	10.40	20.36	22.82	26.50	26.31	19.71	11.84	4.95	−1.83	11.36
唐山	−6.32	−2.12	4.70	10.81	20.58	23.41	26.80	27.06	20.52	12.76	4.74	−2.74	11.68
乐亭	−5.35	−1.69	3.76	9.91	19.18	22.48	26.66	27.20	20.81	13.67	6.20	−0.32	11.88
平均	−5.98	−1.92	4.33	10.69	20.40	23.09	26.82	26.87	20.28	12.79	5.35	−1.53	11.77

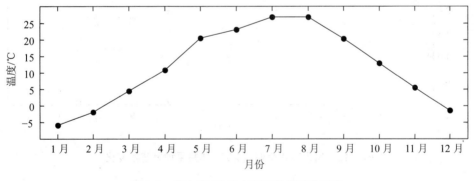

图 6-9　唐山市 2013 年月平均温度年变化

根据表 6-9 和图 6-9 可知，四站平均后的年平均温度为 11.77℃，遵化较其他三站稍高。总体而言，2013 年最冷月为 1 月，平均温度低于−5℃，最热月为 7 月、8 月，平均温度高于 26℃，月均温度差值较大，可达 30℃。除去 1 月、2 月和 12 月，其他月份平均温度均大于 0℃。四站月平均温度变化规律一致。

6.3.2.2　风速

利用 4 个站点的地面风速数据进行月平均风速统计，统计结果见表 6-10，月均风速变化曲线见图 6-10。利用遵化、迁安两站的时次风速数据统计了平均风速的日变化，有规律代表性，其变化曲线见图 6-11。

表 6-10　唐山市 4 个站点 2013 年各月平均风速统计

站点	1 月	2 月	3 月	4 月	5 月	6 月	7 月	8 月	9 月	10 月	11 月	12 月	平均
遵化	1.18	1.54	1.95	2.32	2.00	1.64	1.57	1.53	1.21	1.17	1.5	1.33	1.58
迁安	1.31	1.67	1.81	2.23	1.86	1.81	1.57	1.38	1.16	1.03	1.56	1.34	1.56
唐山	2.19	2.66	3.02	3.67	2.94	2.51	2.02	1.94	1.85	1.86	2.58	2.13	2.45
乐亭	2.17	2.42	2.86	3.26	2.63	2.41	2.04	1.99	1.77	1.74	2.02	2.15	2.29
平均	1.71	2.07	2.41	2.87	2.36	2.09	1.80	1.71	1.50	1.45	1.92	1.74	1.97

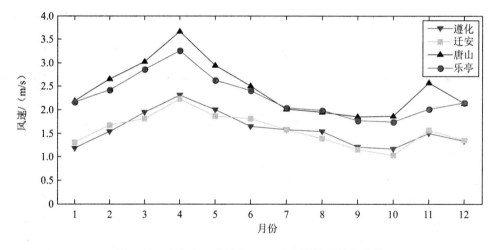

图 6-10　唐山市 4 个站点 2013 年月平均风速年变化

从表 6-10 和图 6-10 可知，唐山市年平均风速将近 2 m/s，其中唐山和乐亭两站的月平均风速整体较遵化和迁安两地大 1 m/s，可能是由于测量系统差异导致。但 4 个站点月平均风速年变化规律一致，春季风速较大，4 月平均值最高，秋季最小。春季，由于下垫面温度回升较快，使得压力差增大，容易出现大风天气，而此时降水量较少，因此易出现沙尘天气。随着夏季风的建立，风速明显减小，直到冬季，受西伯利亚高压脊的影响，出现寒潮天气，风速有所增大。

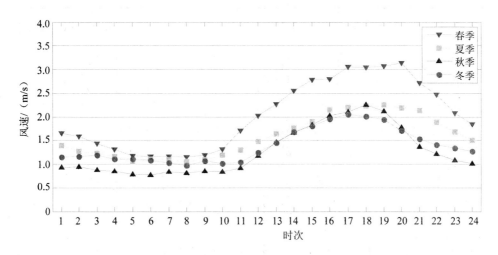

图 6-11 2013 年各季平均风速日变化（遵化、迁安两站平均）

从图 6-11 可知，唐山地区风速日变化呈现出白天大夜晚小的规律。风速从午间开始增大，至傍晚时分达到最大，夜间至凌晨时段风速较小，但春季风速明显较其他三季大，差值可达 1 m/s。

6.3.2.3　风向、风频

利用 4 个站点数据联合统计，唐山市 2013 年各月、各季及全年风向风频变化情况见表 6-11，各月、各季及全年风向频率玫瑰图见图 6-12。

由表 6-11 和图 6-12 可知，唐山地区主要受冬季大陆性季风和夏季暖湿海洋气流的影响，2013 年地面风以西至西北西区间和东南东方向为主导风向，W、WNW 和 ESE 三个方向的风频分别为 9.51%、8.51% 和 8.30%，合计占全年风频的 26.32%，静风频率为 3.28%。

表 6-11　风向频率的月、季、年变化统计　　　　　　　单位：%

时间＼风向	N	NNE	NE	ENE	E	ESE	SE	SSE	S	SSW	SW	WSW	W	WNW	NW	NNW	C
1 月	5.11	4.55	5.68	6.66	8.32	10.64	6.71	4.29	2.69	2.07	3.31	8.88	11.52	8.68	4.6	3.46	2.84
2 月	5.7	6.44	5.53	7.24	7.81	10.55	4.79	3.42	2.85	3.36	5.87	7.01	9.92	8.49	4.79	5.07	1.14
3 月	4.57	6.26	5.28	7.03	8.98	8.72	5.54	7.34	3.69	5.03	7.49	6.67	8.93	5.49	4.46	3.23	1.28
4 月	5.46	5.36	4.03	5.73	9.54	9.65	5.89	4.35	3.39	2.86	5.14	5.94	10.23	10.82	6.36	4.4	0.85
5 月	3.29	3.6	4.47	5.76	7.1	8.69	7.92	8.38	5.4	4.32	8.38	9.31	9.15	6.02	3.65	2.67	1.9
6 月	4.35	3.66	5.2	8.55	13.27	15.5	9.77	8.81	3.61	3.08	3.87	4.67	4.67	3.82	3.13	2.76	1.27
7 月	5.11	4.08	5.57	5.99	10.27	12.59	9.86	8.36	3.35	3.87	5.83	4.9	5.99	5.42	4.39	2.63	1.81

风向 时间	N	NNE	NE	ENE	E	ESE	SE	SSE	S	SSW	SW	WSW	W	WNW	NW	NNW	C
8月	5.84	4.44	4.6	5.27	7.59	9.76	8.21	6.46	3.62	4.39	6.66	7.13	8.42	6.35	5.17	3.98	2.12
9月	8.02	5.61	7.75	6.9	7.81	9.73	7.43	5.45	3.42	3.48	4.01	4.81	6.04	7.11	4.6	3.42	4.39
10月	9.24	4.23	4.91	7.1	6.68	7.83	5.38	4.7	2.3	2.51	3.81	5.22	5.54	8.93	7.26	2.77	11.59
11月	8.4	4.23	3.36	2.87	4.5	4.44	3.74	2.6	1.35	1.46	4.44	7.1	10.89	16.47	11.32	7.2	5.63
12月	9.43	5.55	4.98	6.07	6.69	6.12	3.89	2.7	1.4	1.81	2.33	6.17	10.89	12.39	9.18	5.96	4.46
春季	6.2	4.82	5.11	6.26	8.22	9.52	6.61	5.6	3.1	3.19	5.1	6.49	8.51	8.3	5.73	3.95	3.28
夏季	4.43	5.07	4.6	6.18	8.53	9.01	6.45	6.71	4.17	4.08	7.02	7.32	9.43	7.4	4.81	3.43	1.35
秋季	5.11	4.06	5.12	6.58	10.35	12.59	9.27	7.87	3.53	3.79	5.47	5.57	6.37	5.21	4.24	3.13	1.74
冬季	8.56	4.69	5.35	5.65	6.34	7.35	5.52	4.26	2.36	2.49	4.08	5.7	7.46	10.8	7.71	4.44	7.25
全年	6.78	5.48	5.39	6.64	7.6	9.06	5.14	3.47	2.3	2.38	3.77	7.37	10.8	9.9	6.23	4.82	2.87

6.3.3　海陆风分析

利用遵化、迁安、唐山和乐亭4个站点2013年地面气象资料以及同期高空气象模拟资料，选用CALPUFF气象模式模块CALMET，对唐山地区2013年气象场进行了现状模拟。结果显示，唐山近海地区明显受到海陆风影响。清晨以后，随着陆地下垫面温度的快速升高且高于洋面，使得气流上升，近地层气压较低，风由海洋吹向陆地；海风在正午最为强劲；而到了傍晚，随着陆地温度的下降，使得洋面温度高于陆地，风向变为由陆地吹向海洋。CALPUFF能够模拟出局地海陆风的变化。

挑选2013年6月9日的典型海陆风日进行个例分析。图6-13为该日靠海岸线最近的乐亭站地面实测风矢量小时变化图；图6-14（彩色插页）为利用CALMET模拟出的该日唐山地区地面风场图。

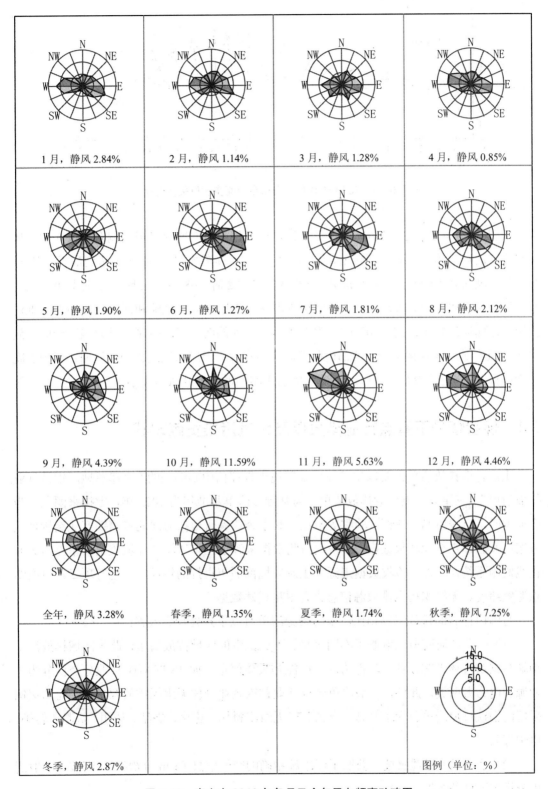

图 6-12　唐山市 2013 年各月及全年风向频率玫瑰图

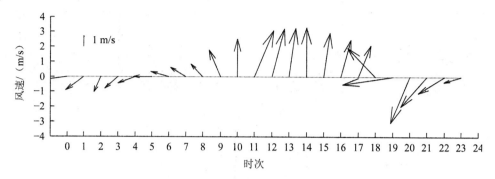

图6-13　2013年6月9日乐亭地面实测风矢量变化

从图6-13可以看出，2013年6月9日，乐亭地面风向明显呈现出偏东北风和偏南风的转化。清晨开始，风向逐渐转南，海风开始形成并逐渐加强，到12时达到最盛；从17时开始，风向开始转北，陆风形成并逐渐减弱。从02时、08时、14时、20时四个时次的地面风场（见图6-14）可以看出，夜间唐山海岸线地区受东北气流和西南气流的相互抵消作用，地面风速较小；到了08时，整个唐山地区受偏南气流的控制，风力强度一般；到14时，近海地区风向偏南，与西部内陆地区明显相反；上风向风速大于下风向；而到了晚上20时，风向已转为东北，唐山市受陆风的影响，近海地区风速较小。

6.4　现状情景下重点行业排放以及大气污染贡献现状

重点行业排放清单主要以生态环境部环境工程评估中心编制的"京津冀地区钢铁行业排放清单""京津冀火电企业排放清单"为基础，清单基准年为2013年，数据来源主要为企业调研、在线监测、环评、验收等数据，其中企业调研数据为河北省钢铁产业结构调整方案以及唐山市企业填报数据等，在线监测数据来源于生态环境部环境监察局重点污染源在线监测系统，环评、验收数据来源于生态环境部历年审批的钢铁、火电等项目，有组织点源经纬度、无组织扬尘排放源信息来自卫星遥感数据。

与国内已有的排放清单相比，本污染源清单有以下几处较大改善：

（1）一些科研院所已编制了不同水平、不同范围的区域排放清单，此类区域排放清单均缺少钢铁具体工艺设备、环保措施、产能等具体信息，如INTEX-B行业分类仅分为工业源和电力源两类。此外，一般清单难以获取钢铁企业具体无组织排放源参数；而本案例采用的钢铁排放清单包含了具体工艺流程（无组织料场、焦化、烧结、球团、高炉、转炉、电炉等）。

（2）采用了卫星遥感技术获取了污染源精确的空间信息（1 m分辨率），突破了一般清单分辨率过低的难题。

（3）建立利用在线监测钢铁、火电企业污染源清单，在国内尚属首次，突破了传统排放因子法的"瓶颈"，强有力地提高了污染源排放清单的时间分辨率。

（4）整个排放数据是建立在生态环境部权威部门的统计资料基础上，数据审核和处理过程中环评数据、验收数据和在线监测数据可相互补充、相互对比，有利于确保数据的可靠性。

（5）验收数据、在线监测数据均为现状存在的排放数据，可有效解决传统清单中淘汰钢铁设备、火电机组列入统计的问题。

6.4.1　重点行业有组织排放情况

火电行业大气污染源在线监测企业有 20 家，排放口共 33 个。2013 年火电行业排放二氧化硫总量为 5.07 万 t，氮氧化物 10.73 万 t，烟粉尘总量为 1.12 万 t。

钢铁行业大气污染源在线监测企业有 44 家，排放口共 1 250 个。2013 年钢铁行业排放二氧化硫总量为 20.27 万 t，氮氧化物 44.33 万 t，烟粉尘总量为 15.99 万 t。

水泥行业大气污染源在线监测企业有 16 家，排放口共 94 个。2013 年水泥行业排放二氧化硫总量为 0.25 万 t，氮氧化物 2.12 万 t，烟粉尘总量为 0.40 万 t。

石化行业大气污染源在线监测企业有 25 家，排放口共 37 个。2013 年焦化行业排放二氧化硫总量为 0.09 万 t，氮氧化物 1.38 万 t，烟粉尘总量为 0.09 万 t（见表 6-12）。

表 6-12　2013 年污染物排放总量情况　　　　　　　　　　　单位：万 t

行业名称	SO_2 排放量	NO_x 排放量	烟尘排放量
钢铁行业	20.27	44.33	15.99
火电行业	5.07	10.73	1.12
焦化行业	0.09	1.38	0.09
水泥行业	0.25	2.12	0.40
所有行业	25.68	58.56	17.60

6.4.2　重点行业无组织排放情况

本案例获取了遥感二号、遥感八号和遥感十四号卫星数据，处理有效数据约 160 GB。可见光影像空间分辨率以 2 m 和 5.5 m 为主，红外影像空间分辨率以 10 m 为主；完成唐山全部钢铁厂、火电厂、水泥厂、炼油厂目标 15 类主要排污设施的长、宽、高、直径、面积的定量分析，并勾画厂区四至边界、形成点状、面状矢量成果。解译了 18 类主要排污设施：钢铁厂的高炉、炼钢车间、露天原料场、煤气柜、烟囱、轧钢车间，火电厂的锅炉间、冷却塔、露天煤场、汽机间、烟囱，水泥厂的立窑、联合贮库、露天原料场、贮料槽，炼油厂的生产装置、油罐、污水处理设施等。利用高分可见光、红外等数据分析判定唐山钢铁厂、火电厂、水泥厂企业拆除或关停状态。

利用遥感二号、遥感八号和遥感十四号卫星数据，获取了唐山地区 2 m 和 5.5 m 分辨率的可见光影像，解译了唐山市重点行业无组织原料场分布情况。根据《港口建设项目环境影响评价规范》（JTS 105-1—2011）中煤炭、矿石堆场的起尘量计算方法，结合 2013 年唐山市逐时风速资料，计算了 2013 年唐山市重点行业无组织烟尘排放情况。计算中钢铁行业、火电行业防风网等环保设施效率按 80%考虑。水泥行业无组织源主要为露天矿山，不考虑水泥行业除尘效率。

火电厂、钢铁厂、水泥厂原料分别按原煤类、矿粉类和大矿类计算。三类建设项目的无组织原料场分布情况见图 6-15。

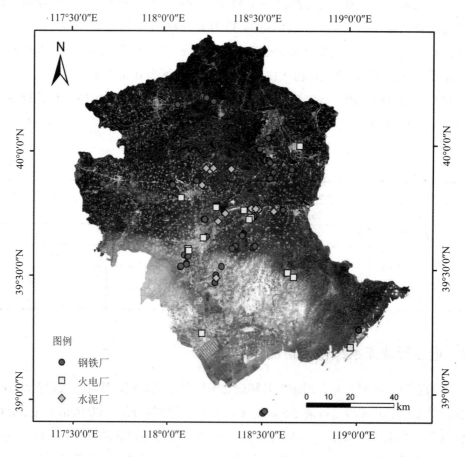

图 6-15　唐山市火电、钢铁、水泥行业无组织排放点位置（基于卫星遥感）

煤炭、矿石堆场起尘量可按下列公式计算：

$$Q_1 = 0.5\alpha(U - U_0)^3 S \qquad (6\text{-}1)$$

$$U_0 = 0.03e^{0.5w} + 3.2 \qquad (6\text{-}2)$$

式中：Q_1——堆场起尘量，kg/a；

　　　α——货物类型起尘调节系数，见表 6-13；

　　　U——风速，m/s，多堆堆场表面风速取单堆的 89%；

　　　U_0——混合粒径颗粒的起动风速，m/s；

　　　S——堆表面积，m^2；

　　　w——含水率，%。

表 6-13　货物类型起尘调节系数

标准类型	矿粉	球团矿	精煤类	大矿类	原煤类	水洗类
起尘调节系数	1.6	0.6	1.2	1.1	0.8	0.6

遥感解译获得唐山市范围内火电行业露天煤场 16 个，分布于唐山市市辖区以及滦南等区县。钢铁行业露天煤场 47 个，主要分布于唐山市市辖区及丰南、迁安等区县。水泥煤场 12 个，主要分布于唐山市市辖区及丰润等区县。

6.4.3　预测模型及参数

选用 CALPUFF 扩散模式 6.42 版本和 WRF 气象模式（ARW3.2.1 版本）。模式均采用 UTM 投影。区域内地形高度资料来自美国地质勘探局（USGS），其中地形数据精度为 90 m，土地利用类型数据来自生态环境部环境工程评估中心"环境影响评价基础数据库建设"课题成果，土地利用数据精度为 30 m。高空探测资料和降水资料来自气象模式 WRF，并通过 CALWRF 转换程序转换 WRF 模式的输出结果，本次 WRF 模式初始场采用美国环境预报中心（NCEP）的全球再分析资料，水平分辨率为 1°×1°，每天共 4 个时次（00:00，06:00，12:00，18:00）。模式的垂直方向共分 30 个层，分别是 1.000、0.99、0.98、0.97、0.96、0.95、0.94、0.92、0.90、0.88、0.85、0.82、0.79、0.76、0.73、0.69、0.65、0.60、0.55、0.50、0.45、0.40、0.35、0.30、0.25、0.20、0.15、0.10、0.05、0.00，模式顶气压为 100 hPa。

地面气象数据来自遵化、迁安、唐山和乐亭 4 个站点 2013 年全年的地面气象数据，用于运行 CALMET 模式生成三维逐时气象场。CALMET 模式中垂直方向包含 10 层，顶层高度分别为 20 m、40 m、80 m、160 m、320 m、640 m、1 200 m、2 000 m、3 000 m 和 4 000 m。水平网格分辨率为 3 km，东西向 65 个格点，南北向 65 个格点。

CALPUFF 模式中采用 MESOPUFF Ⅱ 化学机制。CALPUFF 模式中需输入地理坐标、烟囱高度、烟囱内径、烟气出口速率和出口温度等信息，并考虑各污染物的干湿沉降。计算时间步长按一小时考虑，分别模拟唐山市重点行业污染源排放 SO_2、NO_x、PM_{10}、$PM_{2.5}$ 小时浓度、日均浓度、年均浓度。其中 NO_2/NO_x 年均浓度以 0.75 的比率换算。

6.4.4　预测点坐标

根据唐山当地环境特征，针对 6 个监测点和 5 个敏感点进行环境空气影响预测，各预测点名称、坐标（UTM 坐标）见表 6-14。

表 6-14　预测点信息统计

类别	名称	名称	北纬度/（°）	东经度/（°）	X 坐标（东西向）/m	Y 坐标（南北向）/m
唐山市区环境质量监测点	1#	供销社	39.63	118.17	118.17	118.17
	2#	雷达站	39.64	118.14	118.14	118.14
	3#	物资局	39.64	118.19	118.19	118.19
	4#	陶瓷公司	39.67	118.22	118.22	118.22
	5#	十二中	39.66	118.18	118.18	118.18
	6#	小山	39.63	118.20	118.20	118.20
唐山市其他主要关心点	7#	迁安市（人民广场）	40.00	118.70	118.70	118.70
	8#	曹妃甸（渤海国际会议中心）	39.21	118.41	118.41	118.41
	9#	丰润区（曹雪芹文化园）	39.84	118.15	118.15	118.15
	10#	丰南区（人民政府）	39.57	118.08	118.08	118.08
	11#	古冶区（政府大楼）	39.73	118.45	118.45	118.45

6.4.5　现状情况重点行业有组织排放贡献影响（火电、钢铁、焦化、水泥）

6.4.5.1　重点行业主要污染物对各预测关心点最大浓度预测情况

由表 6-15 至表 6-17 可知，在 100%保证率下，重点行业在各预测关心点造成的 SO_2 小时最大浓度值占标率为 19.35%~84.26%，贡献值满足二级标准；但 NO_x 小时最大浓度占标率为 95.80%~414.28%，除去一个关心点，其余关心点均超出二级标准，最大超标倍数为 3。

SO_2 日均最大浓度值占标率为 18.88%~64.11%，满足二级标准相关要求；NO_x、PM_{10}、$PM_{2.5}$ 日均最大浓度值占标率分别为 39.33%~115.31%、50.64%~125.72%、66.12%~136.60%，均存在超标现象。

SO_2、NO_x、PM_{10}、$PM_{2.5}$ 年均浓度值占标准比例分别为 7.78%～37.60%、17.22%～102.71%、14.34%～60.16%、16.61%～63.78%，除去古冶区（政府大楼）点 NO_x 年均浓度超过了二级标准外，各关心点污染物均满足《环境空气质量标准》中的二级标准限值。

表 6-15　重点行业预测关心点小时最大浓度预测值统计　　　单位：$\mu g/m^3$

预测关心点	SO_2		NO_x		PM_{10}		$PM_{2.5}$	
	小时最大浓度	占标率/%	小时最大浓度	占标率/%	小时最大浓度	占标率/%	小时最大浓度	占标率/%
1#	353.31	70.66	624.94	249.98	667.86	—	342.76	—
2#	333.58	66.72	485.89	194.36	462.73	—	250.72	—
3#	379.53	75.91	630.10	252.04	850.03	—	429.40	—
4#	392.39	78.48	793.01	317.20	693.39	—	341.31	—
5#	292.69	58.54	626.58	250.63	836.93	—	401.07	—
6#	320.55	64.11	597.19	238.88	571.53	—	276.15	—
7#	246.40	49.28	588.71	235.48	407.59	—	250.17	—
8#	96.75	19.35	239.49	95.80	237.30	—	157.93	—
9#	155.24	31.05	579.10	231.64	280.27	—	163.74	—
10#	208.85	41.77	509.32	203.73	483.73	—	241.62	—
11#	421.32	84.26	1 035.70	414.28	504.47	—	261.58	—

表 6-16　重点行业预测关心点日均最大浓度预测值统计　　　单位：$\mu g/m^3$

预测关心点	SO_2		NO_x		PM_{10}		$PM_{2.5}$	
	日均最大浓度	占标率/%	日均最大浓度	占标率/%	日均最大浓度	占标率/%	日均最大浓度	占标率/%
1#	66.36	44.24	144.17	96.11	161.63	107.75	99.26	132.34
2#	80.11	53.41	152.34	101.56	148.17	98.78	90.15	120.20
3#	90.67	60.45	153.71	102.47	188.58	125.72	102.45	136.60
4#	84.92	56.61	155.34	103.56	137.17	91.45	86.08	114.77
5#	82.59	55.06	159.32	106.21	167.45	111.63	92.62	123.49
6#	61.29	40.86	139.44	92.96	167.61	111.74	102.06	136.08
7#	72.29	48.19	151.90	101.27	132.45	88.30	78.54	104.72
8#	28.32	18.88	58.99	39.33	75.96	50.64	49.59	66.12
9#	47.63	31.75	112.98	75.32	106.86	71.24	69.99	93.32
10#	51.01	34.01	105.55	70.37	139.67	93.11	87.55	116.73
11#	96.17	64.11	172.96	115.31	172.73	115.15	93.00	124.00

表 6-17　重点行业预测关心点年均浓度预测值统计　　　　　单位：μg/m³

预测关心点	SO₂		NOₓ		PM₁₀		PM₂.₅	
	年均浓度	占标率/%	年均浓度	占标率/%	年均浓度	占标率/%	年均浓度	占标率/%
1#	16.08	26.79	32.45	64.90	33.21	47.44	17.60	50.28
2#	15.25	25.42	29.88	59.76	31.29	44.70	16.67	47.64
3#	18.00	29.99	34.37	68.75	37.26	53.23	19.56	55.89
4#	19.09	31.82	36.24	72.48	38.01	54.30	20.00	57.15
5#	17.17	28.62	32.81	65.63	34.44	49.21	18.23	52.08
6#	15.33	25.55	32.98	65.95	31.14	44.48	16.67	47.62
7#	14.56	24.27	29.15	58.30	28.64	40.91	15.90	45.43
8#	4.67	7.78	8.61	17.22	10.04	14.34	5.81	16.61
9#	12.82	21.36	27.62	55.23	25.88	36.96	14.26	40.75
10#	11.12	18.53	23.80	47.59	26.44	37.77	14.07	40.21
11#	22.56	37.60	51.36	102.71	42.11	60.16	22.32	63.78

6.4.5.2　现状贡献值与监测值对比

2013 年唐山各监测点年均浓度贡献值与其监测值进行对比（见表 6-18），可以看到重点行业对城市污染物年均贡献值均小于监测值。重点行业对各监测点 SO₂、NOₓ、PM₁₀、PM₂.₅年均最大贡献浓度占背景浓度比例分别为 13.3%～18.0%、31.01%～50.01%、17.0%～20.6%、13.9%～17.4%。

表 6-18　重点行业预测浓度与监测浓度对比　　　　　单位：μg/m³

预测点位	SO₂年均浓度			NOₓ年均浓度			PM₁₀年均浓度			PM₂.₅年均浓度		
	预测浓度	监测浓度	比例/%	预测浓度	监测浓度	比例/%	预测浓度	监测浓度	比例/%	预测浓度	监测浓度	比例/%
1#	16.08	120.89	13.3	32.45	104.66	31.01	33.21	181.40	18.3	17.60	110.01	16.0
2#	15.25	114.63	13.3	29.88	59.75	50.01	31.29	169.71	18.4	16.67	110.74	15.1
3#	18.00	99.89	18.0	34.37	95.75	35.90	37.26	190.54	19.6	19.56	115.91	16.9
4#	19.09	143.16	13.3	36.24	108.95	33.27	38.01	184.79	20.6	20.00	114.81	17.4
5#	17.17	100.84	17.0	32.81	92.69	35.40	34.44	202.65	17.0	18.23	120.24	15.2
6#	15.33	109.40	14.0	32.98	89.91	36.68	31.14	176.00	17.7	16.67	119.68	13.9

6.4.5.3　网格点预测结果

研究区域内 SO₂、NOₓ、一次 PM₁₀、一次加二次 PM₂.₅ 小时最大浓度分布见图 6-16，日均最大浓度分布见图 6-17，年均质量浓度分布见图 6-18。数据统计结果见表 6-19。

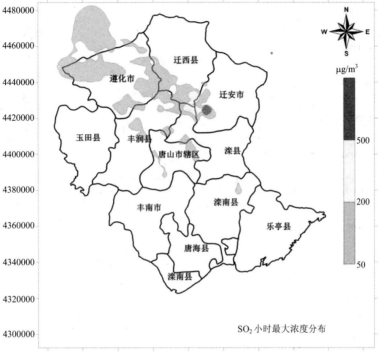

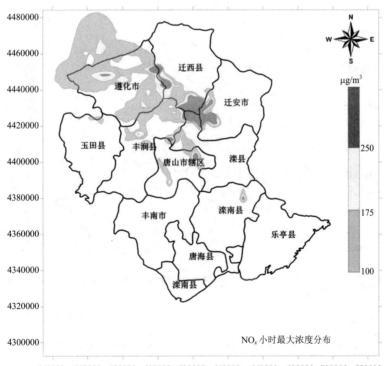

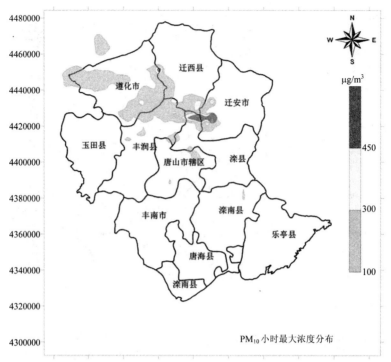

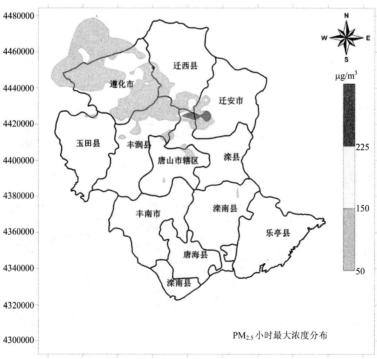

图 6-16　各污染物最大小时浓度分布

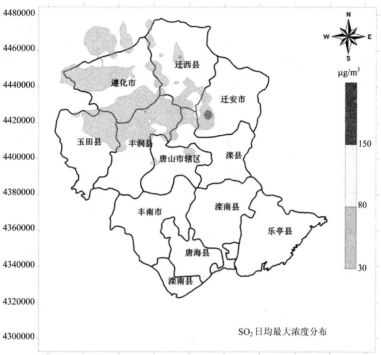

SO₂日均最大浓度分布

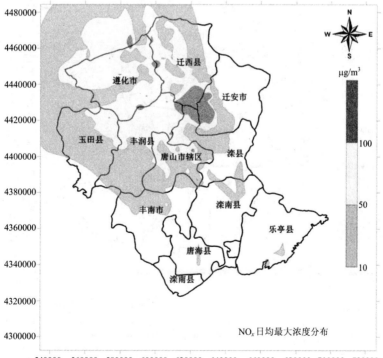

NOₓ日均最大浓度分布

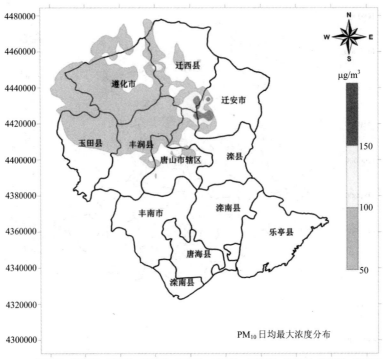

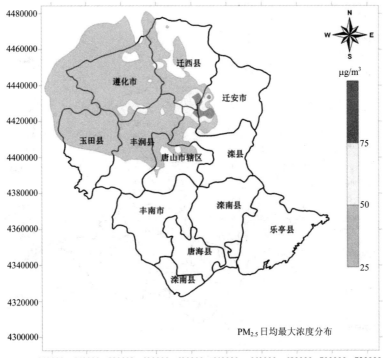

图 6-17   各污染物最大日均浓度分布

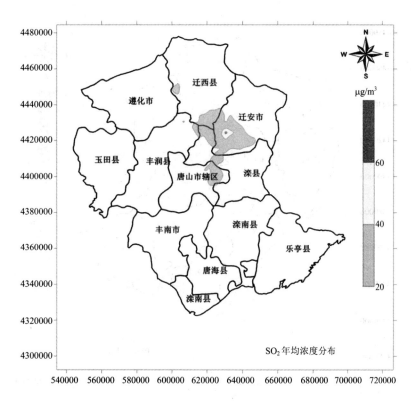

SO₂年均浓度分布

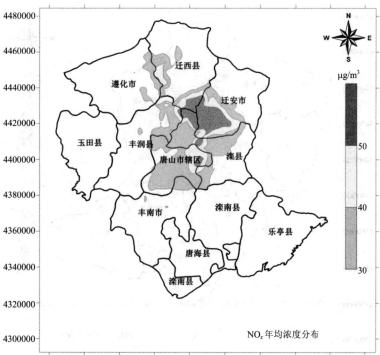

NOₓ年均浓度分布

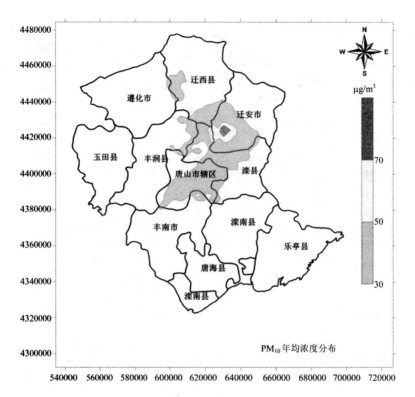

PM₁₀年均浓度分布

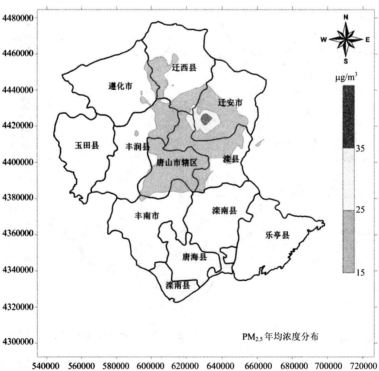

PM₂.₅年均浓度分布

图 6-18　各污染物年浓度分布

表 6-19　主要污染物网格小时、日均最大浓度及年均浓度预测结果

	分类	小时浓度	日均浓度	年均浓度
SO₂	最大值/（μg/m³）	5 340.20	665.13	66.35
	占标率/%	1 068.04	443.42	110.58
	坐标	630 500，4 424 500	630 500，4 424 500	630 500，4 424 500
NOₓ	最大值/（μg/m³）	13 491.00	1 660.30	158.58
	占标率/%	5 396.40	1 660.30	317.16
	坐标	630 500，4 424 500	630 500，4 424 500	630 500，4 424 500
PM₁₀	最大值/（μg/m³）	10 910.00	605.72	55.44
	占标率/%	—	403.81	79.20
	坐标	630 500，4 424 500	630 500，4 424 500	630 500，4 424 500
PM₂.₅	最大值/（μg/m³）	5 181.10	1 266.10	110.09
	占标率/%	—	1 688.13	314.54
	坐标	630 500，4 424 500	630 500，4 424 500	630 500，4 424 500

6.4.6　现状情况钢铁行业排放贡献影响

6.4.6.1　钢铁行业全部产能主要污染物对各预测关心点最大浓度预测情况

由表 6-20 至表 6-22 可知，在 100%保证率下，钢铁行业全部产能在各预测关心点造成的 SO_2 小时最大浓度值占标率为 19.35%～84.11%，贡献值满足二级标准；但 NO_x 小时最大浓度占标率为 95.74%～413.76%，大部分关心点均超出二级标准，最大超标倍数为 3 倍。

SO_2 日均最大浓度值占标率为 18.53%～63.23%，满足二级标准相关要求；NO_x、PM_{10}、$PM_{2.5}$ 日均最大浓度值占标率分别为 36.74%～111.90%、48.20%～123.56%、62.59%～133.79%，均存在超标现象。

SO_2、NO_x、PM_{10}、$PM_{2.5}$ 年均浓度值占标准比例分别为 7.67%～36.72%、16.21%～94.62%、13.83%～57.66%、15.94%～60.98%，满足《环境空气质量标准》中的二级标准限值，但 NO_x 占标最高达 95%。

表 6-20　钢铁行业（全部产能）预测关心点小时最大浓度预测值统计　　　单位：μg/m³

预测关心点	SO₂		NO₂		PM₁₀		PM₂.₅	
	小时最大浓度	占标率/%	小时最大浓度	占标率/%	小时最大浓度	占标率/%	小时最大浓度	占标率/%
1#	352.09	70.42	621.72	248.69	661.89	—	339.00	—
2#	332.54	66.51	460.85	184.34	458.50	—	247.64	—
3#	378.15	75.63	630.08	252.03	844.18	—	425.52	—
4#	391.84	78.37	792.82	317.13	683.23	—	335.07	—
5#	291.73	58.35	623.12	249.25	833.88	—	399.44	—
6#	318.72	63.74	597.18	238.87	568.17	—	274.40	—
7#	245.04	49.01	578.82	231.53	398.63	—	243.38	—
8#	96.74	19.35	239.36	95.74	223.75	—	147.63	—
9#	154.11	30.82	393.37	157.35	269.58	—	160.36	—
10#	208.82	41.76	509.19	203.68	482.78	—	237.64	—
11#	420.53	84.11	1 034.40	413.76	500.57	—	259.42	—

表 6-21　钢铁行业（全部产能）预测关心点日均最大浓度预测值统计　　　单位：μg/m³

预测关心点	SO₂		NO₂		PM₁₀		PM₂.₅	
	日均最大浓度	占标率/%	日均最大浓度	占标率/%	日均最大浓度	占标率/%	日均最大浓度	占标率/%
1#	65.41	43.61	135.18	90.12	156.29	104.19	95.17	126.89
2#	79.49	52.99	143.54	95.69	145.16	96.77	85.96	114.61
3#	89.91	59.94	144.36	96.24	185.34	123.56	100.34	133.79
4#	83.99	55.99	146.47	97.65	132.68	88.45	81.95	109.26
5#	82.12	54.75	157.45	104.97	166.01	110.67	91.71	122.28
6#	60.23	40.15	129.80	86.53	162.42	108.28	98.06	130.74
7#	71.39	47.60	145.62	97.08	127.97	85.31	75.58	100.78
8#	27.80	18.53	55.12	36.74	72.30	48.20	46.94	62.59
9#	44.19	29.46	78.38	52.25	98.71	65.81	64.80	86.40
10#	50.22	33.48	102.37	68.25	134.80	89.87	83.76	111.68
11#	94.84	63.23	167.85	111.90	167.17	111.45	89.94	119.92

表 6-22　钢铁行业（全部产能）预测关心点年均浓度预测值统计　　　单位：µg/m³

预测 关心点	SO₂		NO₂		PM₁₀		PM₂.₅	
	年均浓度	占标率/%	年均浓度	占标率/%	年均浓度	占标率/%	年均浓度	占标率/%
1#	15.86	26.43	30.60	61.19	32.39	46.27	17.10	48.86
2#	15.03	25.06	28.11	56.22	30.47	43.53	16.18	46.22
3#	17.76	29.59	32.28	64.55	36.39	51.98	19.03	54.38
4#	18.83	31.38	33.94	67.87	37.02	52.89	19.42	55.47
5#	16.93	28.22	30.76	61.51	33.54	47.91	17.68	50.53
6#	15.10	25.17	31.01	62.03	30.29	43.27	16.15	46.15
7#	14.33	23.88	27.52	55.04	27.70	39.57	15.32	43.76
8#	4.60	7.67	8.10	16.21	9.68	13.83	5.58	15.94
9#	12.26	20.43	23.58	47.16	23.84	34.06	13.16	37.61
10#	10.96	18.27	22.55	45.09	25.82	36.88	13.69	39.11
11#	22.03	36.72	47.31	94.62	40.36	57.66	21.34	60.98

6.4.6.2　现状贡献值与监测值对比

2013 年唐山各监测点年均浓度贡献值与其监测值进行对比（见表 6-23），可以看到钢铁行业全部产能对城市污染物年均贡献值均小于监测值。各监测点 SO₂、NOₓ、PM₁₀、PM₂.₅ 年均最大贡献浓度占背景浓度比例分别为 13.12%～17.77%、29.24%～47.05%、16.55%～20.04%、13.49%～16.91%。

表 6-23　钢铁行业（全部产能）预测浓度与监测浓度对比　　　单位：µg/m³

预测 点位	SO₂ 年均浓度			NOₓ 年均浓度			PM₁₀ 年均浓度			PM₂.₅ 年均浓度		
	预测浓度	监测浓度	比例/%	预测浓度	监测浓度	比例/%	预测浓度	监测浓度	比例/%	预测浓度	监测浓度	比例/%
1#	15.86	120.89	13.12	30.60	104.66	29.24	32.39	181.40	17.86	17.10	110.01	15.55
2#	15.03	114.63	13.12	28.11	59.75	47.05	30.47	169.71	17.96	16.18	110.74	14.61
3#	17.76	99.89	17.77	32.28	95.75	33.71	36.39	190.54	19.10	19.03	115.91	16.42
4#	18.83	143.16	13.15	33.94	108.95	31.15	37.02	184.79	20.04	19.42	114.81	16.91
5#	16.93	100.84	16.79	30.76	92.69	33.18	33.54	202.65	16.55	17.68	120.24	14.71
6#	15.10	109.40	13.81	31.01	89.91	34.49	30.29	176.00	17.21	16.15	119.68	13.49

6.4.6.3　网格点预测结果

研究区域内钢铁行业 SO₂、NOₓ、一次 PM₁₀、一次加二次 PM₂.₅ 小时最大贡献浓度分布见图 6-19，日均最大浓度分布见图 6-20，年均质量浓度分布见图 6-21。

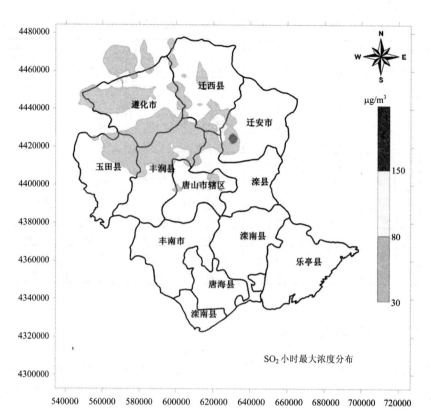

SO₂小时最大浓度分布

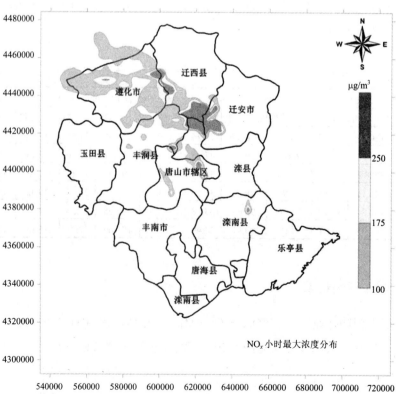

NOₓ小时最大浓度分布

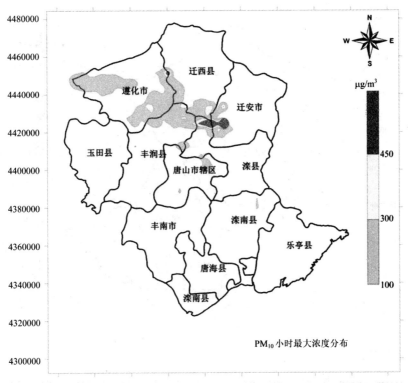

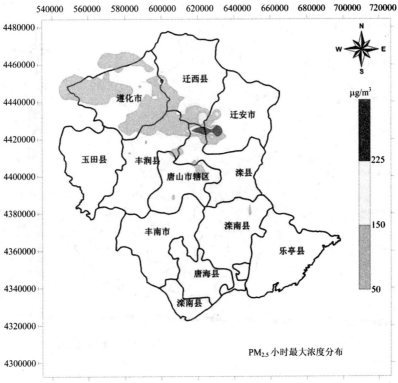

图 6-19　钢铁行业各污染物最大小时浓度分布

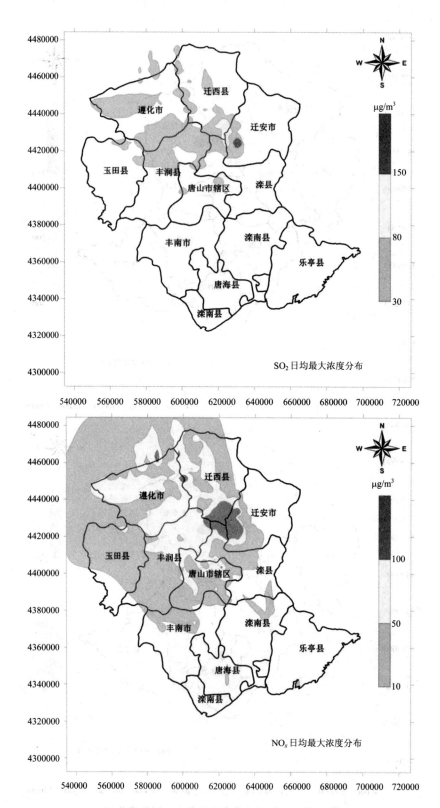

SO₂日均最大浓度分布

NOₓ日均最大浓度分布

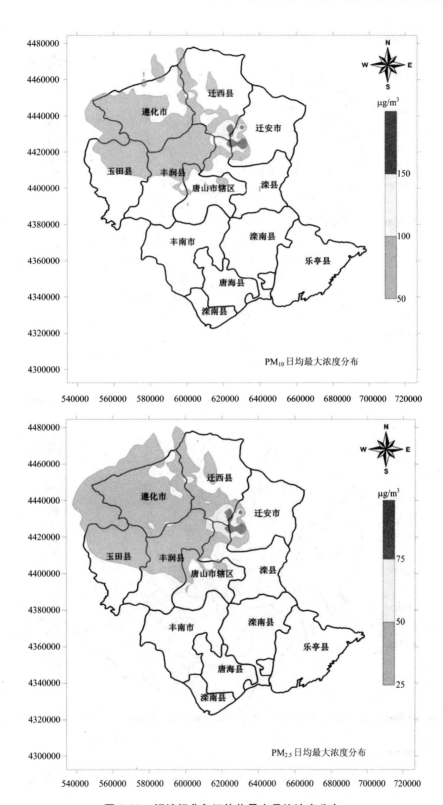

图 6-20　钢铁行业各污染物最大日均浓度分布

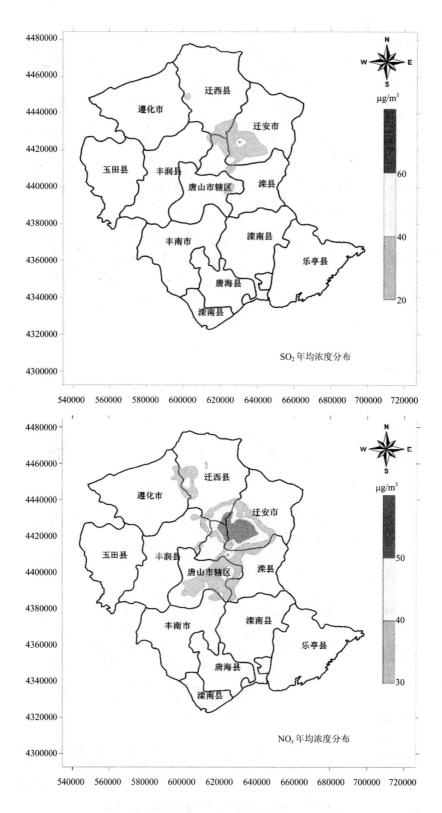

SO₂年均浓度分布

NOₓ年均浓度分布

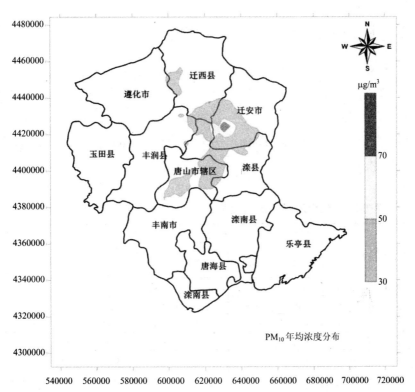

PM$_{10}$年均浓度分布

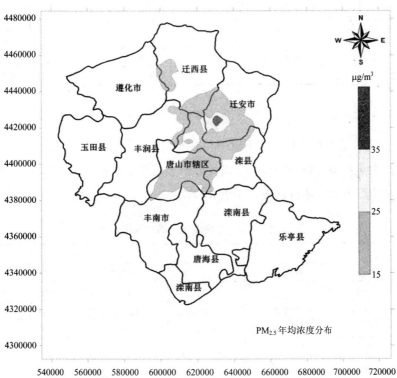

PM$_{2.5}$年均浓度分布

图 6-21　钢铁行业各污染物年均浓度分布

6.5　重点行业无组织大气污染贡献情况

（1）重点行业无组织原料场主要污染物对各预测关心点最大浓度预测情况

由表 6-24 可知，在 100%保证率下，无组织原料场扬尘造成的污染贡献值较小，在各预测关心点造成的 PM_{10}、$PM_{2.5}$ 日均最大浓度值占标率分别为 0.20%～1.88%、0.21%～1.90%；年均浓度值占标率分别为 0.04%～0.68%、0.04%～0.68%，满足《环境空气质量标准》中的二级标准限值。

表 6-24　无组织原料场对预测关心点小时最大浓度预测值统计　　单位：μg/m³

预测关心点	PM₁₀					PM₂.₅				
	小时最大浓度	日均最大浓度	占标率/%	年均浓度	占标率/%	小时最大浓度	日均最大浓度	占标率/%	年均浓度	占标率/%
1#	3.61	0.69	0.46	0.09	0.14	1.84	0.35	0.46	0.05	0.14
2#	3.22	0.65	0.44	0.09	0.13	1.64	0.33	0.44	0.05	0.13
3#	4.79	0.81	0.54	0.12	0.17	2.42	0.41	0.55	0.06	0.17
4#	6.56	1.10	0.73	0.21	0.31	3.34	0.56	0.74	0.11	0.31
5#	4.05	0.82	0.55	0.12	0.18	2.06	0.42	0.56	0.06	0.18
6#	7.02	0.79	0.53	0.11	0.16	3.57	0.40	0.53	0.06	0.16
7#	2.04	0.55	0.37	0.09	0.12	1.02	0.28	0.37	0.04	0.12
8#	0.82	0.30	0.20	0.03	0.04	0.41	0.16	0.21	0.01	0.04
9#	6.61	0.81	0.54	0.15	0.21	3.36	0.40	0.54	0.07	0.21
10#	10.11	1.12	0.75	0.14	0.21	5.06	0.56	0.75	0.07	0.21
11#	25.90	2.83	1.88	0.47	0.68	13.22	1.42	1.90	0.24	0.68

（2）现状贡献值与监测值对比

2013 年唐山各监测点年均浓度贡献值与其监测值进行对比（见表 6-25），可以看到无组织原料场扬尘对城市颗粒物污染物年均贡献值远远小于监测值。各监测点 PM_{10}、$PM_{2.5}$ 年均最大贡献浓度占背景浓度比例均小于 0.12%。

表 6-25　预测浓度与监测浓度对比　　单位：μg/m³

预测点位	PM₁₀年均浓度			PM₂.₅年均浓度		
	预测浓度	监测浓度	比例/%	预测浓度	监测浓度	比例/%
1#	0.09	181.40	0.05	0.05	110.01	0.04
2#	0.09	169.71	0.05	0.05	110.74	0.04
3#	0.12	190.54	0.06	0.06	115.91	0.05
4#	0.21	184.79	0.12	0.11	114.81	0.09
5#	0.12	202.65	0.06	0.06	120.24	0.05
6#	0.11	176.00	0.06	0.06	119.68	0.05

6.6　减排情景下重点行业排放以及大气污染贡献情况

减排情景按以下情况考虑：

（1）钢铁企业：淘汰 90 m² 以下的烧结机、450 m³ 及以下的高炉、30 t 及以下的电炉和转炉。烧结、球团、高炉、焦炉、转炉、电炉排口分别根据其排放标准的大气污染物特别限值考虑。例如，烧结、球团执行标准为二氧化硫 180 mg/m³，氮氧化物 300 mg/m³，烟粉尘 40 mg/m³。

（2）火电企业：根据生态环境部发布的《京津冀及周边地区落实大气污染防治行动计划实施细则》等文件，唐山地区淘汰 20 万 kW 以下的非热电联产燃煤机组，未到达火电行业新标准排放限值的火电企业排口均按达标浓度考虑（二氧化硫 200 mg/m³，氮氧化物 100 mg/m³，烟粉尘 30 mg/m³）。

（3）水泥企业：排口按其排放标准的大气污染物特别限值考虑。

（4）独立焦化企业：淘汰炭化室高度小于 4.3 m 焦炉（3.8 m 及以上捣固焦炉除外）。排口按其排放标准的大气污染物特别限值考虑。

6.6.1　减排情景重点行业排放情况

采取措施后重点行业 SO_2、NO_x、烟粉尘排放量分别为 24.38 万 t/a、47.00 万 t/a、10.07 万 t/a，与 2013 年排放现状相比，分别下降了 5.03%、19.75%、42.77%。其中，钢铁企业 SO_2、NO_x、烟粉尘排放量分别为 19.80 万 t/a、41.68 万 t/a、10.07 万 t/a，与 2013 年排放现状相比，分别下降了 2.28%、5.97%、37.02%。

减排后火电行业排放二氧化硫 4.27 万 t，氮氧化物 3.09 万 t，烟粉尘 0.47 万 t。减排后钢铁行业排放二氧化硫 19.80 万 t，氮氧化物 41.68 万 t，烟粉尘 10.07 万 t。减排后水泥行业排放二氧化硫 0.25 万 t，氮氧化物 1.96 万 t，烟粉尘 0.30 万 t。减排后焦化行业排放二氧化硫 0.05 万 t，氮氧化物 0.26 万 t，烟粉尘 0.03 万 t（见表 6-26）。

表 6-26　减排后污染物排放总量情况　　　　单位：万 t/a

行业名称	SO_2 排放量	NO_x 排放量	烟尘排放量
钢铁行业	19.80	41.68	10.07
火电行业	4.27	3.09	0.47
焦化行业	0.05	0.26	0.03
水泥行业	0.25	1.96	0.30
所有行业	24.38	47.00	10.07
所有行业削减率/%	5.03	19.75	42.77

6.6.2　减排情景重点行业大气污染贡献情况

（1）减排后重点行业主要污染物对各预测关心点最大浓度预测情况

由表 6-27 至表 6-29 可知，在 100%保证率下，减排情景下重点行业在各预测关心点造成的 SO_2 小时最大浓度值占标率为 19.56%～83.13%，贡献值满足二级标准；但 NO_x 小时最大浓度占标率为 95.94%～395.23%，大部分关心点均超出二级标准，最大超标倍数将近 3 倍。

SO_2 日均最大浓度值占标率为 18.41%～63.82%，满足二级标准相关要求；NO_x、PM_{10}、$PM_{2.5}$ 日均最大浓度值占标率分别为 35.91%～106.96%、34.45%～93.31%、49.11%～105.13%，NO_x 和 $PM_{2.5}$ 存在轻微超标现象。

SO_2、NO_x、PM_{10}、$PM_{2.5}$ 年均浓度值占标率分别为 8.52%～37.95%、16.68%～93.35%、10.50%～37.40%、12.82%～40.79%，满足《环境空气质量标准》中的二级标准限值，但 NO_x 占标率较高。

表 6-27　减排情景下预测关心点小时最大浓度预测值统计　　　　单位：μg/m³

预测关心点	SO₂		NO₂		PM₁₀		PM₂.₅	
	小时最大浓度	占标率/%	小时最大浓度	占标率/%	小时最大浓度	占标率/%	小时最大浓度	占标率/%
1#	352.15	70.43	614.34	245.74	504.74	—	263.98	—
2#	332.72	66.54	449.66	179.86	355.43	—	198.43	—
3#	378.24	75.65	626.82	250.73	639.23	—	328.11	—
4#	391.04	78.21	773.91	309.56	510.76	—	254.02	—
5#	292.39	58.48	611.90	244.76	642.26	—	308.34	—
6#	319.29	63.86	594.40	237.76	507.12	—	253.73	—
7#	244.95	48.99	571.32	228.53	284.58	—	187.87	—
8#	97.79	19.56	239.84	95.94	158.37	—	115.52	—
9#	152.11	30.42	581.37	232.55	173.50	—	113.27	—
10#	191.10	38.22	452.50	181.00	197.32	—	132.30	—
11#	415.65	83.13	988.08	395.23	352.17	—	189.27	—

表 6-28　减排情景下预测关心点日均最大浓度预测值统计　　　　单位：μg/m³

预测关心点	SO₂		NO₂		PM₁₀		PM₂.₅	
	日均最大浓度	占标率/%	日均最大浓度	占标率/%	日均最大浓度	占标率/%	日均最大浓度	占标率/%
1#	69.62	46.41	135.42	90.28	115.57	77.05	76.87	102.50
2#	80.40	53.60	144.21	96.14	106.32	70.88	71.90	95.86
3#	90.95	60.64	144.43	96.29	139.96	93.31	78.54	104.71
4#	88.07	58.71	145.95	97.30	100.32	66.88	67.56	90.08
5#	82.42	54.95	152.82	101.88	114.68	76.45	69.99	93.32

预测关心点	SO₂		NO₂		PM₁₀		PM₂.₅	
	日均最大浓度	占标率/%	日均最大浓度	占标率/%	日均最大浓度	占标率/%	日均最大浓度	占标率/%
6#	64.56	43.04	130.92	87.28	119.79	79.86	78.85	105.13
7#	74.61	49.74	142.07	94.71	88.18	58.79	56.23	74.97
8#	27.62	18.41	53.87	35.91	51.68	34.45	36.83	49.11
9#	49.88	33.26	108.95	72.63	79.43	52.95	56.47	75.29
10#	52.98	35.32	94.61	63.07	91.59	61.06	64.21	85.61
11#	95.73	63.82	160.44	106.96	106.46	70.97	66.57	88.76

表 6-29　减排情景下预测关心点年均浓度预测值统计　　　　　　　　　单位：μg/m³

预测关心点	SO₂		NO₂		PM₁₀		PM₂.₅	
	年均浓度	占标率/%	年均浓度	占标率/%	年均浓度	占标率/%	年均浓度	占标率/%
1#	16.51	27.52	30.15	60.30	22.09	31.55	12.22	34.90
2#	15.67	26.12	27.83	55.66	20.73	29.61	11.56	33.02
3#	18.59	30.99	32.20	64.39	25.63	36.62	13.94	39.82
4#	19.95	33.26	34.25	68.51	26.18	37.40	14.28	40.79
5#	17.80	29.66	30.83	61.65	23.45	33.50	12.90	36.87
6#	16.02	26.70	30.94	61.88	20.71	29.59	11.61	33.17
7#	14.64	24.41	26.23	52.46	18.07	25.82	10.75	30.72
8#	5.11	8.52	8.34	16.68	7.35	10.50	4.49	12.82
9#	14.13	23.56	26.39	52.79	16.97	24.24	9.91	28.32
10#	10.97	18.29	20.84	41.68	15.07	21.53	8.60	24.57
11#	22.77	37.95	46.67	93.35	25.37	36.24	14.26	40.73

（2）现状贡献值与监测值对比

将 2013 年唐山各监测点年均浓度贡献值与其监测值进行对比（见表 6-30），可以看到重点行业对城市污染物年均贡献值均小于监测值。重点行业对各监测点 SO_2、NO_x、PM_{10}、$PM_{2.5}$ 年均最大贡献浓度占背景浓度比例分别为 13.66%～18.61%、28.81%～46.58%、11.57%～14.17%、9.70%～12.43%。

表 6-30　减排情境下预测浓度与监测浓度对比　　　　　　　　　单位：μg/m³

预测点位	SO₂ 年均浓度			NOₓ 年均浓度			PM₁₀ 年均浓度			PM₂.₅ 年均浓度		
	预测浓度	监测浓度	比例/%	预测浓度	监测浓度	比例/%	预测浓度	监测浓度	比例/%	预测浓度	监测浓度	比例/%
1#	16.51	120.89	13.66	30.15	104.66	28.81	22.09	181.40	12.17	12.22	110.01	11.10
2#	15.67	114.63	13.67	27.83	59.75	46.58	20.73	169.71	12.21	11.56	110.74	10.44
3#	18.59	99.89	18.61	32.20	95.75	33.62	25.63	190.54	13.45	13.94	115.91	12.02
4#	19.95	143.16	13.94	34.25	108.95	31.44	26.18	184.79	14.17	14.28	114.81	12.43
5#	17.80	100.84	17.65	30.83	92.69	33.26	23.45	202.65	11.57	12.90	120.24	10.73
6#	16.02	109.40	14.64	30.94	89.91	34.41	20.71	176.00	11.77	11.61	119.68	9.70

6.7 结 论

2013 年，唐山重点行业 SO_2、NO_x 小时最大浓度以及 PM_{10}、$PM_{2.5}$ 日均最大浓度区域均出现了大面积超标，SO_2、NO_x、$PM_{2.5}$ 年均最大浓度均出现超标，特别是 NO_x 小时最大超标区域几乎涵盖了唐山全市，说明不利气象条件下重点行业对空气污染贡献大，也说明了唐山重点行业脱硝工作对空气质量改善的重要性。

2013 年唐山重点行业对城市污染物年均贡献值均小于监测值，重点行业对各监测点 SO_2、NO_x、PM_{10}、$PM_{2.5}$ 年均最大贡献浓度占背景浓度比例分别为 13.3%~18.0%、31.01%~50.01%、17.0%~20.6%、13.9%~17.4%。说明对唐山空气污染物年均浓度而言，部分贡献可能来自其他行业源、外地源。

第 7 章
模型在无组织排放因子中的应用研究

焦炉炼焦无组织排放过程（装煤、推焦、熄焦、炉顶泄漏、炉门泄漏等）中可产生大量萘、蒽、芘等多环芳烃物质（PAHs），其中苯并[a]芘（BaP）具有较强毒性和致癌作用。2003 年我国排放 PAHs 约 25 300 t，其中焦化行业贡献了其中的 16%。

目前国内外针对大气中 PAHs 以及 BaP 的研究主要集中在 PAHs 形成机理、BaP 降解反应、人体健康等方面，关于 BaP 排放因子的研究较少。本章在调研 2003—2012 年国家级审批环境影响评价报告书等资料时发现，由于在焦炉 BaP 无组织排放因子的确定方面缺少实验数据和权威参数，使得不同研究机构在开展相关研究时，采用的排放因子存在较大差异（0.37～30 mg/t 焦煤）。美国国家环境保护局发布的排放因子手册 AP-42 中，无组织 BaP 排放因子仅考虑推焦过程（0.25～1.36 mg/t 焦煤），缺少装煤、泄漏等其他生产过程的排放因子，此外 AP-42 中测定无组织 BaP 排放因子也存在数据时效性不足、可靠性较差等问题。针对养殖场恶臭、养殖场 H_2S、石油炼制企业 VOCs 等无组织排放因子，国内外研究者多采用反演建模来计算相关因子。本章采用反演建模来获取焦化厂无组织 BaP 排放因子在国内尚属首次，对我国焦炉 BaP 大气污染治理、大气环境防护距离、人体健康等研究有重要意义。

本章以上海某焦化厂为例，根据 1999—2003 年焦炭产量数据、环境空气监测数据、气象数据等，建立了基于 AERMOD 扩散模式来反演焦炉 BaP 无组织排放因子的计算方法，并在此基础上讨论了焦炉 BaP 大气环境防护距离。

7.1 材料与方法

7.1.1 研究区域与对象

该焦化厂属上海某钢铁联合企业（离长江仅 200 m），有 12 座 6 m^3 大容积焦炉，包括 4 座新日铁 M 型焦炉（设计产干全焦 171 万 t/a）、4 座 JN60-87 型焦炉（设计产干全焦 178 万 t/a)、4 座 JNX60-2 型焦炉（设计产干全焦 171 万 t/a）。所有焦炉均采用干法熄焦并配备相应的除尘设施。装煤孔盖采用密封结构，装煤及推焦时产生的烟尘送地面除尘净化站净化后排放。

由于该钢铁厂高炉喷煤率不断提高，焦炭用量逐年降低，故 1999—2002 年该焦化厂的生产能力未完全利用（以 90%低开工率生产）。2002 年开始，由于世界经济对钢材需求的增加，该企业焦炉逐步恢复到设计产能，2003 年生产焦炭 508 万 t，位居中国焦化企业榜首。1999—2003 年各年焦炭产量分别为 384 万 t、422 万 t、397 万 t、466 万 t、508 万 t。焦化厂（A）与 3 个 BaP 监测点（B、C、D）距离分别为 270 m、2 090 m、4 070 m（见图 7-1）。

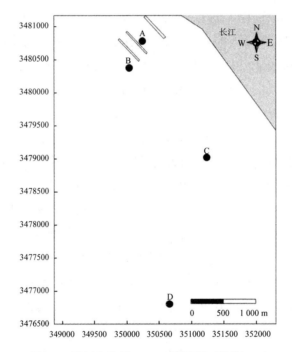

图 7-1　监测点位置（UTM 坐标系，单位：m）

7.1.2　BaP 监测数据

监测点 B、C 采样时间从 1999 年第一季度持续到 2003 年第三季度，监测点 D 从 1999 年第二季度开始持续到 2003 年第三季度。所有监测点均采用大流量采样器，每季度采样 5 次，每次采样持续 24 h，最后取其平均值作为该季度的平均浓度。

7.1.3　反演建模方法

本章采用反演模型来推算焦炉 BaP 无组织排放因子，主要步骤如下：

（1）计算 1999 年 1 月—2003 年 3 月，焦炉周边 3 个监测点 BaP 的季节平均监测浓度；

（2）假设焦炉 BaP 无组织排放量为定值，采用 AERMOD 扩散模型预测监测点 BaP 季平均浓度；

（3）采用监测值、预测值、焦炭产量来计算焦炉 BaP 无组织排放因子。

$$E_{fac} = \frac{Q_A \times C_0}{C_A \times F} \times 100\,000 \tag{7-1}$$

式中，E_{fac} 为某监测点当季的 BaP 排放因子，mg/t 焦煤；C_0 为某监测点的 BaP 季浓度，μg/m³；C_A 为某监测点的预测 BaP 季浓度，μg/m³；Q_A 为焦化厂假设的 BaP 排放量（3 个体源，总排放量为 3 t/a）；F 为焦化厂当年的焦炭产量，万 t/a。

7.1.4　模型参数

本章采用 AERMOD 作为大气扩散模型，采用的 AERMOD 版本号为 12345，建模过程按如下假设考虑：①污染物不考虑化学反应；②地形为平坦地形；③由于每 4 个焦炉排放在一起，本次源强设为 3 个体源，单个体源长宽为 450 m×30 m，排放高度按炉顶高度测算为 15 m，假设每个体源 BaP 排放量为 1 t/a，反演模拟 3 个监测点的 BaP 季平均浓度。

地面、高空气象数据均来自上海气象观测站的逐小时数据（1999—2003 年），该观测站距焦化厂 6 km，可较好地代表项目所在地的气象条件。

地表参数见表 7-1，由于焦化厂位于长江与主城区之间，故地表参数需综合考虑水面和城市等影响。

表 7-1　地表参数

序号	扇区	正午反照率	波文率	地表粗糙度/m
1	0°～135°	0.14	0.45	0.000 1
2	135°～315°	0.207 5	1.625	1
3	315°～360°	0.14	0.45	0.000 1

7.2　结果与讨论

7.2.1　BaP 监测浓度结果

各监测点 1999—2003 年 B、C、D 年平均浓度结果分别为 0.033 μg/m³、0.002 4 μg/m³、0.003 1 μg/m³（见图 7-2），均超过了 2012 年颁布的环境空气质量标准要求（0.001 μg/m³）。因为 BaP 污染主要来自焦化厂（A）12 座焦炉大气排放，B 监测点 BaP 年均浓度明显高于

C 和 D，D 监测点 BaP 年均浓度均略高于 C 监测点，原因可能是 D 位于居民生活区，所受 BaP 污染不只与焦炉生产有关，还受到周边生活源、机动车尾气的影响。说明环境中可能存在其他 BaP 排放源产生干扰作用。

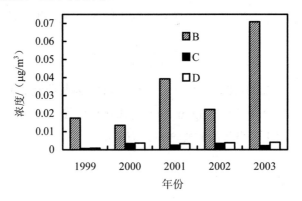

图 7-2　各监测点 BaP 年平均浓度

7.2.2　BaP 无组织排放因子

根据式（7-1），每条数据可计算得出一个排放因子 E。经计算，焦炉 BaP 排放因子均值为 14.71 mg/t 焦煤，中值为 12.03 mg/t 焦煤，标准差为 12.08 mg/t 焦煤。为比较不同季节、不同年份排放因子的差异，分别对上述排放因子进行统计分析（见图 7-3）。结果显示，不同季度的排放因子差异较小，不同年度的排放因子差异较为明显。

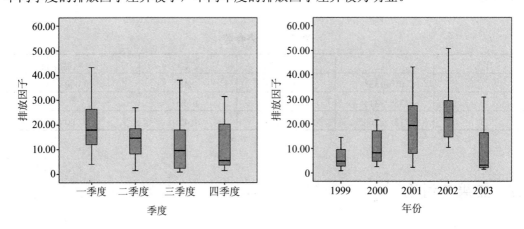

图 7-3　不同季度与年度 BaP 的排放因子分布

该焦化厂在 2002 年之前生产能力未完全发挥，2003 年后恢复到设计产能，故排放因子的年度差异较大。根据不同年份的比较分析结果来看，1999—2002 年焦炉 BaP 排放因子有着逐年增大的趋势，2003 年排放因子最小，结合该企业生产状况进行原因分析，发现

2003 年国内炼焦煤紧缺，该焦化厂采用了一部分进口煤（102 万 t，主要来自澳大利亚），煤种的变化以及运行效率的提高（2003 年焦化厂已恢复到设计工况）是 2003 年排放因子变小的重要原因。

7.2.3　防护距离

以排放因子 14.71 mg/t 焦煤计算了 1999—2003 年焦炉无组织 BaP 排放量，并采用 AEMROD 模式模拟以焦化厂为中心的 50 km× 50 km 范围内的 BaP 污染浓度。BaP 全时段平均浓度（1999—2003 年）见图 7-4，结果显示，BaP 年均浓度超标面积为 125 km², 超标区域主要集中在焦化厂周围，这与焦炉无组织排放高度较低有关。相关研究结果也表明，焦化厂周围空气 PAHs 浓度较高，对焦化工人身体健康产生了较为严重的威胁。本章提出了结合 AERMOD 计算防护距离的方法，根据预测的 BaP 年均超标区域的面积（S）来折算等效半径（R）（标准参考环境空气质量标准要求设为 0.001 μg/m³），等效半径公式如下：

$$\pi R^2 = S \tag{7-2}$$

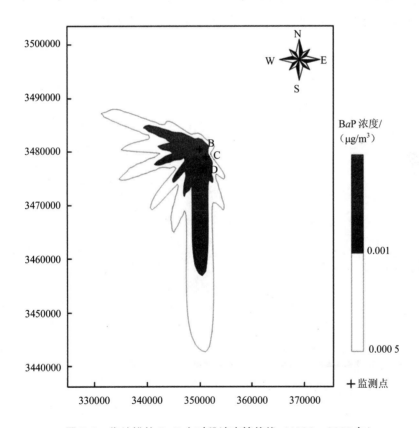

图 7-4　焦炉排放 BaP 全时段浓度等值线（1999—2003 年）

从模拟的结果来看，AERMOD 预测浓度随着与焦炉距离的增加而减小，这与实际监测浓度趋势较为一致，根据等效半径折算得到的该企业的环境防护距离为 6 300 m，而根据现行《炼焦业卫生防护距离》规定，该焦炉防护距离仅为 1 000 m，这说明使用逆向建模推算有助于获得焦炉无组织 BaP 排放因子的真实情况，对科学地进行环境影响评价有着一定的参考意义。

7.3　结　论

（1）各监测点 BaP 年均浓度范围在 0.002 4～0.033 µg/m³，浓度随着与焦炉距离的增加而减小，所有监测点年均浓度均超过了 2012 年发布的环境空气质量标准。

（2）基于反演模型计算获取了焦炉无组织排放 BaP 排放因子为（14.71±12.08）mg/t 焦煤，数据质量、数据时效性均比美国 AP-42 要好。该因子对评估国内焦化厂大气污染、开展焦化排放清单等研究有一定参考价值。

（3）基于 14.71 mg/t 焦煤的排放因子，采用 AEMROD 模式模拟的 BaP 浓度与周边监测点数据趋势基本一致，通过等效半径折算出防护距离为 6 300 m。

第8章
模型在钢铁行业大气污染源解析中的应用研究

京津冀地区钢铁行业产量和排污量增长迅猛,2014 年京津冀地区粗钢产量占全国产量的 25.30%,SO_2、NO_x 和烟粉尘排放量占京津冀地区工业源排放总量分别为 27.75%、13.56% 和 17.17%,钢铁行业是京津冀地区主要的大气污染排放、过剩产能行业,也是京津冀地区污染联防联控、限产限排等焦点之一。为满足钢铁行业淘汰落后产能、加快污染治理等要求,根据《国务院关于化解产能严重过剩矛盾的指导意见》,京津冀地区计划在 2020 年之前将产能压缩至约 2.1 亿 t,陆续出台《京津冀及周边地区落实大气污染防治行动计划实施细则》《天津市人民政府关于推进供给侧结构性改革加快建设全国先进制造研发基地的实施意见》等污染控制措施。截至 2016 年 7 月底,京津冀地区削减钢铁产能的任务完成了不到 35%,钢铁企业面临巨大的污染物减排和化解产能的压力。

由于京津冀地区政治地位的特殊性,当开展区域性重大活动(如 APEC、阅兵等)时,区域内钢铁企业采取减产关停等应急保障措施,但缺少关停钢铁企业对区域空气质量改善贡献报道。部分城市污染源解析结果显示,北京、天津、石家庄等本地工业源对其 $PM_{2.5}$ 浓度贡献为 17%~25.2%,唐山市冶金行业是其 $PM_{2.5}$ 主要来源(贡献率为 20.67%),一些研究者对京津冀不同行业的空气污染贡献率、排放清单等进行分析,如温维等分析了唐山市冶金行业对夏季 $PM_{2.5}$ 浓度贡献情况;陈国磊等研究结果表明,承德市冶金行业对当地 $PM_{2.5}$ 浓度贡献为 13.3%。此外,研究者采用 CMAQ、CAMx 等空气质量模型开展了大量来源情景模拟研究,如 Song Y 等采用 CALPUFF 模拟发现,2000 年 1 月 1 日—2 月 29 日期间首钢对石景山工业区 PM_{10} 污染浓度贡献达到了 46%,而对北京中东部地区影响不大。上述研究均未从区域环境影响的角度出发,定量分析钢铁企业对区域空气质量的影响情况。

本章基于京津冀高分辨率钢铁排放清单数据,利用 CAMx 模式定量评估了现状情景下京津冀钢铁企业排放 SO_2、NO_x、$PM_{2.5}$ 浓度贡献情况,并结合具体淘汰产能设备名单,分析化解产能情景下京津冀地区钢铁企业对空气质量改善情况,为产能化解、大气源解析等工作提供科学技术支撑。

8.1　研究方法

8.1.1　源排放

本章采用的高时空分辨率京津冀地区钢铁行业排放清单（BTH-Steel Version 2.0），是生态环境部环境工程评估中心考虑京津冀地区钢铁企业工艺设备、环保措施、产能等信息，自下而上建立的清单产品，清单基准年为 2012 年，共 239 家钢铁企业（见图 8-1），污染源排口数量为 2 776 个，炼钢产能 2.7 亿 t，主要工艺流程包括焦炉、烧结、球团、高炉、转炉、电炉、轧钢等，污染源信息包括企业名称、工艺名称、排口名称、烟囱高度等，污染物信息为 SO_2、NO_x、烟粉尘等。钢铁排放清单结果显示（见表 8-1），京津冀地区钢铁企业 SO_2、NO_x、烟粉尘、$PM_{2.5}$ 排放量分别为 43.56 万 t、52.55 万 t、20.48 万 t、13.32 万 t，京津冀地区钢铁企业大气排放集中在唐山和邯郸两个地区。根据京津冀不同行业排放比例结果显示（见图 8-2），唐山、邯郸城市钢铁企业排放主要污染物占当地排放总量比例较高，其中唐山市钢铁企业排放大气污染物占比最高，SO_2、NO_x 排放量占当地总排放量比例均超过 40%，$PM_{2.5}$ 接近 30%，是当地最主要的大气污染物排放来源。

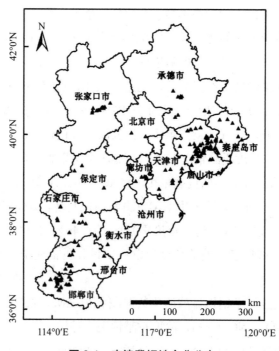

图 8-1　京津冀钢铁企业分布

表 8-1　京津冀各城市钢铁企业排放量情况　　　　　　　　　　单位：t/a

名称	SO$_2$	NO$_x$	烟粉尘	PM$_{2.5}$	排口数量/个
北京市	11.4	61.9	4.9	3.2	2
天津市	34 382.9	30 899.6	12 308.3	8 004.1	130
石家庄市	6 100.0	8 465.3	2 630.6	1 710.7	96
唐山市	186 892.1	228 576.9	92 244.2	59 986.4	1 292
秦皇岛市	27 210.2	27 607.5	12 023.8	7 819.1	140
邯郸市	97 736.9	124 747.3	44 167.9	28 722.4	593
邢台市	17 536.6	23 923.7	9 553.4	6 212.6	134
保定市	2 948.7	3 717.7	1 780.3	1 157.8	28
张家口市	25 235.6	25 346.3	9 052.3	5 886.7	136
承德市	26 245.3	35 288.9	14 625.6	9 511.0	124
沧州市	3 611.2	8 775.3	2 393.9	1 556.8	27
廊坊市	7 515.1	7 656.3	3 873.9	2 519.2	66
衡水市	143.5	389.0	129.8	84.4	8
合计	435 569.5	525 455.7	204 788.9	133 174.2	2 776

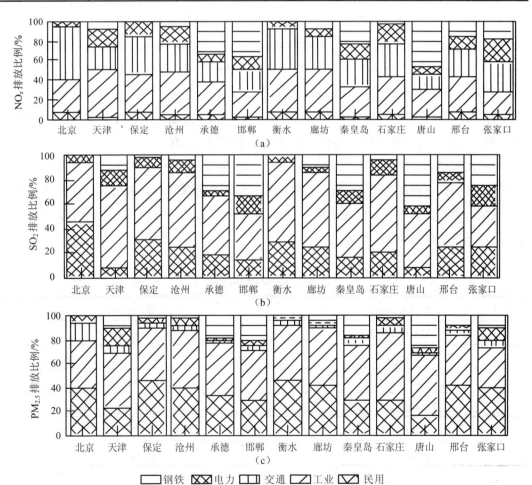

图 8-2　京津冀钢铁行业大气污染物排放量占比情况

其他人为源排放清单综合考虑 MEIC 和 REAS2.1 两种数据并进行优选,基于近几年《中国环境统计年报》中 SO_2、NO_x 和 PM_{10} 的排放量对京津冀地区分行业的排放总量进行调整;依据已掌握的分行业排放因子,对一次 $PM_{2.5}$ 排放的组分进行了改进,利用以往研究中积累的电力行业资料对电力行业点源的地理位置进行了核实,使人为源排放输入尽可能体现实际的区域排放特征。最后将网格化面源分配到模拟区域网格的过程中,针对不同行业的源排放,采用了各自对应的空间映射关系系数,保证各行业排放源在模拟区域中空间分布的合理性。自然排放源利用陆地生态系统估算模型 MEGAN 计算得到。为评估京津冀钢铁企业大气污染浓度贡献影响,将钢铁排放清单数据从背景工业源排放清单中分离出来,避免模式模拟过程中重复计算钢铁行业排放量贡献。

8.1.2　CAMx 模拟模型

采用区域空气质量模型 CAMx 进行模拟,主要利用颗粒物源示踪技术（PSAT）,追踪钢铁企业排放对京津冀各地级市一次、二次颗粒物及其气态前体物的浓度贡献。本次模拟时段选定为 2014 年 1 月和 7 月,分别作为冬季和夏季的典型时段。模拟区域覆盖整个东亚地区,模式网格水平分辨率为 36 km,网格数为 200×160,垂直层次为 20 层,模式顶高约为 15 km。本章重点关注区域为京津冀地区,PSAT 将北京、天津 2 个直辖市及河北省 11 个地级市取作受点,将钢铁行业排放作为一个单独的源输入条件并分离出来,追踪其 SO_2、NO_x 和颗粒物排放对京津冀地区主要空气污染物的影响。

本章的 CAMx 模拟系统已在东亚区域空气污染物长距离传输,以及京津冀重污染成因分析等多个研究中应用,其间进行了详细的模拟验证和效果评估,表明该系统能够较好地再现区域污染的状态特征。模式参数见表 8-2,本次参数的选取已在多个研究项目中得到了应用,取得了很好的模拟效果。

表 8-2　CAMx 模拟选项

气相化学机理	SPRAC99
液相化学机理	RADM-AQ
气溶胶模块	CF Scheme
气溶胶热力学平衡模式	ISORROPIA
干沉降参数化方案	WESELY89
水平平流方案	PPM
垂直扩散方案	标准 K 理论

8.2　结果与讨论

8.2.1　现状情景下钢铁企业对京津冀区域污染物浓度贡献分析

　　表 8-3、图 8-3（彩色插页）为现状情景下京津冀钢铁企业对各城市主要大气污染物浓度贡献情况，从各城市主要大气污染物浓度贡献比例来看，京津冀钢铁企业对唐山市、秦皇岛市、承德市、邯郸市等城市主要大气污染物浓度贡献比例较大，其中钢铁企业冬季排放 SO_2 对区域大气污染贡献比例较高的城市为秦皇岛市、唐山市、承德市，分别为 18.8%、13.3%、11.1%；冬季排放 NO_x 对区域大气污染贡献比例较高的城市为秦皇岛市、唐山市、承德市，分别为 27.3%、21.7%、21.4%；冬季排放 $PM_{2.5}$ 对区域大气污染贡献比例较高的城市为秦皇岛市、唐山市、承德市，分别为 10.1%、9.0%、8.5%。钢铁企业夏季排放 SO_2 对区域大气污染贡献比例较高的城市为唐山市、承德市、秦皇岛市，分别为 18.0%、16.4%、12.4%；夏季排放 NO_x 对区域大气污染贡献比例较高的城市为承德市、唐山市、邯郸市，分别为 35.1%、33.5%、24.6%；夏季排放 $PM_{2.5}$ 对区域大气污染贡献比例较高的城市为唐山市、承德市、秦皇岛市，分别为 9.3%、8.3%、6.0%。

表 8-3　现状情景下钢铁企业排放对京津冀各城市主要大气污染物的浓度贡献比例　单位：%

城市	$PM_{2.5}$ 冬季平均贡献	$PM_{2.5}$ 夏季平均贡献	SO_2 冬季平均贡献	SO_2 夏季平均贡献	NO_x 冬季平均贡献	NO_x 夏季平均贡献
北京市	2.7	2.3	2.7	2.7	2.4	1.9
天津市	4.4	3.2	4.8	4.2	5.4	5.0
石家庄市	1.5	2.1	1.8	2.9	3.8	4.0
唐山市	9.0	9.3	13.3	18.0	21.7	33.5
秦皇岛市	10.1	6.0	18.8	12.4	27.3	22.3
邯郸市	4.9	4.9	8.2	10.4	17.3	24.6
邢台市	1.9	2.4	2.5	3.6	4.8	5.0
保定市	1.9	1.5	2.7	2.4	5.2	3.3
张家口市	1.3	3.0	1.7	5.1	2.4	6.5
承德市	8.5	8.3	11.1	16.4	21.4	35.1
沧州市	3.0	1.9	5.5	3.8	9.4	8.1
廊坊市	4.2	2.9	8.2	6.0	11.0	9.9
衡水市	2.4	1.6	4.0	3.1	8.3	6.4
区域城市最高	10.1	9.3	18.8	18.0	27.3	35.1

　　钢铁行业排放污染物浓度贡献在京津冀各地体现出的季节变化并不一致。唐山、邯郸、承德和张家口等钢铁大气污染物占比较高的地区季节变化较显著，其中 SO_2 和 NO_x 在夏季的浓度贡献明显高于冬季。对于唐山等地钢铁行业排放夏季影响大于冬季，主要原因是：华北平原冬季大气边界层较低，而钢铁企业污染物排放量大的工序（烧结等）为高架源排放，高空排放加上抬升后，污染物将在边界层之上，对地面的影响反而减小。夏季边界层发展充分，高架源排放很容易通过湍流混合作用扩散到低层，因而对地面浓度的影响加大。

　　唐山市、承德市冶金部门（包括钢铁、铁合金、有色金属冶炼等）对当地 $PM_{2.5}$ 浓度贡献比例分别为 20.67%、13.3%。分析结果中，钢铁行业对唐山市、承德市 $PM_{2.5}$ 浓度贡献比例最大为 9.3%、8.5%，本章浓度贡献比例结果与唐山、承德等城市已有来源解析结果较为一致。差异原因可能为本章模拟中，采用的排放数据具体到每一个排放口（焦化、烧结、球团、高炉、转炉、电炉、轧钢等），作为点源来处理，考虑了源高、直径、流速等具体排放参数，排放量大的污染源为高架点源。此外，不同研究者使用背景排放清单不同、对钢铁行业源排放输入条件的处理存在差异，造成源解析结果存在一定差异。

　　从北京公开 $PM_{2.5}$ 源解析结果看，主要为机动车、燃煤等，未提及钢铁行业对污染的贡献，本章发现京津冀钢铁企业对北京市等主要大气污染物浓度贡献比例相对较小，对北京市 $PM_{2.5}$、SO_2、NO_x 冬季平均浓度贡献仅为 2.7%、2.7%、2.4%，夏季平均浓度贡献仅为 2.3%、2.7%、1.9%，两者结果较为一致。

　　从整个区域主要大气污染物浓度贡献比例来看，钢铁企业对整个区域 $PM_{2.5}$、SO_2、NO_x 冬季最高浓度贡献比例分别为 14.0%、28.7%、43.2%，夏季最高浓度贡献比例分别为 13.1%、28.7%、53.4%，这说明京津冀钢铁企业对区域污染物浓度贡献最大的是 NO_x，需加强钢铁企业 NO_x 等前体物控制；钢铁行业大气污染物浓度贡献比例较高的区域主要集中在以唐山、邯郸为中心的区域。

　　秦皇岛、承德的钢铁行业排放量占京津冀区域比例较低（主要污染物排放量不超过京津冀钢铁总排放量的 8%），由于唐山市离这两个城市最近，加上钢铁行业高架源排放的区域传输，造成周边地市钢铁企业对秦皇岛、承德的大气污染浓度贡献比例较高（见图 8-3，彩色插页），说明京津冀钢铁企业，尤其是唐山市钢铁企业排放对周边城市大气环境影响显著，在特殊气象条件下对周边环境的影响不容忽视。

8.2.2　化解产能情景钢铁对京津冀区域污染物浓度贡献分析

　　根据《河北省钢铁产业结构调整方案》中淘汰产能设备名单，假设淘汰河北省过剩产能设备（淘汰 6 684 万 t 炼钢产能），化解产能情景下，京津冀钢铁行业 SO_2、NO_x、烟粉尘、$PM_{2.5}$ 排放量分别为 38.87 万 t/a、46.95 万 t/a、18.48 万 t/a、12.02 万 t/a，与 2012 年排放现状相比，分别下降了 10.77%、10.66%、9.77%、9.76%，排口数量下降了 11.74%（见表 8-4）。

表 8-4　化解产能情景下京津冀各城市钢铁企业排放情况　　　　　　　　　　单位：t/a

城市	SO_2	NO_x	烟粉尘	$PM_{2.5}$	排口数量/个
北京市	11.4	61.9	4.9	3.2	2
天津市	34 382.9	30 899.6	12 308.3	8 004.1	130
石家庄市	5 056.0	6 992.6	2 278.0	1 481.4	88
唐山市	168 976.8	206 577.0	83 643.9	54 393.6	1 124
秦皇岛市	25 107.3	25 920.9	11 445.3	7 442.9	132
邯郸市	80 880.6	104 520.8	35 670.8	23 196.7	489
邢台市	13 370.2	18 390.8	7 407.8	4 817.3	121
保定市	2 472.8	3 279.7	1 583.5	1 029.7	14
张家口市	21 265.5	21 183.0	7 708.2	5 012.7	125
承德市	26 245.3	35 288.9	16 505.5	10 733.5	124
沧州市	3 611.2	8 775.3	2 393.9	1 556.8	27
廊坊市	7 220.4	7 190.7	3 737.0	2 430.2	66
衡水市	143.5	389.0	129.8	84.4	8
合计	388 744.0	469 470.1	184 816.9	120 186.4	2 450

化解产能情景下，京津冀地区钢铁企业大气污染物排放对区域 $PM_{2.5}$、SO_2、NO_x 年均浓度贡献比例影响分布见图 8-4（彩色插页），对区域城市大气污染物年均浓度贡献比例见表 8-5。从各个城市污染物平均浓度贡献比例来看，钢铁企业总体对各城市大气污染浓度贡献均有不同程度的改善，对各城市 $PM_{2.5}$、SO_2、NO_x 冬季浓度贡献比例减少了 0.1%~1.4%、0.2%~2.5%、0.2%~3.1%，夏季浓度贡献比例分别减少了 0.2%~0.9%、0.2%~2.0%、0.2%~3.5%。

表 8-5　化解产能情景下钢铁行业排放对京津冀各城市主要大气污染物浓度贡献比例　　单位：%

城市	$PM_{2.5}$ 冬季平均贡献	$PM_{2.5}$ 夏季平均贡献	SO_2 冬季平均贡献	SO_2 夏季平均贡献	NO_x 冬季平均贡献	NO_x 夏季平均贡献
北京市	2.5（0.2）	2.1（0.2）	2.5（0.3）	2.5（0.2）	2.2（0.2）	1.7（0.2）
天津市	4.1（0.3）	3（0.2）	4.5（0.3）	4（0.2）	5（0.4）	4.7（0.3）
石家庄市	1.4（0.2）	1.8（0.3）	1.6（0.2）	2.5（0.4）	3.4（0.4）	3.5（0.5）
唐山市	8.2（0.8）	8.5（0.8）	12.2（1.1）	16.7（1.3）	20.1（1.6）	31.5（2）
秦皇岛市	8.7（1.4）	5.2（0.8）	16.3（2.5）	10.4（2）	24.2（3.1）	19.2（3.2）
邯郸市	4（0.9）	4（0.9）	6.9（1.3）	8.7（1.8）	15.1（2.2）	21.1（3.5）
邢台市	1.7（0.2）	2（0.4）	2.2（0.3）	3.1（0.5）	4.2（0.6）	4.4（0.6）
保定市	1.7（0.2）	1.3（0.2）	2.4（0.3）	2（0.4）	4.6（0.6）	2.6（0.7）
张家口市	1.2（0.1）	2.6（0.4）	1.4（0.3）	4.4（0.7）	2（0.4）	5.5（1）
承德市	8.3（0.2）	8（0.3）	10.7（0.4）	15.9（0.5）	20.8（0.6）	34.5（0.6）
沧州市	2.7（0.3）	1.7（0.2）	5.1（0.4）	3.6（0.2）	8.6（0.8）	7.6（0.5）
廊坊市	3.9（0.3）	2.7（0.2）	7.6（0.6）	5.7（0.4）	10.2（0.9）	9.2（0.7）
衡水市	2.2（0.2）	1.4（0.2）	3.6（0.4）	2.8（0.3）	7.4（0.9）	5.5（0.9）
区域城市最高	8.7（1.4）	8.5（0.8）	16.3（2.5）	16.7（1.3）	24.2（3.1）	34.5（0.6）

注：括号内数字为减少的绝对值。

8.3 结 论

（1）现状情景下，京津冀钢铁企业排放大气污染物主要影响以唐山、邯郸为中心的区域，这与当地钢铁企业集中、污染物排放量大等因素有关。从区域污染排放量及污染物浓度贡献角度来看，唐山市钢铁企业排放对承德、秦皇岛等周边城市的大气环境有一定的影响，说明区域大气污染联防联控可一定程度上改善相关城市的空气质量。

（2）京津冀钢铁企业对区域大气环境影响最大的污染物为NO_x，夏季最高浓度贡献比例达到了 50%以上，结合当前钢铁行业现状来看，很少有企业对烧结工序采取脱硝措施，由此可见，未来京津冀钢铁企业 NO_x 存在较大的减排空间。

（3）在污染物排放量削减 10%的化解产能情景下，钢铁行业浓度贡献比例下降比较小（2%左右），可见当前化解产能力度对污染改善效果有限，仍需进一步加大化解产能力度，此外，还证明高架点源排放是降低局地污染的有力手段之一。

第9章
模型在交通道路源大气污染源解析中的应用研究

近年来，随着我国经济的快速发展和城市规模的扩大，机动车保有量呈现出快速增加的趋势。生态环境部发布的《2017 年中国机动车污染防治年报》指出，2016 年全国机动车保有量约 2.95 亿辆，机动车排放污染物 4 472.5 万 t。有学者总结了国内外机动车排放源贡献研究成果，在全球尺度上城市大气环境中机动车源对 $PM_{2.5}$ 的贡献率约为 22%。我国现有研究结果及近年来环保部门公布的源解析结果均表明，在京津冀、长三角及珠三角地区，机动车排放是区域 $PM_{2.5}$ 的首要污染源，我国大气污染类型已逐渐由传统的燃煤型污染向燃煤、扬尘、机动车、工业生产及二次污染物等区域复合型污染转变。建立高分辨率的机动车排放清单，自下而上地分析机动车尾气排放特征，精准评估机动车尾气污染对城市空气质量的影响，是有效控制城市空气质量的基础和关键。

在模型方面，国内外广泛使用 MOVES、MOBILE、IVE、COPERT 等模型进行城市机动车污染排放的定量计算。近年来，国内王孝文等、唐伟等和陈军辉等分别基于 IVE 模型建立了杭州、成都的机动车排放清单，黄奕玮等、谢轶嵩等和李笑语等利用 COPERT 模型分别建立了江苏省、南京市机动车大气污染物排放清单，高俊等基于 MOBILE 模型分车型核算武汉市机动车污染物排放量和分担率，张意等基于环保部清单编制指南建立天津市机动车污染物排放清单。

南京市作为长三角地区重要的门户城市之一，承担着区域交通枢纽的作用。2011 年南京市机动车保有量约为 131.2 万辆，且呈现持续快速增长的趋势，对地区大气污染的加剧具有重要贡献。王苏蓉等基于 PMF 模式解析南京市大气细颗粒物来源，结果显示机动车排放对南京市 $PM_{2.5}$ 的贡献率达到 22.4%，仅次于燃煤；陈璞珑等运用 CMB 模型解析南京城区和郊区大气细颗粒物来源，结果表明汽车尾气贡献率为 12.5%～16.5%；杨笑笑等利用 PMF 模型对南京 VOCs 进行源解析，2013 年夏季南京汽车尾气排放对大气 VOCs 的贡献率为 17.7%。除此以外，现有研究表明机动车尾气排放也是南京市地区大气环境中重金属、芳香酸及多环芳烃等的重要来源。

本章以南京市为研究对象，基于机动车信息、道路分布、车流量、人口等基础数据和

COPERT Ⅳ（computer program to calculate emissions from road transport）模型，构建了 2011 年南京市机动车主要大气污染物 1 km×1 km 小时排放清单，并基于此高时空分辨率机动车排放清单，采用 CMAQ 模型模拟了单双号限行、错时高峰、禁行黄标车、市区限行等 4 种控制方案对南京市空气质量的影响。

9.1　材料与方法

9.1.1　研究区域与对象

本章以南京市 2011 年机动车为研究对象，机动车信息包括车型保有量、燃油类型、年行驶里程、油料特性、燃油使用总量、排放达标情况、车流量变化等，车型分为客车、轻型货车、货车、公交车/长途客车、摩托车，车流量变化信息（日变化、周变化）通过机动车排气监管中心的实时录像提取信息获得，不同等级道路空间分布情况通过 GIS 技术获得，污染因子为 CO、VOC、NO_x、PM_{10}、$PM_{2.5}$、EC、OC 等。由于未获得非道路移动源资料，本章不考虑非道路移动源排放。

9.1.2　机动车排放清单构建

本章采用 COPERT Ⅳ模型计算 2011 年南京机动车排放清单。COPERT Ⅳ起源于欧洲委员会开展的机动车排放因子研究，由于我国发动机技术与欧洲国家类似，执行机动车排放标准参照欧洲标准制定（即国Ⅱ、国Ⅲ、国Ⅳ，分别相当于欧Ⅱ、欧Ⅲ、欧Ⅳ标准），因此 COPERT 模型适用于我国城市宏观层面机动车排放清单的研究。根据排放因子、车辆保有量、年行驶里程、平均车速等数据，对南京市 2011 年机动车排放清单进行计算。

$$Q_{p,i} = \sum EF_{p,i,s} \times S_{p,s} \times VK \qquad (9-1)$$

式中，$Q_{p,i}$ 表示 p 类车排放污染物 i 的总量，t；$EF_{p,i,s}$ 代表 p 类车执行排放标准 s（国Ⅱ、国Ⅲ、国Ⅳ等）时污染物 i 的排放因子，g/km；$S_{p,s}$ 为 p 类车中执行排放标准 s 的数量，辆；VK 是 p 类车年均行驶里程，km。本章根据不同等级道路的车流量，引入"标准道路长度"的概念，基于 GIS 技术对南京市不同等级道路长度、坐标以及人口分布情况进行空间分配，得出较符合实际的污染源时空分布（1 km×1 km，1 h）。

9.1.3　CMAQ 区域大气环境影响评估

本章利用 CMAQ 模型进行区域大气环境的模拟评估。本次模拟采用四重嵌套，最内层嵌套区域覆盖整个南京市区域，最里层网格水平分辨率为 3 km，垂直层次 24 层。采用的模式参数见表 9-1。

表 9-1　CMAQ 模拟选项

光化学机理	CB05
气溶胶模块	AERO4
光解率方案	Photolysis-inline
平流方案	Yamo scheme
扩散方案	ACM2

9.2　结果与讨论

9.2.1　2011 年南京市机动车排放特征

计算结果表明，2011 年南京机动车保有量为 131.2 万辆，排放 CO、VOC、NO_x、PM_{10}、$PM_{2.5}$、NH_3、EC、OC 分别为 9.9 万 t、1.9 万 t、5.1 万 t、2 636 t、2 136 t、1 265 t、938 t、542 t（见表 9-2）。不同车型对 NO_x、VOC、$PM_{2.5}$ 等污染物的贡献水平存在着较大的差异。客车、摩托车是 CO、VOC 主要排放源，两种车型排放量分别占机动车排放总量 82%、73%；公交等大型客车及大型货车的颗粒物（PM_{10}、$PM_{2.5}$、EC、OC）贡献较大。

以 NO 为例（见图 9-1，彩色插页），分析 2011 年南京市机动车排放时空分配情况。从空间分配来看，南京市机动车污染物排放主要集中在市中心，趋势为由市中心向郊区递减。从时间分配来看，上班早高峰（8 时）和下班晚高峰（17 时）污染物排放量最高，其他时刻排放较低。

表 9-2　南京市 2011 年机动车排放清单　　　　　　单位：t

车型	CO	VOC	NO_x	PM_{10}	$PM_{2.5}$	NH_3	EC	OC
客车	61 141.4	9 557.4	5 027.0	513.1	291.29	1 220.0	14.35	22.78
轻型货车	6 785.2	872.56	1 940.9	163.8	139.38	20.96	78.59	29.57
货车	3 598.4	1 658.3	11 386	699.6	573.46	10.20	270.27	144.67
公交车/长途客车	7 375.4	2 628.5	32 148	1 177.3	1 061.02	9.16	565.83	295.83
摩托车	20 190	4 430.5	534.58	82.45	70.55	4.67	8.68	49.07
总量	99 090	19 147.5	51 036	2 636	2 135.7	1 265.0	937.73	541.91

9.2.2   不同控制情景下机动车污染贡献分析

本章设计了 4 种控制情景：a. 单双号限行；b. 错时高峰；c. 禁行黄标车；d. 市区限行，采用 CMAQ 定量评估不同控制情景对大气环境的影响。

如图 9-2（彩色插页）所示，给出了四种控制方案对 NO_x 月均浓度影响的分布情况，可以看出，几种控制方案均有效降低了 NO_x 的浓度，其中单双号限行的控制效果最为明显（见图 9-2a），月均浓度最大降低了 13 $\mu g/m^3$；其次是市区限行（见图 9-2d），月均浓度最大降低了 10 $\mu g/m^3$；禁行黄标车（见图 9-2c）月均浓度最大降幅仅为 7~8 $\mu g/m^3$，错时高峰方案对 NO_x 的月均浓度影响不大（见图 9-2b），因为错时高峰仅改变了机动车排放污染物的时间变化系数，而总量没有变化，因此对月均浓度的影响有限。

如图 9-3（彩色插页）所示，O_3 浓度的影响因素较为复杂，它受前体物浓度、(NO_x/VOC)、辐射强度等众多因素的影响，因此这几种方案对 O_3 的影响存在着较大的差异性。除错时高峰外的控制方案都使得区域 O_3 的平均浓度有所增加，因为这些控制措施使得 NO_x 的浓度水平大幅度降低，而长三角地区对于 O_3 生成来说属于 VOC 控制区（即 NO_x 浓度过量，过量的 NO_x 会消耗部分臭氧），NO_x 浓度的降低会使得 O_3 的浓度有所增加。

图 9-4（彩色插页）给出了四种控制方案对 $PM_{2.5}$ 月均浓度影响的分布情况，从整体来看，方案 a、方案 c、方案 d 都有效降低了 $PM_{2.5}$ 的浓度，其中单双号限行对 $PM_{2.5}$ 的控制效果最为明显（见图 9-4a），月均浓度最大降幅为 1.8 $\mu g/m^3$，其次是市区限行（见图 9-4d），月均浓度最大降低了 0.83 $\mu g/m^3$，禁行黄标车（见图 9-4c），月均浓度最大降低了 0.42 $\mu g/m^3$，施行错时高峰方案对 $PM_{2.5}$ 的月均浓度影响不大（见图 9-4b），仅改变了 $PM_{2.5}$ 的空间分布。四种控制方案对 $PM_{2.5}$ 最大小时浓度的影响分析结果表明，单双号限行方案使得 $PM_{2.5}$ 浓度最多削减了 37.25 $\mu g/m^3$，其次是市区限行方案，为 23.08 $\mu g/m^3$，禁行黄标车方案最多能削减 18.8 $\mu g/m^3$。

9.3   结   论

（1）通过调研机动车保有量、平均车速、年行驶里程等参数信息后，结合欧洲 COPERT IV 模型估算得到了南京市 2011 年机动车排放清单。结果表明，2011 年，南京市机动车 CO、VOC、NO_x、PM_{10}、$PM_{2.5}$、NH_3、EC、OC 的年排放总量分别为 99 090 t、19 148 t、51 036 t、2 636 t、2 136 t、1 265 t、938 t、542 t。其中使用汽油的客车及摩托车对 VOC、CO 的贡献率最大，而客车、货车则是颗粒物、NO_x 的主要来源。

（2）通过对设计的四个控制方案进行模拟评估，"单双号限行""禁行黄标车""市区限行"三个方案对于 NO_x、CO、$PM_{2.5}$ 都有很好的削减作用。"单双号限行"的削减效果最好，最高可使 NO$_x$、CO、PM$_{2.5}$ 月均值降低 27.13%、8.51%、3.58%，而"禁行黄标车"最多分别削减 13.43%、7.60%、0.95%，"市区限行"可最多削减 21.23%、6.28%、1.80%。"错时高峰"对污染物平均浓度的削减效果不明显。此外，由于长三角地区处于 VOC 控制区，NO$_x$ 的削减会在一定程度上增加 O$_3$ 的浓度。

第 10 章
模型在环境人体健康研究中的应用

焦炉炼焦过程中产生大量气态污染物，成分复杂，其中含有多环芳烃物质（PAHs），包括萘、蒽、菲、芘等多种化合物，可通过呼吸、饮食和皮肤接触等多种途径进入人体，具有较强的毒性和致癌作用。国内外开展了不少针对大气中 PAHs 对人体健康影响的研究，相关研究结果表明 PAHs 类物质如苯并[a]芘，与肺癌标化死亡率有明显相关性，可导致个体寿命损失，对人体健康风险非常大。国内也有相关学者通过监测采样研究大气中 PAHs 的分布特征，并通过毒性等效因子（TEF）计算致癌风险。

近年来，中国焦炭产量持续增长，2010 年产量达到 38 757 万 t，同比增长 9%，根据美国 AP-42 大气污染物排放因子中焦化无组织源强公式估算国内 PAHs 排放量约 500 t。另外，由于历史、规划等原因，我国有部分焦化厂建在城市内，周边人口稠密，存在着一定的人体健康风险。而评价焦化厂产生的大气污染危害，一般仅关注于污染物监测值和预测值是否达到《环境空气质量标准》（GB 3095—2012）、防护距离是否符合卫生防护距离、大气环境防护距离等要求，而对人体健康风险尚缺乏足够的研究，无法给环境管理与决策提供科学依据。同时，《建设项目环境影响评价技术导则　总纲》（HJ 2.1—2016）规定："对存在较大潜在人群健康风险的建设项目，应分析人群主要暴露途径。"

本章以某大型钢铁企业焦炉为例，采用 AERMOD 污染物扩散模式来模拟焦炉排放 PAHs 类共 13 种污染物在大气中的浓度情况，按照美国国家环境保护局推荐的《人体健康风险评价导则》（HHRAP）中的算法，采用 Risk Analyst 软件计算评价范围内人群受焦炉排放 PAHs 类污染物的致癌风险和危害指数，在 GIS 环境中进行致癌风险和危害指数等值线展示，对焦炉排放 PAHs 类污染物的健康风险进行了定量评价，开展了基于人体健康风险的防护距离计算，为环评体系构建人体健康风险评价做了初步探索。

10.1　材料与方法*

10.1.1　模式应用

本章使用 AERMOD 污染扩散模式模拟焦炉排放 PAHs 大气污染物浓度及沉降情况，采用 Risk Analyst 健康风险分析模型系统评价焦炉排放 PAHs 类污染物的致癌风险和危害指数。AERMOD 为我国环保部、美国国家环境保护局等多个国家环保管理部门推荐的、适用于 50 km 小范围内的污染物扩散法规模式，Risk Analyst 是由美国 Trinity Consultants 公司完全基于 HHRAP 算法编制的健康风险分析系统。技术路线见图 10-1。

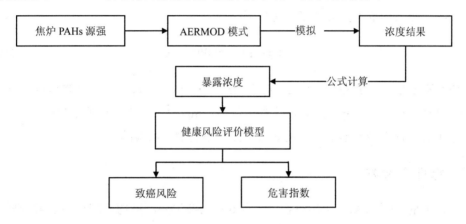

图 10-1　人体健康风险评价技术路线

10.1.2　暴露途径

暴露途径描述了大气中污染物从排放点到受影响人体的过程，一般可分为直接呼吸吸入和间接摄入途径。间接途径包括饮食摄入、饮用水摄入和皮肤接触（土壤或水体）摄入等。由于案例关于间接摄入途径参考数据较少，本章仅考虑直接呼吸吸入的影响。

10.1.3　致癌风险

致癌风险根据各污染物的呼吸吸入单位风险因子（URFi）估算。URFi 定义为空气中污染物浓度为 1 $\mu g/m^3$ 时的致癌概率的上限。

直接呼吸吸入的致癌风险计算公式如下：

$$致癌风险\ CR = EC \times URFi \tag{10-1}$$

$$暴露浓度\ EC = (Ca \times EF \times ED) / (AT \times 365) \tag{10-2}$$

式中，CR 为通过直接呼吸吸入大气中污染物造成的致癌风险；EC 为暴露浓度，$\mu g/m^3$；URFi 为单位风险因子，$m^3/\mu g$，污染物毒理学参数；Ca 为大气中污染物的浓度，$\mu g/m^3$；EF 为暴露频率，d/a；ED 为暴露时间，a；AT 为平均时间，a；365 为一年的天数，d/a。

　　一般来说，致癌风险在 1×10^{-6} 以下是可以接受的，表示该受体点人群在一生中发生癌症的概率为百万分之一。

10.1.4　危害指数（非致癌风险）

　　对于大部分没有致癌风险的污染物，需计算危害指数（非致癌风险）。危害指数为人体接收到的暴露剂量与污染物的参考浓度（RfC）的比值，RfC 定义为不会引起健康风险的大气中污染物浓度。

　　直接呼吸吸入的危害指数计算公式如下：

$$HQ = EC \times 0.001 / RfC \qquad (10\text{-}3)$$

式中，HQ 为通过直接呼吸吸入大气中污染物造成的危害指数；EC 为暴露浓度，$\mu g/m^3$；0.001 为单位转换因子，$mg/\mu g$；RfC 为参考浓度，mg/m^3，污染物毒理学参数。

　　一般来说，危害指数小于 1 可被认为是没有不利健康风险的。

10.1.5　毒理学参数

　　本次研究的 13 种 PAHs 类污染物中，有 6 种为非致癌污染物，7 种为致癌污染物，相关毒理学参数见表 10-1 和表 10-2。

表 10-1　PAHs 类非致癌污染物毒理学参数

序号	CAS*	中文名	RfC/（mg/m³）
1	91-20-3	萘	0.003
2	83-32-9	苊	0.21
3	86-73-7	芴	0.14
4	120-12-7	蒽	1.0
5	206-44-0	荧蒽	0.14
6	129-00-0	芘	0.11

* CAS 号是化合物的唯一数字识别码，下同。

表 10-2　PAHs 类致癌污染物毒理学参数

序号	CAS	中文名	URFi/（m³/μg）
7	56-55-3	苯并[a]蒽	0.000 11
8	218-01-9	䓛	0.000 11

序号	CAS	中文名	URFi/（m³/μg）
9	205-99-2	苯并[b]荧蒽	0.000 11
10	207-08-9	苯并[k]荧蒽	0.000 11
11	50-32-8	苯并[a]芘	0.001 1
12	193-39-5	茚并[1,2,3-cd]芘	0.000 11
13	53-70-3	二苯并[a,h]蒽	0.001 2

10.2　案例分析

　　某大型钢铁联合企业所在位置为丘陵农村地区，项目周边主要是村落和农田，属暖温带半湿润大陆性季风气候，焦化厂主要生产装置为 55 孔 6 m 焦炉 6 台，年产焦炭 330 万 t。

10.2.1　源项分析

　　炼焦过程中产生的多环芳烃大部分为无组织排放，国内对源强估算没有较统一的导则、标准和方法。目前环评单位大多采用各自的经验值来估算 BaP 的排放量（尚未考虑其他 PAHs 类物质），导致相同型号、相同规模的焦炉估算出来的 BaP 排放量差别很大[8～20 mg/（t·J）]。针对上述问题，参考美国 AP-42 大气污染物排放因子中关于焦化无组织源强计算部分，分别计算了 13 种 PAHs 类污染物年排放量（见表 10-3）。

表 10-3　案例企业焦炉排放 PAHs 污染物情况

序号	CAS	英文名	中文名	排放量/（t/a）
1	91-20-3	Naphthalene	萘	1.633
2	83-32-9	Acenaphthene	苊	0.005
3	86-73-7	Fluorene	芴	0.345
4	120-12-7	Anthracene	蒽	0.150
5	206-44-0	Fluoranthene	荧蒽	0.337
6	129-00-0	Pyrene	芘	0.569
7	56-55-3	Benzo（a）anthracene	苯并[a]蒽	0.023
8	218-01-9	Chrysene	䓛	0.011
9	205-99-2	Benzo（b）flouranthene	苯并[b]荧蒽	0.005
10	207-08-9	Benzo（k）flouranthene	苯并[k]荧蒽	0.005
11	50-32-8	Benzo（a）pyrene	苯并[a]芘	0.002
12	193-39-5	Indeno（1,2,3-cd）pyrene	茚并[1,2,3-cd]芘	0.003
13	53-70-3	Dibenz[a,h]anthracene	二苯并[a,h]蒽	0.002

10.2.2　参数设置

10.2.2.1　AERMOD 大气扩散模式参数

本章模拟区域为 16 km×16 km，受体网格分辨率为 200 m，受体网格覆盖整个模拟区域，采用 AERMOD 模式分别计算各污染物在每个网格的浓度。地面气象资料采用 2007 年逐日逐时地面气象数据，原始地面气象参数包括温度、风速、风向、总云量、低云量、相对湿度、气压。采用的高空气象数据由中尺度数值模式 MM5 模拟生成，MM5 模式的初始场采用美国国家环境预报中心/大气研究中心（NCEP/ NCAR）的再分析数据，高空气象数据垂直层数为 25 层，参数包括大气压、高度、干球温度、露点温度、风向偏北度数、风速。

本章模拟考虑地形对污染物扩散的影响，地形数据采用航天飞机雷达地形测绘（SRTM）3 角秒数据，数据分辨率约 90 m。

模拟区域用地类型为耕地，采用耕地各季节的地表特征参数，其中波文比选用土壤湿度条件为平均的特征参数。本次大气环境影响预测中的有关参数选取情况见表 10-4。

表 10-4　AERMOD 计算选用参数一览表

参数名称	单位	数值					
地形数据分辨率	m	90×90					
地表参数	—	扇区/（°）	时段	正午反照率	波文比	粗糙度	
		0～360	冬季（12 月、1 月、2 月）	0.6	1.5	0.01	
		0～360	春季（3 月、4 月、5 月）	0.14	0.3	0.03	
		0～360	夏季（6 月、7 月、8 月）	0.2	0.5	0.2	
		0～360	秋季（9 月、10 月、11 月）	0.18	0.7	0.05	
化学转化	—	不考虑					
烟囱出口下洗	—	考虑					
干沉降	—	考虑					

10.2.2.2　Risk Analyst 风险模式参数

本次研究暴露情景中的参数均使用美国国家环境保护局 HHRAP 中的推荐参数，具体见表 10-5。

表 10-5　暴露情景参数

参数	描述	农村居民（成人）	单位
AT_cancer	致癌分析的平均时间	70	a
AT_hazard	非致癌分析的平均时间	40	a
BW	体重	70	kg
ED	暴露时间	40	a
EF	暴露频率	350	d/a

10.3　结果与讨论

10.3.1　危害指数（非致癌风险）

表 10-6 结果表明，评价范围内危害指数影响较大的为萘，危害指数范围为 $6.65\times10^{-6}\sim$ 0.97，影响大小顺序为萘＞芘＞芴，多环芳烃总危害指数范围为 $6.78\times10^{-6}\sim0.99$（见图 10-2）。最大危害指数接近标准值 1，可能会对当地居民的身体健康有一定的潜在影响。

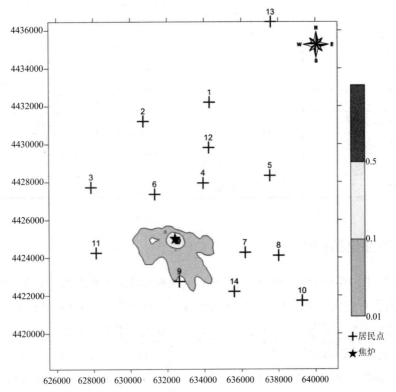

图 10-2　焦炉排放多环芳烃总危害指数等值线

10.3.2   致癌风险

表 10-6 结果表明，评价范围内致癌风险影响较大的为苯并[a]蒽，致癌风险值范围为 $8.59 \times 10^{-12} \sim 6.64 \times 10^{-7}$，影响大小顺序为苯并[a]蒽＞苯并[a]芘＞苯并[b]荧蒽，多环芳烃总致癌风险值为 $1.82 \times 10^{-11} \sim 2.65 \times 10^{-6}$（见图 10-3）。焦炉排放各污染物单因子致癌风险均小于 EPA 的推荐值 1.0×10^{-6}，单因子不会对人体造成致癌影响，而综合考虑多环芳烃总致癌风险值最大达到 2.65×10^{-6}，每百万人增加 2.65 个癌症患者，对当地居民的身体健康可能存在一定的影响。

表 10-6   焦炉排放多环芳烃危害指数、致癌风险评价结果

污染物	危害指数值	致癌风险值
萘	$6.65 \times 10^{-6} \sim 0.97$	—
苊	$3.15 \times 10^{-10} \sim 4.58 \times 10^{-5}$	—
芴	$3.00 \times 10^{-8} \sim 4.38 \times 10^{-3}$	—
蒽	$1.83 \times 10^{-9} \sim 2.66 \times 10^{-4}$	—
荧蒽	$2.92 \times 10^{-8} \sim 4.25 \times 10^{-3}$	—
芘	$6.28 \times 10^{-8} \sim 9.15 \times 10^{-3}$	—
苯并[a]蒽	—	$8.59 \times 10^{-12} \sim 6.64 \times 10^{-7}$
䓛	—	$6.24 \times 10^{-12} \sim 9.09 \times 10^{-8}$
苯并[b]荧蒽	—	$3.42 \times 10^{-12} \sim 4.98 \times 10^{-7}$
苯并[k]荧蒽	—	$1.02 \times 10^{-12} \sim 1.48 \times 10^{-7}$
苯并[a]芘	—	$3.72 \times 10^{-11} \sim 5.42 \times 10^{-7}$
茚并[1,2,3-cd]芘	—	$1.13 \times 10^{-14} \sim 1.65 \times 10^{-9}$
二苯并[a,h]蒽	—	$7.87 \times 10^{-13} \sim 1.15 \times 10^{-7}$
13 种 PAHs 类总贡献	$6.78 \times 10^{-6} \sim 0.99$	$1.82 \times 10^{-11} \sim 2.65 \times 10^{-6}$

10.3.3   人体健康防护距离

由图 10-2、图 10-3 可知，PAHs 危害指数、致癌风险最大值均发生在焦化厂周围，相关研究结果也表明焦化厂周围空气 PAHs 浓度较大，对焦化工人身体健康造成严重威胁。因此，通过在厂界线外设置一定的防护距离，保护居民的健康，是切实可行的。

目前，焦化环境影响评价工作中，防护距离有大气环境防护距离和卫生防护距离两种。确定卫生防护距离的方法主要有两种：一是根据《制定地方大气污染物排放标准的技术方法》（GB/T 3840—91）中的公式进行计算；二是执行《焦化厂卫生防护距离标准》（GB 11661—89）。大气环境防护距离是基于《环境影响评价技术导则 大气环境》

（HJ 2.2 —2008）推荐的 SCREEN3 估算模式进行计算。

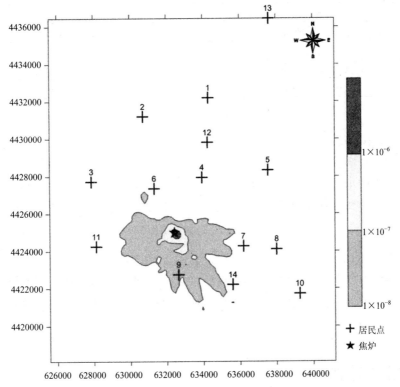

图 10-3　焦炉排放多环芳烃总致癌风险等值线

　　本章提出了人体健康防护距离的概念，在项目厂界以外设置的人体健康防护距离外，对人群健康的影响达到可接受的范围，在人群健康防护距离内不应有长期居住的人群。本章人体健康防护距离根据总致癌风险超标区域的面积（S）来折算等效半径（R）（标准设为 1×10^{-6}）。等效半径公式如下：

$$\pi R^2 = S \tag{10-4}$$

　　按不同方法计算的防护距离见表 10-7。从几种防护距离方法计算结果来看，防护距离最大影响为《焦化厂卫生防护距离标准》的 1 400 m，最小为大气环境防护距离 0 m。其中《焦化厂卫生防护距离标准》较为陈旧，按其确定的卫生防护距离不太适合目前先进企业焦炉等工艺的发展以及产量要求；《制定地方大气污染物排放标准的技术方法》、大气环境防护距离由于缺少焦炉排放其他多环芳烃相关空气质量标准，故仅能计算苯并[a]芘物质；人体健康防护距离综合考虑焦炉排放 13 种 PAHs 类污染物的影响，为设置焦炉防护距离提供了一种新的思路与方法。

表 10-7　焦炉防护距离对比结果

计算方法	距离/m
《制定地方大气污染物排放标准的技术方法》	50
《焦化厂卫生防护距离标准》	1 400
大气环境防护距离	无超标
人体健康防护距离	250

10.3.4　不确定性分析

（1）源强不确定性对于焦炉 PAHs 类无组织排放计算，我国尚无发布权威方法，本章采用的 AP-42 中焦炉 PAHs 无组织计算方法，是根据 20 世纪 90 年代美国焦炉产污水平得出的，而当前我国焦炉在规模、产能、环境保护措施方面与其存在一定差异，源强结果存在一定不确定性。

（2）我国关于毒理学、健康统计等参数资料较少，本章中的健康参考标准等参数采用美国国家环境保护局资料，而实际上我国与美国一些参数存在着差异，计算参数存在一定不确定性。

10.4　结论与建议

（1）案例结果表明，焦炉排放中单因子危害指数最大的为萘，危害指数接近标准值 1。综合考虑多环芳烃总致癌风险值为 2.65×10^{-6}，每百万人增加 2.65 个癌症患者，对当地居民的身体健康可能存在一定的影响。

（2）本章提出的人体健康防护距离的概念及计算方法，对保护人群健康，更科学地进行环境影响评价有一定的参考意义。国内应开展相关的污染物毒理学、健康统计等研究，为更准确地计算人体健康风险提供数据支持。

第 11 章
模型在土壤污染预警中的应用研究

二噁英（Dioxin）是多氯代二苯并-对-二噁英（PCDDs）和多氯代二苯并呋喃（PCDFs）的总称，具有不可逆的致畸、致癌、致突变毒性，不易自然降解，属于《关于持久性有机污染物的斯德哥尔摩公约》首批管控的持久性有机污染物（POPs）之一。研究结果显示，我国二噁英类污染物排放量居于世界首位，其中 2004 年钢铁行业（烧结等）共向大气排放 1.673 4 kgTEQ，占大气二噁英类污染物排放量的 33.19%，是我国最大的二噁英排放行业。一些学者利用 AERMOD、CALPUFF、CMAQ 等空气质量模型对环境介质中的二噁英类物质影响程度、范围进行了预测和分析工作。如李煜婷等应用 AERMOD 模型模拟城市生活垃圾焚烧厂二噁英类物质排放在大气中扩散和迁移过程；姚宇坤等分别采用 AERMOD、CALPUFF 对垃圾焚烧厂二噁英大气污染扩散进行了模拟验证；Meng 等在 CMAQ 里增加了半挥发 PCDD/Fs 气相-颗粒相间分配机制；张珏等采用 CMAQ- PCDD/Fs 模拟了 2006 年典型月份长三角不同行业排放二噁英在大气中的输送过程；Li、Ding、Ren 等研究结果显示，2006—2009 年北京、天津、唐山等城市大气中二噁英类污染物平均监测浓度范围为 0.28～0.51 pg-TEQ/m^3，略高于发达国家主要城市。

二噁英通常以颗粒态、气溶胶态或气态存在，二噁英排放导致的环境污染既涉及大气，还影响下垫面如土壤的生态环境安全等，土壤被认为是二噁英最主要的汇。研究表明，二噁英类污染物可长期稳定存在于土壤。然而，目前对钢铁行业企业排放二噁英的研究主要集中在浓度监测、组分分析、大气模拟扩散等方面，却鲜有考虑二噁英沉降对土壤污染的影响。此外，通过查阅《土壤污染防治行动计划》《关于加强二噁英污染防治的指导意见》《重点行业二噁英污染防治技术》以及 2003—2013 年钢铁行业环境影响评价报告书，发现其中均没涉及二噁英烟气排放沉降对土壤的污染影响。

本章以河北某钢铁厂为例，根据多年烧结矿产量数据、烧结机头二噁英排放监测数据、土壤监测数据，利用气象模式 WRF 中尺度气象数据，建立了基于 CALPUFF 数值模型的钢铁烧结机排放二噁英类污染物沉降土壤的计算方法，揭示烧结机排放大气二噁英类污染物在空气相—土壤相迁移规律、造成潜在污染场地范围，为开展钢铁行业二噁英大气污染、土壤污染防治等提供科学依据。

11.1   材料与方法

11.1.1   研究区域与对象

该大型钢铁联合企业位于河北省，共有 7 台烧结机，分别为 1 台 400 m² 烧结机（1999 年 12 月投产，年产烧结矿 360 万 t）、2 台 435 m² 烧结机（分别在 2009 年 4 月、2015 年 10 月投产，两台年产烧结矿均为 400 万 t）、2 台 360 m² 烧结机（分别在 2008 年 3 月、5 月投产，两台年产烧结矿均为 360 万 t）和 2 台 90 m² 烧结机（分别在 1991 年 7 月、12 月投产，于 2015 年年底停产，两台年产烧结矿均为 80 万 t）。所有烧结机机头烟气均采用三电场电除尘器净化，设置石灰石-石膏湿法烟气脱硫装置，拆除了脱硫旁路，该企业无电炉工序。烧结机位置见图 11-1。

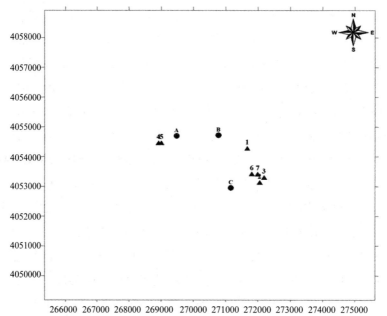

图 11-1   烧结机、土壤监测点位置关系（UTM 坐标系，单位：m）

注：▲1 代表 400 m² 烧结机；▲2、▲3 代表 435 m² 烧结机；▲4、▲5 代表 360 m² 烧结机；▲6、▲7 代表 90 m² 烧结机；

●A、●B、●C 代表土壤监测点。

11.1.2   烟气二噁英监测方法

选取 400 m²（1 号）和 435 m²（2 号）烧结机排放废气作为监测对象，在设备正常运行情况下对废气中二噁英进行连续监测。二噁英类物质检测分析依据采用国家标准《环

境空气和废气　二噁英类的测定　同位素稀释高分辨气相色谱法-高分辨质谱法》（HJ 77.2—2008），采样点和采用频次参考《固定源废气监测技术规范》（HJ/T 397—2007）。每个采样点位采集 3 个样品，连续采样，分别测定其排放浓度。采样口选取机头主抽烟囱废气排口，采样仪器选取 ZR-3720 废气二噁英采样器，烟气参数监测选取崂应 3012H 自动烟气测试仪，分析仪器选取 AutoSpec Premier 高分辨磁质谱系统。

11.1.3　土壤二噁英监测方法

本章综合考虑钢铁厂 7 台烧结机所在位置，2016 年 9 月选取 3 个土壤监测点对二噁英进行检测，取 0～20 cm 表层土进行样品采集，土壤中二噁英类物质的检测分析采用国家标准《土壤和沉积物　二噁英类的测定　同位素稀释高分辨气相色谱-高分辨质谱法》（HJ 77.4—2008）；采样点和采用频次参考《土壤环境监测技术规范》（HJ/T 166—2004），分析仪器选取 AutoSpec Premier 高分辨磁质谱系统。土壤监测点位置见图 11-1。

11.1.4　模型参数

本章采用 CALPUFF（版本号 6.42）作为烧结机排放二噁英在大气扩散、沉降土壤的数值模型，建模采用的地形数据为 90 m 美国地质勘探局（USGS）数据，土地利用数据精度为 30 m，气象场、降水等资料采用气象模式 WRF。本章考虑了每个烧结机的空间坐标、烟囱高度、二噁英排放量等信息，网格分辨率 100 m，东西向 103 个格点，南北向 103 个格点。由于 PCDD/Fs 化学性质稳定，模拟不考虑 PCDD/Fs 的衰变与化学转化。本章定量模拟每个烧结机排放大气二噁英类污染物对周边环境贡献情况（年均浓度、沉降速率等），综合考虑每个烧结机投产时间、关停时间等，计算每个烧结机导致周围环境的二噁英类物质土壤富集量，分析潜在污染场地空间范围。

11.2　结果与讨论

11.2.1　烧结烟气二噁英排放因子

1 号烧结机和 2 号烧结机机头排放的二噁英毒性当量范围分别为 0.022～0.025 ng-TEQ/m³、0.017～0.021 ng-TEQ/m³，其中排放的 2,3,4,7,8-五氯代二苯并呋喃（PeCDF）占二噁英排放总浓度分别为 48%、53%，其次是 2,3,7,8-四氯代二苯并呋喃（TCDF），占二噁英排放总浓度分别为 14.9%、12.3%，这两种同类物的贡献率远远高于其他 15 种同类物，这与现有文献结果接近。1 号、2 号烧结机机头排放的二噁英均能满足《钢铁烧结、球团工业大气污染物排放标准》（GB 28662—2012）中排放标准要求（0.5 ng-TEQ/m³）。

根据实测浓度、年工作时间、工况等数据，推算 1 号、2 号烧结机二噁英排放因子分别为 0.081 μg-TEQ/t、0.055 μg-TEQ/t。采用类比分析法，推算另外五台烧结机（3 号、4 号、5 号、6 号、7 号）二噁英的排放因子分别为 0.055 μg-TEQ/t、0.044 μg-TEQ/t、0.053 μg-TEQ/t、0.056 μg-TEQ/t、0.056 μg-TEQ/t，而 2004 年我国二噁英排放清单中烧结工序大气排放因子为 5 μg-TEQ/t。2 号烧结机排放因子相对 1 号烧结机较低，原因可能是 2 号烧结机设备较新、污染控制水平较高。

11.2.2　土壤二噁英来源分析

土壤监测点 A、B、C 二噁英毒性当量浓度分别为 0.82 ng/kg、2.2 ng/kg、2.4 ng/kg，其中 PeCDF 占土壤监测点二噁英总量最高，分别为 36.6%、27.3% 和 18.8%。三组样品二噁英同类物整体变化趋势大致相同，其中 A 点二噁英浓度较低，可能是由于 A 点毗邻新厂区，4 号、5 号烧结机开工运行时间较短，距离老厂区距离较远，烧结机排放二噁英类污染物富集到 A 点相对较少。

分析烧结烟气与采样点土壤浓度组分指纹特征（见图 11-2），可发现烧结机烟气、土壤中二噁英同类物占比基本相同，二噁英类物质组分趋势基本一致，多氯二苯并呋喃明显高于多氯二苯并二噁英浓度，推测该企业周边区域内土壤二噁英污染主要来源可能是烧结机烟气排放。

11.2.3　烧结机对大气、土壤二噁英类污染物贡献分析

所有烧结机对周围环境空气二噁英大气污染物年均贡献浓度见图 11-3。预测结果显示，二噁英大气年均贡献浓度较高区域主要在 4 号、5 号烧结机周围以及主导风下风向（当地多年主导风向为 S、N），这与 4 号、5 号烧结排放高度较低有关（4 号、5 号烧结机烟囱高度 55 m，1 号烧结机烟囱高度 160 m，2 号、3 号、6 号、7 号烧结机烟囱高度 150 m）。

通过预测每个烧结机排放到土壤二噁英年均总沉降通量［ng/（m²·s）］以及实际生产时间，计算获得所有烧结机对土壤环境的总沉降量（ng/m²），预测结果烧结机二噁英废气排放对区域土壤沉降量主要集中在各个烧结机周围和主导风下风向（见图 11-4）。经过对比，可发现烧结机排放二噁英大气年均贡献浓度（见图 11-3）与土壤总沉降量（见图 11-4）趋势并不完全一致，这说明烧结机排放二噁英对土壤富集量，不仅与烧结机的二噁英排放量有关，还与烧结机投产关停时间、污染物沉降、气象条件等因素有关。

此外，土壤监测点模拟结果显示，C 点二噁英总沉降量（0.79 ng/m²）高于 A 点和 B 点，B 点（0.363 ng/m²）略高于 A 点（0.334 ng/m²），与实测结果基本趋势一致（见表 11-1），这说明采用数值模型模拟烧结机二噁英对土壤的沉降量，丰富钢铁企业二噁英土壤污染预警方法体系，对开展潜在二噁英污染土地调查工作有一定的参考意义。B 点模拟趋势与

监测结果有一定偏差，可能因为该点周围可能存在其他因素对土壤中二噁英浓度有干扰（秸秆焚烧、除草剂使用等）。

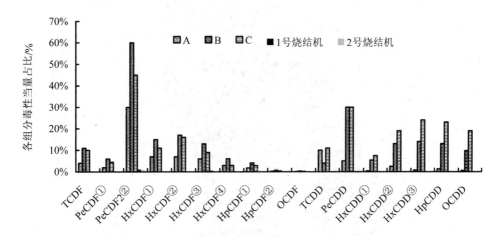

图 11-2　烧结机烟气和土壤监测点二噁英类物质毒性当量及组分趋势分析

注：TCDF：2,3,7,8-四氯代二苯并呋喃；PeCDF①：1,2,3,7,8-五氯代二苯并呋喃；PeCDF②：2,3,4,7,8-五氯代二苯并呋喃；HxCDF①：1,2,3,4,7,8-六氯代二苯并呋喃；HxCDF②：1,2,3,6,7,8-六氯代二苯并呋喃；HxCDF③：2,3,4,6,7,8-六氯代二苯并呋喃；HxCDF④：1,2,3,7,8,9-六氯代二苯并呋喃；HpCDF①：1,2,3,4,6,7,8-七氯代二苯并呋喃；HpCDF②：1,2,3,4,7,8,9-七氯代二苯并呋喃；OCDF：八氯代二苯并呋喃；TCDD：2,3,7,8-四氯代二苯并二噁英；PeCDD：1,2,3,7,8-五氯代二苯并二噁英；HxCDD①：1,2,3,4,7,8-六氯代二苯并二噁英；HxCDD②：1,2,3,6,7,8-六氯代二苯并二噁英；HxCDD③：1,2,3,7,8,9-六氯代二苯并二噁英；HpCDD：1,2,3,4,6,7,8-七氯代二苯二噁英；OCDD：八氯代二苯并二噁英。

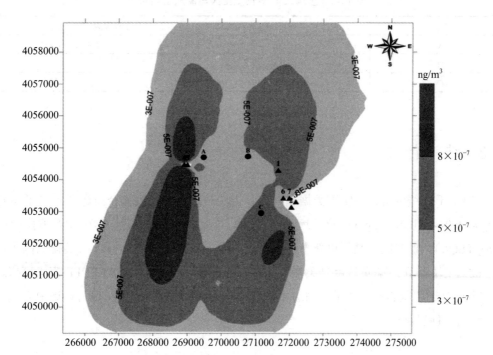

图 11-3　烧结机排放二噁英年均浓度等值线（UTM 坐标系，单位：m）

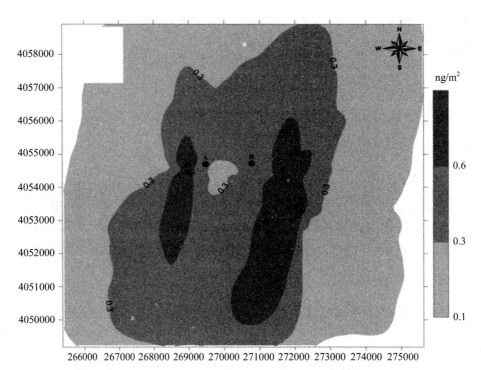

图 11-4　烧结机排放到土壤二噁英总沉降量（UTM 坐标系，单位：m）

表 11-1　土壤二噁英预测结果与监测结果对比

点位	预测总沉降量/（ng/m²）	土壤监测浓度/（ng/kg）
A	0.334	0.82
B	0.363	2.2
C	0.79	2.4

11.3　结　论

（1）基于烧结机组机头实测数据和类比分析法获取了典型钢铁企业烧结机二噁英排放因子为 0.044～0.081 μg-TEQ/t，远小于 2004 年我国烧结排放清单中二噁英排放因子（5 μg-TEQ/t）。说明我国亟须更新不同规模、不同控制措施的烧结机二噁英排放因子。

（2）土壤监测二噁英浓度结果在 0.82～2.4 ng/kg，本章采用 CALPUFF 模式模拟烧结机二噁英对土壤监测点沉降量与周边土壤监测点实测数据趋势一致，可为环评中土壤污染预测提供一种思路。

（3）目前管理部门主要关注土壤中常规性污染物指标监测，二噁英等 POPs 污染物监测能力不足，没有建立二噁英类物质污染预警应急体系，本方法可分析重点区域钢铁企业二噁英潜在影响土壤范围，统计污染场地潜在名单，为《土壤污染防治行动计划》《重点行业二噁英污染防治技术》等政策联动提供了科学方法。

第 12 章
空气质量模型二次开发

本章将介绍模型在线服务、WRF 同化方法研究等。针对 CALPUFF 模型应用中存在的单线程运算方式效率较低的问题,需要对提高 CALPUFF 计算效率的可操作方案进行研究,通过对基于命令行的 CALPUFF 计算系统构建,选择天河一号作为未来基于命令行的 CALPUFF 计算系统进行云升迁时运行的支撑平台,完成系统业务流程设计及 CALPUFF 计算在线管理业务系统构建。

结合实际案例,采用 Visual Basic 软件二次开发了基于 Google Earth 平台污染物扩散模拟的动态可视化演示系统,将标准化的 KML 文件(浓度场数据、气象场数据、三维污染源数据)处理成一个动画 KML 文件,发布到 Google Earth 平台,实现了大气污染扩散、风险泄漏、风场、污染源等三维动画演示,为环境污染模拟演示和技术复核提供了一个新的思路和方法。

利用内蒙古正蓝旗地区气象观测数据,建立了牛顿张弛逼近四维同化方法,并将该方法应用于 WRF、CALPUFF 的模拟。在此基础上结合气象要素、污染物浓度等实测数据,对比了同化前后模拟结果与观测结果的相符性,结果表明,在加入同化方案后,WRF 模拟的各气象要素相关系数(R)、吻合指数等指标均有所提高,CALPUFF 的模拟结果也相对更接近真实值。说明该同化方法的应用可有效地提高气象要素模拟的准确性,有助于 CALPUFF 模拟效果的改善,可进一步应用于我国大气环境影响评价工作。

12.1　CALPUFF 高性能计算服务

CALPUFF 系统包括预处理工具(地理数据、地面数据、高空数据、降水数据),气象数据处理(CALMET),预测模式(CALPUFF)和后处理工具(CALPOST)等。CALMET 和 CALPUFF 模型的运算量较大,运行计算需耗费大量的时间,效率较低,不足以支撑对 CALMET 和 CALPUFF 模型业务化应用的需求。因此,提升 CALMET 和 CALPUFF 模型计算效率和能力,有迫切的需要和重要的意义。

针对 CALPUFF 模型应用中存在的单线程运算方式效率较低的问题，需要对提高 CALPUFF 计算效率的可操作方案进行研究，以大幅提升 CALPUFF 模型复杂计算能力。此外，CALPUFF 大气模拟需对输入的 3D.DATA 高空气象数据和 CALMET 地面气象数据进行标准格式化处理。全国 WRF 气象数据应用于 CALPUFF 模型进行运算时，需开发出高空气象数据管理、数据标准格式化输出平台工具，将其转换为 3D.DAT 格式。

12.1.1　CALPUFF 模型并行计算的实现

CALPUFF 模型的运算量较大，耗费大量的时间。需要基于 Linux 系统充分利用服务器的 CPU 资源，对 CALPUFF 模型的各个独立处理步骤进行全面的分析、集成，开发操作方便、性能可靠基于 Linux 命令行的 CALPUFF 并行计算系统，以提高大气模拟业务的工作效率。

12.1.2　CALMET 地面气象数据转换模块集成

CALMET 气象数据处理模型所需的原始数据由中尺度数值模式 WRF 模拟生成，但是无法直接作为输入数据，需要进行数据格式的调整匹配。由于数据量大，格式复杂，要求极其严格，研究人员对数据的阅读编辑困难，操作烦琐，会出现失误，导致数据无法使用或形成较大误差，效率及质量都无法保证。

需要构建并集成 CALMET 地面气象数据转换在线服务系统，实现 CALMET 地面气象数据自动标准化处理、输出等功能，构建并集成 CALMET 地面气象数据转换模块，实现 CALMET 地面气象数据自动标准化处理、输出等功能。

12.1.3　CALPUFF 计算在线业务系统构建

在完成基于命令行的 CALPUFF 多线程计算系统构建基础上，设计 CALPUFF 高效计算在线业务化运行方案，开发 CALPUFF 计算在线业务系统，包含完整用户及系统权限管理、订单服务、计算后台、计算进度监控（如短信消息提醒等方式）等功能，实现 CALPUFF 模型多线程计算系统的业务化运行。

系统运行过程中需要对用户信息和业务记录进行查询管理，包括用户统一管理（含用户身份验证审批）、计算任务管理、自动计算服务、在线实时支付等主要功能。

12.1.4　技术路线

技术路线如图 12-1 所示，分为 CALPUFF 计算在线业务管理系统构建、基于命令行的 CALPUFF 计算系统构建、3D.DAT 高空气象数据业务系统构建和 CALMET 地面气象数据转换系统构建。其中，CALPUFF 计算在线业务管理系统的构建分为用户管理与权限分配模块构建、计算业务数据管理模块构建、计算订单记录管理模块开发、在线支付接口开发；基于命令行的 CALPUFF 计算系统构建分为 CALPUFF 模型输入文件格式与参数分析、并行计算规则集成与计算进度提醒、安全机制设计；3D.DAT 高空气象数据业务系统构建分为高空气象数据研究、高空数据库构建、3D.DAT 格式转化工具集成、地图网格化区域选择功能集成；3D.DAT 高空气象数据业务系统和 CALMET 地面气象数据转换系统生成的标准化数据均对外提供服务。

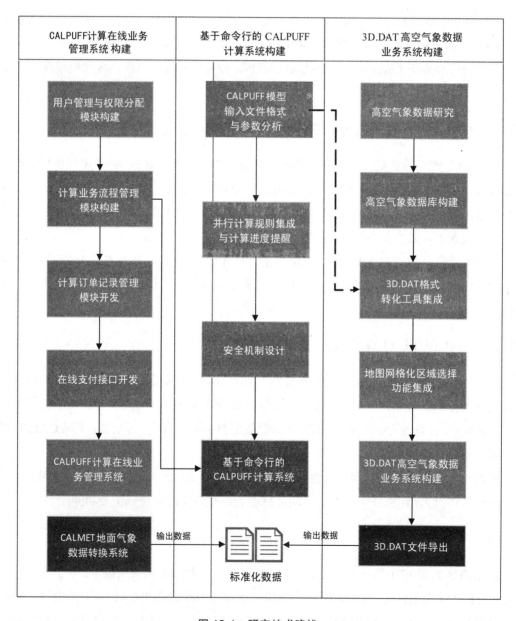

图 12-1   研究技术路线

12.1.5 基于命令行的 CALPUFF 计算系统构建

12.1.5.1 并行规则研究

CALPUFF 模型的运算量一般较大，需要耗费大量的时间，为充分利用服务器的 CPU 资源，研究设计 CALPUFF 模型并行计算的规则和方案。CALPUFF 模型中存在具有计算的独立性多个子单元，可将其拆分为独立的计算单元，并同时进行计算。

根据用户设置的运行参数，系统能够自动生成并行计算组，通过运行命令行在多核 Linux 服务器或 Linux 集群服务器中同时运行 CALPUFF 模型的多个独立计算单元，实现多线程并行计算，提高 CPU 资源利用率和节省计算时间，并行规则见图 12-2。

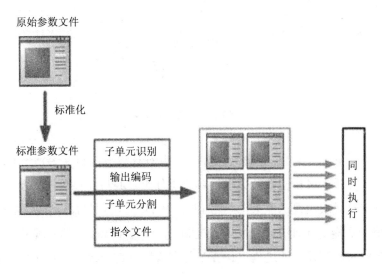

图 12-2 并行计算规则

12.1.5.2 模型参数分析

分析梳理 CALPUFF 模型的输入文件格式及其参数形式，根据模型参数及其他运行参数设计开发 CALPUFF 模型的参数设置界面。用户可通过参数设置界面直观方便地设置各个模型参数和运行参数，系统将自动生成相应的 CALPUFF 模型输入文件及运行命令行。

12.1.5.3 CALPUFF 并行计算系统开发

基于模型参数分析、并行规则研究、安全机制设计和云平台调研的成果，开发基于命令行的 CALPUFF 并行计算系统。系统包括输入文件参数识别功能、并行计算组文件生成、并行计算命令发送执行与控制、计算进度监控（如短信消息提醒等方式）等功能。要求系统形成更加人性化易于使用的管理操作界面，以解决 CALPUFF 模型参数编辑困难和 Linux 系统的操作复杂、管理烦琐的缺点，系统为 C/S（客户端/服务器）架构，以环保部环境工程评估中心前期研发的并行计算核心程序为基础进行集成开发，开发方案见图 12-3。

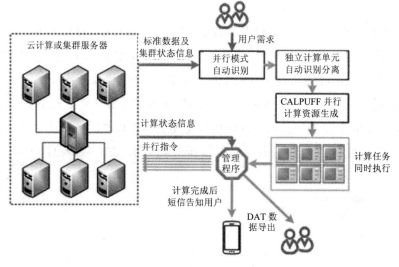

图 12-3　系统开发方案

用户上传 CALPUFF 的 INP 总输入文件后，并行计算系统自动识别出 INP 文件中的各个参数，根据计算量生成相应的独立计算单元文件组，并与计算数据源及 CALPUFF 模式程序组成并行计算模块组发送至天河一号 Linux 集群中。用户只需操作界面化的 CALPUFF 并行计算系统，系统就可通过命令行远程控制天河一号 Linux 集群实现并行计算。计算过程中，系统会实时监测计算的进程，计算全部完成后，自动给用户发送短信通知，系统界面如图 12-4 所示。

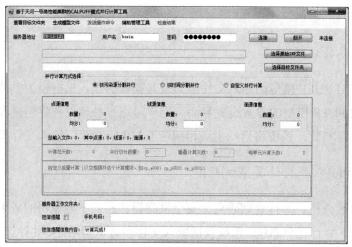

图 12-4　CALPUFF 并行计算系统界面

12.1.6　CALMET 地面气象数据转换系统构建

12.1.6.1　系统开发方案

CALMET 模块要求输入尽量多的气象地面站的每日逐时观测资料，包括风速、风向、气温、云底高度、云量、气压和相对湿度。

SMERGE 气象预处理程序能够快速把地表气象时序数据转化成与 CALMET 模型相适应的 NCDC 格式，但 SMERGE 气象预处理程序目前是 C/S 架构软件，无法直接支持 CALMET 地面气象数据转换在线服务，因此需要对 SMERGE 气象预处理程序进一步基于 B/S（浏览器/服务器架构）集成，包括对其输入文件、运行参数的集成，系统控制自动化运行机制设计和实现，结果数据存储与输出接口开发，实现 CALMET 地面气象数据转换在线服务功能，系统开发路线见图 12-5。

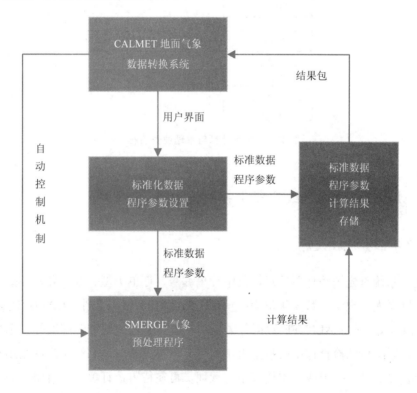

图 12-5　CALMET 地面气象数据转换系统开发路线

12.1.6.2　系统业务流程设计

用户使用 CALMET 地面气象数据转换系统提供的数据产品之前，需要向 CALMET 地面气象数据转换系统管理团队提出注册申请，并提供指定的材料和接受用户协议的所有条款。系统管理员将对注册申请进行审核，通过审核后给用户分配使用权限。用户即可根据需求填写提交订单信息和计算参数信息，系统完成计算后，用户可在完成订单中查询，并下载计算结果。系统管理员可在后台对用户及订单进行管理。在线计算与管理业务流程见图 12-6。

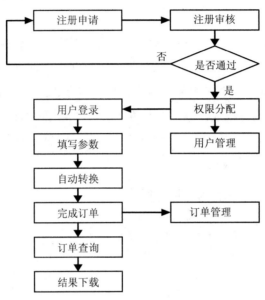

图 12-6   在线计算与管理业务流程

12.1.7   CALPUFF 计算在线管理业务系统构建

12.1.7.1   系统业务流程设计

用户进入系统首先填写订单信息，其中订单编号、订单类型、客户名称和提交日期为自动填写，联系人、电话、数据年份为必填项，CALMET 输入文件、CALMET 数据包、CALPUFF 输入文件和 CALPUFF 数据包需要用户上传文件，地址、邮编等为选填信息。提交信息后，系统自动检查订单信息是否填写完整，不完整时返回给用户继续填写，填写完整后订单提交成功，并形成未审核订单。管理员可在待审核订单中，对用户提交的订单进行审核。审核过程中，订单状态改为审核中，用户可在正在审核订单中查询。订单不通过审核时，用户可在不通过订单中查询，并查看管理员的备注，对订单进行修改后再次提交。通过审核的订单，用户可在待付款订单中查询，并根据指定的付款途径进行付款。管理员确认用户已对订单付款后，在未付款订单中把订单标记为已付款，并根据用户的需求，在待开发票订单中确认发票开票情况，同时在待计算订单中，对订单进行计算确认，系统将对订单所需的数据进行计算生成结果。用户最后可在完成订单中对计算结果进行下载操作。在线计算与管理业务流程见图 12-7。

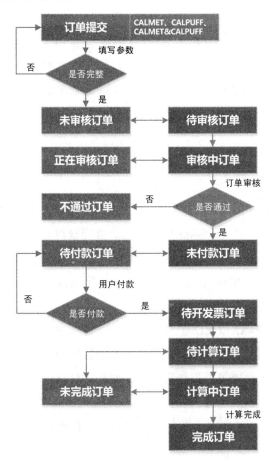

图 12-7 在线计算与管理业务流程

12.1.7.2 CALPUFF 计算在线管理业务系统开发

数据结构设计，CALPUFF 计算在线管理业务系统以 Microsoft SQL Server 数据管理系统为数据库平台，存储订单信息、用户信息及系统信息等。系统数据库有 15 个数据表，订单信息、系统、用户为核心数据表，其他为系统辅助表。

对象关系映射（ORM），用于实现 CALPUFF 计算在线管理业务系统中 C#编程语言与 Microsoft SQL Server 数据管理系统的数据之间的转换，包括了 34 个 ORM，订单提交、完成订单查询管理、订单详情等为核心部分。

订单提交和订单浏览是用户使用的核心功能，订单提交包括 CALMET 计算订单、CALPUFF 计算订单、CALMET 与 CALPUFF 计算订单，订单浏览包括未审核订单、正在审核订单、不通过订单、待付款订单、未完成订单、已完成订单。

12.1.8   结论

本章基于命令行的 CALPUFF 计算系统构建，选择天河一号作为基于命令行的 CALPUFF 计算系统进行云升迁时运行的支撑平台，完成 CALPUFF 计算在线管理业务系统构建，建立了系统业务流程设计，弥补了 CALPUFF 模型应用中存在的单线程运算方式效率较低的问题。

12.2   CALPUFF 土地利用计算服务

GEO.DAT 是 CALPUFF 模式的重要输入数据，由地形数据预处理器（TERREL）、土地利用预处理器（CTGPROC）和 MAKEGEO 工具处理获得。以上三种工具的原有程序的界面可视化较差，所需调整的参数复杂，导致操作烦琐，使用效率低下。根据国内数据情况，对 CALPUFF 土地利用模块进行界面和自动化集成以及业务信息化管理，提升 MAKEGEO 模块使用便利性和效率，具有重要意义。

针对 CALPUFF 的 MAKEGEO 工具应用时存在操作烦琐，不同来源的土地利用数据需要复杂的数据预处理过程，需要对 MAKEGEO 模块应用效率的可操作方案进行研究，以大幅提升 MAKEGEO 模块模拟工作的效率。此外，目前仍没有针对中国的土地利用数据的 CALPUFF 土地利用模块计算的服务系统，需开发 CALPUFF 的土地利用模块计算及业务系统提高 CALPUFF 模式的业务应用能力和在中国的应用范围。

12.2.1   技术路线

研究技术路线如图 12-8 所示，分为地理数据处理模型构建、CALPUFF 的土地利用模块集成、业务管理系统开发、相关数据接口开发 4 部分。其中，地理数据处理模型构建包括数据预处理、数据提取服务开发、格式转换服务开发，为 CALPUFF 的土地利用计算模块提供所需的标准空间数据；CALPUFF 的土地利用模块集成包括参数识别与界面化、地理数据处理服务集成和处理工具自动化集成，是 CALPUFF 的土地利用模块计算及业务系统的核心，为系统提供模型计算服务；业务管理系统开发包括业务数据库设计和业务管理功能开发，形成用户管理，权限管理、订单管理等功能；相关数据接口开发包括与甲方外网服务平台统一的用户权限控制接口，整合并完善 AERSURFACE 在线服务系统，对接甲方外网服务平台的用户权限控制接口，实现统一用户登录管理功能，提供数据外部调用接口服务。

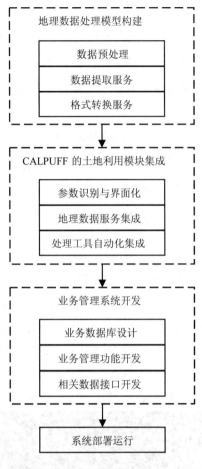

图 12-8　研究技术路线

12.2.2　地理数据处理模型构建

地理数据处理模型构建包括数据预处理、数据提取服务开发、格式转换服务开发，为 CALPUFF 的土地利用计算模块提供所需的标准空间数据。

（1）数据预处理包括土地利用数据处理和地形数据预处理。其中，土地利用数据处理是将甲方提供的数据按照各省或地区合并整理，形成一个全国的土地利用数据集，并同步开展对数据库的校验和修正工作，在此基础上将我国二级用地编码转化为 NLCD92 用地编码，再进一步对数据进行像元大小（X，Y）为 30 m×30 m 栅格化，从而得到 NLCD92 用地编码的全国土地利用栅格数据集；地形数据预处理数据可由 CGIAR-GSI 网站下载获取，中国范围的地形数据分为 68 个切片，需要合并成为一个全国地栅格形数据集。

（2）数据提取服务基于 ArcGIS Modelbuilder 构建，并在 ArcGIS Server 中部署。模型把提交的点位 Json 文件（包含 X、Y 坐标及 UTM 分区信息）转换为点要素 p，作为所需区域的中心点；以提交的范围半径参数 r 进行缓冲区处理，形成所需范围区域的面要素 zone；以此面要素作为掩膜区域数据分别对全国土地利用数据和地形数据进行按掩膜提取，生成指定区域的土地利用数据和地形数据；在根据提交的 UTM 分区分别对生产的土地利用数据和地形数据进行重新投影，最后用收集值工具对生成的文件进行保存，形成指定区域的地理数据集。

（3）格式转换服务同样基于 ArcGIS Modelbuilder 构建，并在 ArcGIS Server 中部署。模型利用 Spatial ETL Tool 把栅格格式转换为 GeoTiff，并用收集值工具对生成的文件进行保存，形成 GeoTiff 格式的地理数据集。

12.2.3　CALPUFF 的土地利用模块集成

原始 CTGPROC 工具、TERREL 工具、MAKEGEO 工具为 DOS 窗口界面的控制台程序（见图 12-9）。分析了 CTGPROC 工具、TERREL 工具、MAKEGEO 工具的输入文件（见图 12-10）后提取了 UTM 分区号、X 坐标、Y 坐标、X 方向的格子数量、Y 方向的格子数量和单个格子的大小作为用户填写的参数。另外，CTGPROC 工具、TERREL 工具、MAKEGEO 工具所需的土地利用数据通过调用地理数据处理模型来获取。

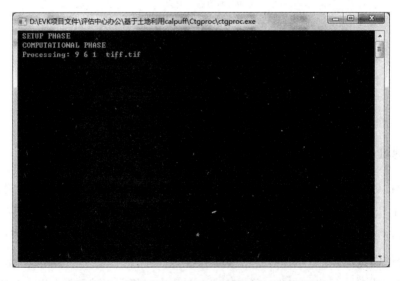

图 12-9　原始 CTGPROC 工具的 DOS 窗口界面

图 12-10　CTGPROC 工具的输入文件

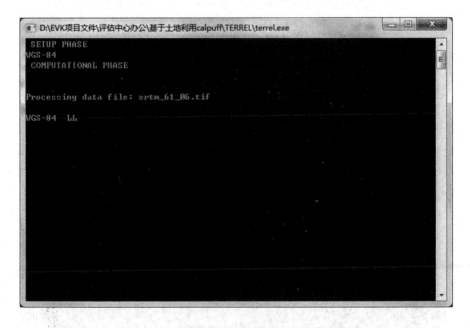

图 12-11　原始 TERREL 工具的 DOS 窗口界面

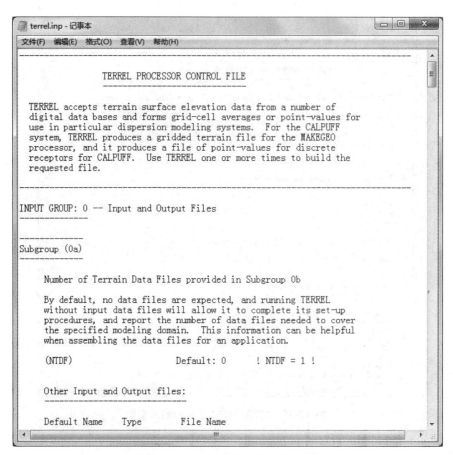

图 12-12　TERREL 工具的输入文件

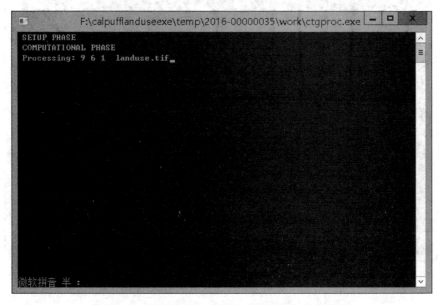

图 12-13　原始 MAKEGEO 工具的 DOS 窗口界面

图 12-14　MAKEGEO 工具的输入文件

12.2.4　业务管理系统开发

用户进入系统首先填写订单信息。其中订单编号、客户名称和提交日期为自动填写，联系人、电话、UTM 分区、X 坐标、Y 坐标、单元间距、X 方向单元数和 Y 方向单元数为必填项，发票、地址、邮编等为选填信息。提交信息后，系统自动检查订单信息是否填写完整，不完整时返回给用户继续填写，填写完整后订单提交成功，并形成未审核订单。管理员可在待审核订单中，对用户提交的订单进行审核。审核过程中，订单状态改为审核中，用户可在正在审核订单中查询。订单不通过审核时，用户可在不通过订单中查询，并查看管理员的备注，对订单进行修改后再次提交。通过审核的订单，用户可在待付款订单中查询，并根据指定的付款途径进行付款。管理员确认用户已对订单付款后，在未付款订单中把订单标记为已付款，并根据用户的需求，在待开发票订单中确认发票开票情况，同时在待计算订单中，对订单进行计算确认，系统将对订单所需的数据进行计算生成结果。用户最后可在完成订单中对计算结果进行下载操作。在线计算与管理业务流程见图 12-15。

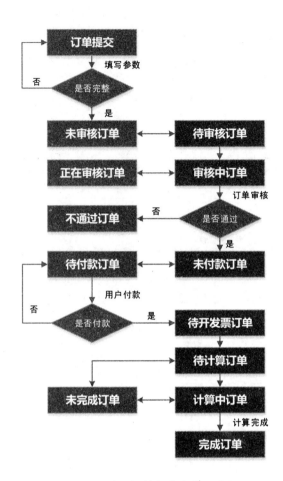

图 12-15　在线计算与业务管理流程

最终开发功能模块如下：

（1）数据结构设计，CALPUFF 的土地利用模块计算业务系统以 Microsoft SQL Server 数据管理系统为数据库平台，存储订单信息、用户信息及系统信息等。系统数据库有 13 个数据表，订单信息、系统、用户为核心数据表，其他为系统辅助表。

（2）对象关系映射（ORM），用于实现 CALPUFF 的土地利用模块计算业务系统中 C# 编程语言与 Microsoft SQL Server 数据管理系统的数据之间的转换，包括 31 个 ORM，填写订单、结果查询、订单详情、订单查询等为核心部分。

（3）订单创建和订单浏览是用户使用的核心功能，订单创建包括填写订单、数据说明，订单浏览包括未审核订单、正在审核订单、不通过订单、待付款订单、未完成订单、已完成订单。

12.2.5　CALPUFF 的土地利用模块集成

原始 CTGPROC 工具、TERREL 工具、MAKEGEO 工具为 DOS 窗口界面的控制台程序（见图 12-9）。分析了 CTGPROC 工具、TERREL 工具、MAKEGEO 工具的输入文件（见图 12-10）后提取了 UTM 分区号、X 坐标、Y 坐标、X 方向的格子数量、Y 方向的格子数量和单个格子的大小作为用户填写的参数。另外，CTGPROC 工具、TERREL 工具、MAKEGEO 工具所需的土地利用数据通过调用地理数据处理模型来获取。

12.2.6　结论

本章构建 CALPUFF 的土地利用模块（MAKEGEO）计算系统，完成系统业务流程设计及 CALPUFF 计算在线管理业务系统构建，建立了系统流程业务设计，弥补了原有程序的界面可视化较差，所需调整的参数复杂，导致操作烦琐，使用效率低下的问题。

12.3　大气模型、风险模型与谷歌地球交互研究

大气污染物在环境中的扩散是随时间、空间变化的连续过程，目前多通过 GIS 技术生成污染物浓度图来展示污染物与环境之间的关系，从而满足环评文件和环境管理的技术要求。而随着社会公众环境意识的不断增强，以及环境管理要求的不断提高，利用模拟污染物浓度数据、气象数据、水文数据、地形数据和环境敏感点等数据快速准确构建三维扩散动画，对建设项目的环境影响预测模拟结果实现可视化展示，为环境管理部门及社会公众提供更加客观、形象地展示建设项目对环境的影响，逐渐成为污染物扩散模拟演示研究的新方向。

传统的污染物模拟演示系统大多采用浓度图叠加二维静态地图的形式，导致环境管理部门和社会公众不能对三维空间内的污染扩散状态有直观的感受。而 Google Earth 是一个三维模型的地球软件，具有丰富的 GIS 数据。生态环境部环境工程评估中心在上述背景下开展了有关研究，并在环评技术复核过程中，利用 Google Earth 平台进行污染物扩散模拟的动画演示，快速反映周边环境特征和环境敏感点信息，为技术评估和环境管理提供直观清晰的技术支持。

利用大气污染物扩散和风险泄漏扩散模拟的数据，在 VB 软件开发平台上实现污染物在 Google Earth 视图中的动态三维显示，为环境污染模拟演示和环评技术复核提供了一个新的思路和方法。

12.3.1　CHARM 风险预测模型

CHARM（Complex Hazardous Air Release Model）是三维欧拉网格模型（3D Eulerian Grid Model），可预测模拟环境风险事故中的轻气体/中性气体/重气体泄漏扩散、蒸气云爆炸、池火、BELEVE 火球等，并考虑重气下沉影响，适合于复杂地形地区。CHARM 为商业软件，在 CHARMMODEL 网站上有相关的技术说明文档下载。CHARM 模型虽然可以输出风险污染浓度文件，且自带动画生成功能，但动画后期处理功能较弱，无法将动画输出到 Google Earth。

12.3.2　设计原理

将大气污染预测模式和风险预测模式输出的浓度场数据、气象场数据、污染源数据，进行数据标准化处理，分别转化成 Google Earth 可读取的 KML 文件。KML 文件是 Google Earth 的地标文件，数据格式是采用 XML 描述语言的文本格式，有利于程序员分析解读地标文件的内部信息，以实现污染物扩散模拟的动画输出。

然后利用 Visual Basic 编程，将标准化的 KML 文件（浓度场数据、气象场数据、三维污染源数据）处理成一个动画 KML 文件，并输出到 Google Earth 平台进行动态演示。动态可视化系统设计流程见图 12-16。

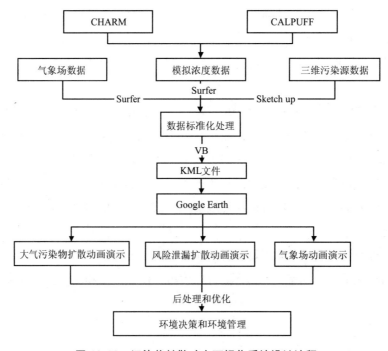

图 12-16　污染物扩散动态可视化系统设计流程

12.3.3　动态可视化系统的实现

污染物扩散动态可视化的实现，主要需完成以下两个步骤：①原始数据的标准化处理（浓度场数据、气象场数据、三维污染源数据）；②将标准化处理的数据按 KML 文件格式要求合成 KML 动画文件。

根据用户及需求不同，将系统划分成两个软件包，包括大气污染扩散/风场动态模拟系统，以及风险泄漏扩散动态模拟系统。本系统为单机版软件，运行环境为 Windows 操作系统，辅助软件要求安装 CALPUFF、CHARM、Surfer、Sketch Up 等。为更流畅地运行本系统，硬件推荐配置：处理器 3 GHz 以上、内存 2 GB 以上、可用硬盘空间 100 GB 以上。

12.3.4　系统功能指标

（1）结合环评技术复核需求，实现用户通过操作图形化界面，将三维污染源数据、风场数据、大气污染模拟数据及风险泄漏数据等导入系统的功能。

（2）用户输入时间、等值线配色、透明度、项目坐标系、图例、风险标准等参数，实现参数优化配置。

（3）运行主程序自动生成大气污染扩散、风场、风险泄漏动画，并发布到 Google Earth 以便查看。

（4）Google Earth 动画输出录像文件，以便后期处理和渲染优化。

（5）其他辅助功能，项目管理模块能够对动画文件、项目基本信息、评价范围、敏感点名称、经纬度、项目日志进行维护管理。

12.3.5　数据标准化处理

12.3.5.1　浓度场数据标准化处理

污染物浓度场标准化处理设计原理是通过 VB 编程，调用 Surfer 等相关三维绘图软件，将预测出的逐时大气污染浓度场和风险泄漏浓度场数据格式转换成逐时的 KML 格式。

使用者在主程序运行之前要完成参数设置，主要是根据使用者的需求来确定，如浓度场的时间跨度、浓度场的等值线配色、浓度场透明度、UTM 坐标系统的投影编号等。使用者通过参数调整，实现浓度场画质效果的优化。本部分程序主要是通过调用 Surfer 的等值线绘图模块（ContourMap），来读取原始的逐时浓度场数据（GRD 格式，坐标系统采用 UTM 以方便转换成经纬度信息），转换输出的数据结果为逐时的 KML 格式。

12.3.5.2 气象场数据标准化处理

气象场数据标准化处理设计原理通过 VB 编程，调用 Surfer 等相关三维绘图软件，将预测出的逐时气象场数据格式转换成逐时的 KML 格式。

本部分程序主要是通过调用 Surfer 的矢量地图模块（VectorMap），来读取原始的风向（wdr 格式）和风速数据（wsp 格式），转换输出的风场数据结果为逐时的 KML 格式。

12.3.5.3 三维污染源数据标准化处理

Sketch Up 是 3D 设计工具软件，可从 Sketch Up 公司网站免费下载。与传统的三维建模软件（Maya 等）相比，其建模更加简单，能够在极短的时间里完成建模贴图等功能，导出带有三维模型显示的 KML 文件，并输出到 Google Earth。利用 Google Earth 与 Sketch Up 相结合的技术，将建设项目的大气及风险污染源（如化学储罐罐体、烟囱等）设计成位于 Google Earth 上的可视化三维视图（见图 12-17），可达到使技术评估部门及环境管理部门清楚直观地了解污染源的外部结构、长宽高、占地面积等信息的目的。

图 12-17　污染源三维模型信息（Google Earth 平台演示）

12.3.6　合成 KML 动画文件

显示 KML 动画文件的语法格式描述如下：

......

<Folder>

```
<name>……</name>
<TimeSpan>
<begin>2009-08-15T00:00:00+08:00</begin>
<end>2009-08-15T01:00:00+08:00</end>
</TimeSpan>
<description>……</description>
<Placemark>
<description>……</description>
<styleUrl>……</styleUrl>
<Polygon>
<outerBoundaryIs>
<LinearRing>
<coordinates>

            ……
</coordinates>
</LinearRing>
……
```

　　<TimeSpan>标签描述某时间段的开始与结束瞬间；<Polygon>标签描述此时间段的浓度场或者气象场的面信息；<coordinates>标签描述浓度场或者气象场的经纬度信息。

　　在 KML 文件里增加多个<TimeSpan>，在每个时间点读取不同时刻的浓度场或气象场信息，可实现浓度场或气象场的可视化动态效果。程序首先将所有的标准化处理后的浓度场或者气象场数据写入一个 KML 文件，打开并读取该文件数据信息，并根据"<name>Area Features</name>"等字段来判断 KML 数据信息位置，将<TimeSpan>时间标签写入相关位置，以制作逐小时变化的动画效果，处理完毕后输出最终的 KML 动画文件。

12.3.7　大气污染扩散/风场动态模拟系统

　　案例演示了某个环评项目一高架点源排放污染物迁移扩散情况，从该案例中可以很好地观察到典型日 24 h 的大气污染物浓度分布趋势，为环境管理和决策提供科学合理的依据。测试结果显示，在 Google Earth 视图中，浓度场、气象场可根据不同的时刻而动态显示（见图 12-18、图 12-19）。

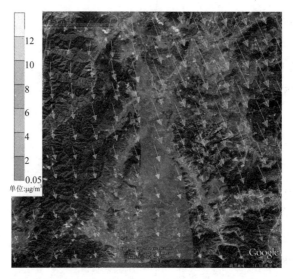

图 12-18　动态可视化系统演示界面（风场和大气污染物浓度场，第 0 小时）

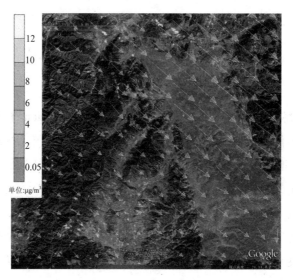

图 12-19　动态可视化系统演示界面（风场和大气污染物浓度场，第 5 小时）

12.3.8　泄漏扩散动态模拟系统

　　演示案例反映了某环评项目一风险源发生泄漏事故，污染烟团在区域内的迁移以及浓度变化的情况。通过演示，可以获得泄漏烟团半致死浓度、伤害浓度发生时间、消失的时间、影响范围等直观信息，从而为环境风险复核及应急预警等提供科学合理的依据（见图12-20、图 12-21，彩色插页）。

12.3.9　后处理和优化

开发了动态可视化系统，实现了污染物在 Google Earth 视图中的动态三维显示，突破了现有二维图件视觉效果的局限性，发挥了 Google Earth 三维动画的优势，具备很好的实用性。但动画中的污染物烟雾效果、文字还有待进一步处理，以实现最终演示成果画质的优化和提升。

本项目在后期处理过程中，通过采用 3D Studio Max 等三维动画渲染和制作软件，对动态可视化系统生成的动画进行优化和渲染。通过加入材质、灯光和其他效果，使得渲染更逼真（见图 12-22、图 12-23）。

图 12-22　风险泄漏三维动画优化和渲染效果

图 12-23　风险泄漏三维动画优化和渲染效果

12.3.10　结　论

基于 Google Earth 平台的污染物模拟动态演示系统，为国内首创的环境污染模拟演示新技术。本系统模拟效果逼真形象，模拟数据准确无误，有利于环境评估和技术复核工作的开展，很好地满足了环境决策的迫切需求，具有很强的应用前景。

12.4 WRF 同化数据对 CALPUFF 模拟效果改善研究

CALPUFF 模型采用三维非稳态拉格朗日扩散理论，在大气环评、大气规划等领域得到了广泛应用。CALPUFF 模式包括 CALMET 气象模块、CALPUFF 扩散模块以及一系列前/后处理模块。CALMET 是 CALPUFF 模式的气象处理模块，CALMET 可读入地面气象观测数据、探空气象观测数据、中尺度气象模式预测数据等，CALMET 输出结果 CALMET.DAT 为 CALPUFF 烟团扩散模式提供三维网格区域气象场，污染物的传输、扩散、沉降等物理和化学过程均通过该气象场进行驱动计算。因此，区域气象场的科学性和准确性对提高 CALPUFF 的模拟效果至关重要。

目前，国内外针对区域气象场模拟以及 CALPUFF 应用等领域的研究主要集中在气象预报、区域大气污染模拟等方面，有关同化方法对 CALPUFF 模拟影响方面的研究较少。本章在调研 2008—2015 年环保部审批的环境影响评价报告书后发现，一方面，国内大部分环评单位在开展 CALPUFF 大气污染模拟时，仅采用地面、探空数据作为原始输入气象数据。而我国目前的地面观测气象站，特别是高空观测气象站分布较为稀疏，一般建设项目周边能获取的观测数据非常有限，所以数据的代表性受到一定的影响。特别是在一些地形较为复杂的区域，仅采用观测数据难以反映区域的实际气象特征，从而影响大气污染物的预测结果；另一方面，部分项目在研究过程中使用了 WRF 等中尺度气象模拟数据，但未采用四维同化方法对气象场进行空间修正。因此，开展 WRF 同化方法在 CALPUFF 模拟的应用研究，可以弥补当前环评工作中气象资料代表性较差的问题，并且有利于规范我国空气法规模型标准化应用，还可为大气环境规划、大气环境影响评价、大气环境管理工作提供基础数据支持。

本章以内蒙古正蓝旗地区为例，结合地面气象数据、土地利用数据、地形数据等，建立 WRF 四维同化系统，利用 CALPUFF 模拟当地电厂对 SO_2 的浓度贡献，并与空气质量实际监测数据进行对比，从而评估 WRF 四维同化系统对 CALPUFF 模拟结果的改善情况。

研究区域为内蒙古正蓝旗地区，该地区地势平坦，当地夏季主要 SO_2 污染源为上都电厂，其他干扰源较少，本章收集了 2013 年 8 月上都电厂污染源在线监测数据、12 个空气质量监测点 SO_2 环境浓度数据、6 个地面气象站（正蓝旗站、那日图站、五一种畜场站、乌日图站、宝绍岱苏木站、赛音胡都嘎苏木站）2013 年全年逐时数据（见图 12-24）。

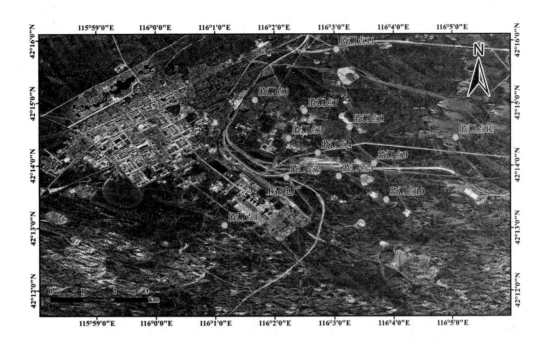

图 12-24 上都电厂及周围 12 个空气质量监测点分布

12.4.1 WRF 四维同化参数设置

本章采用的中尺度气象模型 WRF 是美国国家大气研究中心（NCAR）、美国太平洋西北国家实验室（PNNL）、美国国家海洋及大气管理局（NOAA）等共同发展的新一代中尺度数值模式，该模式输出结果可为 CALPUFF 等空气质量模型提供大气流场。

本章采用 WRF 版本为 WRFV3.6.1，模拟区域中心经纬度为（42.23°N，116°E），投影为 Lambert，网格为三层双向嵌套（水平分辨率为 36 km、12 km、4 km，垂直方向为 26 层），最内层为正蓝旗地区，时间步长 6 h，微物理方案采用 WSM6，积云对流方案采用 Grell-3。同化方案以 2013 年全年水平分辨率为 1°×1° 的 NCEP 全球再分析资料为基础，采用牛顿张弛逼近（nudging）四维同化方法，该方法是在模式预热阶段，在模拟值与观测值的差值之间存在一个与其成比例、相协调的强迫项，在模式运行进程中，该项会使模拟值逐步逼近观测值，并使各变量保持动力平衡，拥有计算量和存储空间小等优点，主要用于长期气象场模拟。

为了评估同化方案效果，本章在确保基本参数（见表 12-1）相同的前提下，开展了同化以及未同化两个对比试验。

表 12-1   WRF 模式参数设置

微物理	长波辐射	短波辐射	陆面过程	积云对流	边界层	近地层
WSM6	RRTM	Dudhia	Noah	Grell-3	ACM2	Monin-Obukhov

12.4.2   CALPUFF 参数设置

本章 CALPUFF 版本为 6.42.CALMET 气象模块采用的 90 m 分辨率地形高度资料来自美国地质勘探局（USGS），30 m 分辨率土地利用类型数据来自生态环境部环境工程评估中心"环境影响评价基础数据库建设"课题成果，中尺度气象场数据来自 WRF 四维同化数据，用于运行 CALMET 模式生成三维逐时气象场。CALMET 模式中垂直方向包含 10 层，顶层高度分别为 20 m、40 m、80 m、160 m、320 m、640 m、1 200 m、2 000 m、3 000 m 和 4 000 m。水平网格分辨率为 100 m，东西向 100 个格点，南北向 100 个格点。

CALPUFF 扩散模块中输入上都电厂烟囱坐标、烟囱高度、烟囱内径等信息，SO_2 排放参数考虑污染源排放量、温度、流速的小时变化，计算时间步长设置为 1 h，完成了 2013 年 8 月 11 至 25 日上都电厂对周边 12 个空气质量监测点小时浓度贡献模拟。

12.4.3   模拟效果评估方法

利用统计学方法（相关系数、平均偏差等）对同化及未同化方案模拟气象场效果进行对比分析。由于正蓝旗站地面气象要素（气温、风速、总云量）较完备，使用该站地面常规观测资料对两种方案模拟结果进行检验。

12.4.3.1   WRF 模拟效果评估

气温、风速、云量等气象要素是空气法规模型的重要输入参数。本章参考国内外同类工作的评估方法，针对 2 m 高度气温和 10 m 高度风速等地面气象要素进行检验分析，具体所用统计量公式如下：

$$R = \frac{\sum_{i=1}^{N}(O_i-\bar{O})(P_i-\bar{P})}{\sqrt{\sum_{i=1}^{N}(O_i-\bar{O})^2}\sqrt{\sum_{i=1}^{N}(P_i-\bar{P})^2}} \quad (12\text{-}1)$$

$$MB = \frac{1}{N}\sum_{i=1}^{N}\phi_i \quad (12\text{-}2)$$

$$MAE = \frac{1}{N}\sum_{i=1}^{N}|\phi_i| \quad (12\text{-}3)$$

$$\text{RMSE} = \left[\frac{1}{N} \sum_{i=1}^{N} (\phi_i)^2 \right]^{1/2} \tag{12-4}$$

$$\text{IA} = 1 - \frac{\sum_{i=1}^{N} (\phi_i)^2}{\sum_{i}^{N} \left(|P_i - \bar{O}| + |O_i - \bar{O}| \right)^2} \tag{12-5}$$

式中，R 为相关系数（反映模拟序列和观测序列之间的线性相关程度）；MB 为平均偏差（反映模拟序列和观测序列之间的偏差情况）；MAE 为平均绝对误差（反映模拟序列和观测序列之间偏差的实际情况）；RMSE 为均方根误差（反映模拟序列和观测序列之间偏差的平均）；IA 为模拟值与观测值的吻合指数（反映模拟序列和观测序列之间的趋势吻合程度）；P_i、O_i 分别表示第 i 个气象要素模拟值和观测值；$\bar{P}$、$\bar{O}$ 分别表示全部模拟值和观测值的平均值；N 为时间样本总数；ϕ_i 表示第 i 个模拟值和观测值之间的差值。

上述统计量中，MB、MAE、RMSE 越接近 0，R 和 IA 越接近于 1，则说明模拟效果越好。

12.4.3.2　CALPUFF 模拟效果评估

本章采用平均百分比偏差（FB）、高端值比值（RHC）等方法验证 CALPUFF 模拟值与实际监测值吻合效果。

FB 公式如下：

$$\text{FB} = \frac{2\left(\overline{C_{\text{mod}}} - \overline{C_{\text{obs}}} \right)}{C_{\text{mod}} + C_{\text{obs}}} \tag{12-6}$$

式中，$\overline{C_{\text{mod}}}$ 是 CALPUFF 模拟浓度平均值；$\overline{C_{\text{obs}}}$ 是监测浓度平均值。FB 取值越靠近 0，说明 CALPUFF 预测值与实际观测值越接近。

RHC 公式如下：

$$\text{RHC} = C(n) + [\bar{C} - C(n)] \ln\left(\frac{3n-1}{2} \right) \tag{12-7}$$

式中，$C(n)$ 为排序后第 n 个最大浓度值；$\bar{C}$ 为前 $n-1$ 个最大浓度值的平均值。采用 CALPUFF 模拟值与实测值的 RHC 之比（RHC$_R$）来反映预测的合理性，n 取为 11，则 $\bar{C}$ 是前 10 个最大浓度值的平均值。RHC$_R$ 比值越接近 1，表明 CALPUFF 模拟高端值和实际观测值越相符。FB 方法中 $\overline{C_{\text{mod}}}$ 和 $\overline{C_{\text{obs}}}$ 的取值要求与 RHC 相联系，为前 11 个高端值的平均值。

12.4.4　气象要素模拟效果分析

表 12-2 为正蓝旗站全年地面气象要素实测值与模拟值统计结果，图 12-25（彩色插页）为正蓝旗站地面气象要素实测值与模拟值线性拟合结果。从结果可以看出，同化方案模拟

正蓝旗全年气象要素的相关系数 R、吻合指数 IA 总体较未同化方案接近于 1，平均偏差 MB、平均绝对误差 MAE、均方根误差 RMSE 总体较未同化方案接近于 0，同化方案全年气象要素统计结果总体上优于未同化方案。

表 12-2　同化与未同化结果统计指标对比

统计参量	总云量		10 m 风速/（m/s）		2 m 气温/℃	
	同化	未同化	同化	未同化	同化	未同化
R	0.55	0.54	0.57	0.52	0.98	0.98
IA	0.75	0.75	0.72	0.68	0.98	0.98
MB	−0.66	−0.68	0.91	−1.14	−1.16	−1.16
MAE	2.68	2.74	1.64	1.84	2.50	2.52
RMSE	4.14	4.21	2.17	2.48	3.71	3.74
样本数	1 095	1 095	8 734	8 734	8 734	8 734

12.4.5　污染物模拟效果分析

CALPUFF 模拟 SO_2 污染物同化方案与未同化方案的 FB 值分别为 0.44、0.47，RHC_R 值分别为 1.51、1.63，同化方案的 FB 值和 RHC_R 值更接近 0 和 1。图 12-26 给出了同化前后 SO_2 模拟日均值与监测值对比情况，总体来看，同化后模拟结果落在 2 倍误差线内的占比相对较多，并且中轴线附近的点多于未同化方案，表明同化方案 SO_2 日均浓度的模拟结果优于未同化方案。

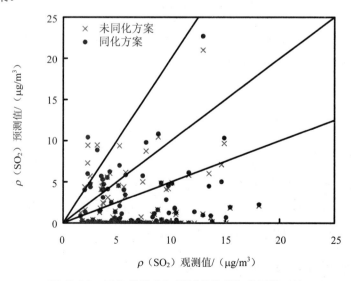

图 12-26　同化前后 SO_2 模拟日均值与监测值对比

12.4.6　结论

从本次试验的模拟结果来看，WRF 四维数据同化方法总体改善了正蓝旗地区气象场模拟效果，提高了 CALPUFF 在该地区模拟的准确度。考虑到我国幅员辽阔，地形及下垫面分类较为复杂，因此下一步需开展 WRF 四维同化方法在全国范围的应用研究，进一步分析不同地形、不同下垫面条件下，四维同化方法对 CALPUFF 模拟效果的影响情况。

本章建立了牛顿张弛逼近四维同化方法，并将其应用到内蒙古正蓝旗地区气象场模拟中。结合上都电厂在线监测数据、现场监测数据等，开展了 WRF 四维同化方法在 CALPUFF 应用研究，为我国大气环境影响评价提供了新的技术方法。

内蒙古正蓝旗案例结果表明，四维同化方法有效提高了风速、云量等气象要素模拟的准确度。

CALPUFF 污染物同化方案与未同化方案的 FB 值分别为 0.44、0.47，RHC_R 值分别为 1.51、1.63，同化方案的 FB 值和 RHC_R 值更接近 0 和 1，表明该同化方法的应用有助于 CALPUFF 模拟效果的改善。

12.5　其他研究成果

12.5.1　CALMET 地面气象数据转换在线服务系统

作者负责建立了 CALMET 地面气象数据转换在线服务系统（见图 12-27），用户可使用该系统在线生成 surf.dat 数据。

读者可在线申请并免费使用该系统（http://www.ieimodel.org/）。

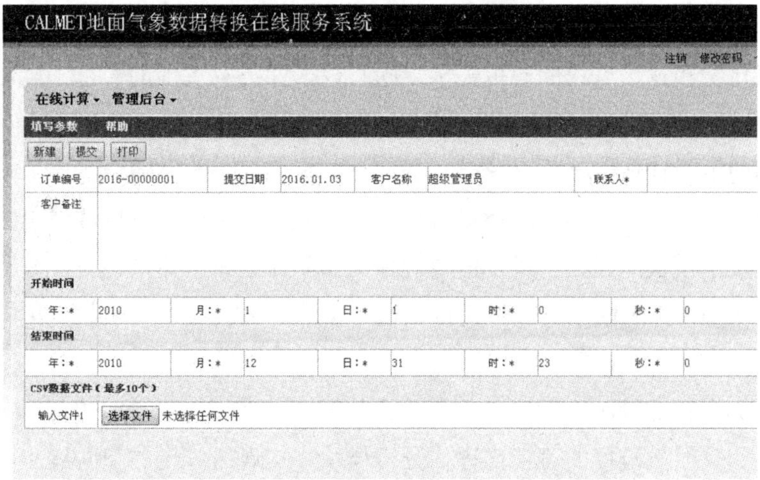

图 12-27　CALMET 地面气象数据转换在线服务系统

12.5.2　3D.DAT 服务系统

作者负责开发的 3D.data 高空气象数据业务系统（见图 12-28），对外提供全国范围中尺度高空气象模拟数据（3D.data），可直接用于大气污染模型 CALPUFF（http://www.ieimodel.org/）。

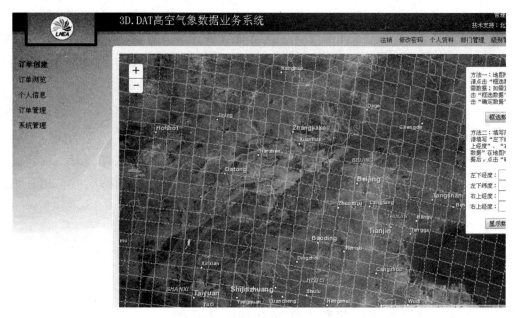

图 12-28　3D.DAT 在线服务系统

12.5.3　WRF-CMAQ 服务系统

利用现有环保大数据资源，开发一套区域空气质量模拟分析工具（WRF-CMAQ），以满足复杂大气化学和输送过程的模拟需求。同时根据业务及管理的需求，优化相关的系统操作和设置，增加污染物浓度空间分布及变化序列的可视化功能，并能实现对自定义大气污染清单影响的定量评估。

涉及的建设内容主要包括大气污染源排放清单数据、全国背景排放清单的处理，模拟系统和可视化展示模块的建设，最终需要确保业务系统正常稳定的运行。建设内容：

（1）建立 CMAQ 区域空气质量模拟模块，实现对硫酸盐、硝酸盐、臭氧等二次污染物模拟；

（2）建立火电行业等污染源清单的影响评估模块，实现污染源清单的动态模拟；

（3）建立空气质量模拟的可视化评估分析模块，实现污染场的空间展示、站点浓度序列提取、模拟结果评估。

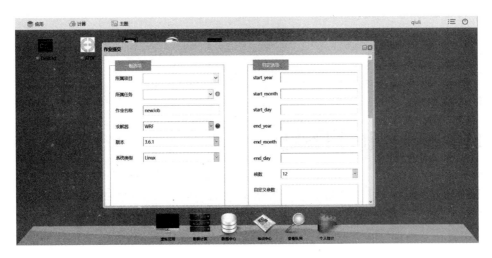

图 12-29　模型调用

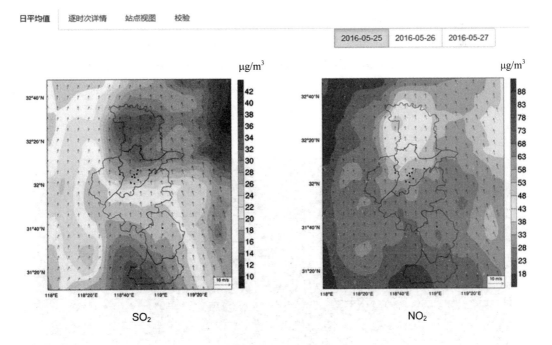

图 12-30　结果展示

第 13 章
CALPUFF 模型应用答疑

本章收集、整理了作者对网友 CALPUFF 常见问题答疑，以期供空气质量模型使用者参考。读者若有更多关于模型使用的问题，可扫描封皮的公众号二维码，作者定期更新答疑。

注意：这里提供的答案是来自 CALPUFF 学习群的问题解答（操作教程见《CALPUFF 模型技术方法与应用》）等，并不能代替我国大气导则、标准等条款要求和说明。

1. 为什么用 CALMET 运行到某个时刻就中断了？（问题来自 CALPUFF 学习群）

一般来说，有可能是 Surf.dat 或者 3D.dat 等输入气象文件里面这个时刻存在问题，建议用户检查中断这一天的输入气象数据情况。

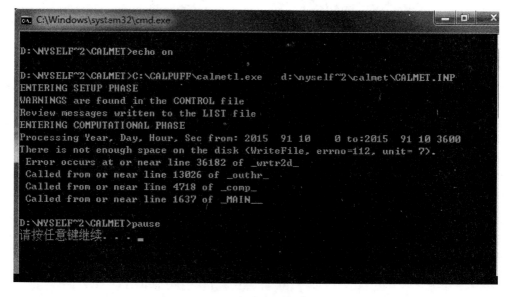

图 13-1　报错样例

2．为什么用 ctgproc 读取免费的 GLCC 土地利用数据 eausgs2_0la.img 会出现问题？
（问题来自 CALPUFF 学习群）

"File Type"选择"（GLAZAS） designates USGS Global（Lambert Azimuthal）for Eurasia -Asia"选项。

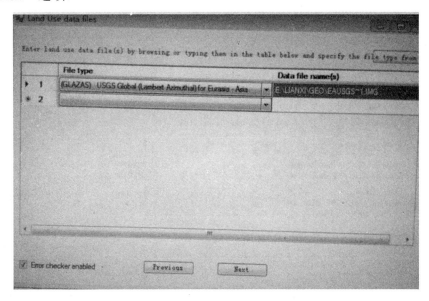

图 13-2　读取 eausgs2_0la.img 选项样例

3．CALView 为什么会出现 SURFER 版本的错误？ （问题来自 CALPUFF 学习群）

建议使用 CALPUFF 免费版本的用户，购买并安装正版的 SURFER9 英文版或者更高的版本。

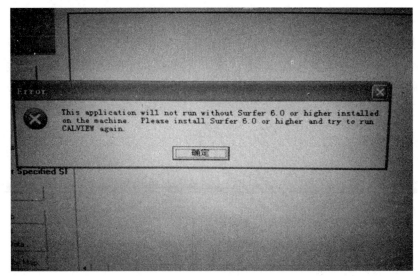

图 13-3　报错样例

4．CALPUFF 报错显示"Met file does not exist"是怎么回事？（问题来自 CALPUFF 学习群）

CALMET.DAT 不存在或者文件的路径不正确，建议仔细检查 CALPUFF.inp 里面输入的 CALMET.DAT 的路径。

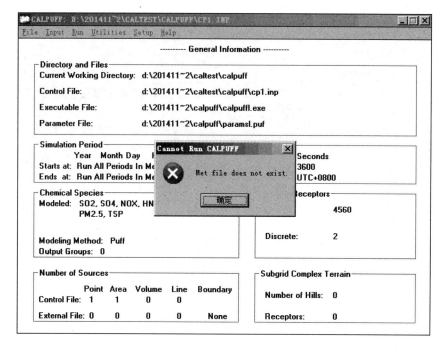

图 13-4　报错样例

5．通过 AERSURFACE 在线服务系统（http://www.ieimodel.org/aersurfaceonline）计算获得两个文件，一个是 aersurface.out，一个是 tiff.jpg，是否可以输入 CALMET？（问题来自 CALPUFF 学习群）

aersurface.out 是可以输入 AERMOD 或者 AERSCREEN。Aersurfacec 在线服务系统里面的 tiff.jpg 格式文件，只是普通图片，不可以输入 CALMET，也不可以输入任何其他模型。

图 13-5　AERSURFACE 在线服务系统输出样例

6．项目为垃圾填埋场，地面气象数据（SURF.DAT）是否可以采用填埋场内固定气象站的观测数据？地面观测站缺乏的降水数据、云量、云底高度值如何解决？（问题来自 CALPUFF 学习群）

地面气象数据可以采用填埋场内的固定气象站的观测数据；地面观测资料若缺少降水数据、云量、云底高度值等，可以用 3d.dat 数据补充。

7．CALPOST 提取 conc.dat 失败，提示错误怎么解决？（问题来自 CALPUFF 学习群）

请检查 Lst 文件，检查发现报错信息显示：CALPOST.INP 设置了 conc.dat 不存在的污染因子"F"，将"F"去掉后即可解决问题。

**************　　FATAL　　**************

Species/level specified is not on modeled list!

Species/level = F　　　　　1

Species list = SO2　　　　1SO4　　　　1NOX　　　　1HNO3　　　　1NO3

1PM10　　　1PM2.5　　　1TSP　　　　1

8．CALPUFF 什么时候选择 UTM 或兰伯特坐标？

一般来说，取决对于模拟范围的大小、所在地纬度，以及使用 UTM 坐标是否导致较大的变形。随着纬度、模拟范围的增大，UTM 投影坐标的变形将相应增大。当模拟范围超过 200 km 时，UTM 投影坐标变形会增强，这时候考虑兰伯特投影比较合适。

9．想使用 CALMET，但没有中尺度数据，如何解决？

MM5、WRF 等中尺度三维气象数据可以作为 CALMET 输入数据。若使用者没有现成的中尺度数据（3d.dat），一个选择是采用作者开发的 3D.data 高空气象数据业务系统，该系统对外提供全国范围中尺度高空气象模拟数据（3D.data），可直接用于大气污染模型 CALPUFF（http://www.ieimodel.org/）。

目前作者和国家气象局团队升级更细同化气象场，同化气象场来源于全国 3 km×3 km 高分辨率地面格点实况气象数据集（融合全球的卫星、国内的 174 部雷达、国内 5 万多个自动观测站、探空观测等实时数据源），可为模式提供更为精细客观的模式初始场和边界场，极大地提高模拟准确率。

10．CALMET、CALPUFF 是否可以在 Windows 7 与 64 位机器中使用？

CALMET.exe、CALPUFF.exe 以及 CALPUFF 模型系统的 FORTRAN 代码均可以在 Windows 7 操作系统、64 位机器上工作。

但是用户采用的可视化软件 CALPRO 中的 CALMET、CALPUFF 和 CALPOST 界面是 16 位应用程序，不能在 64 位环境中运行。

用户可以在 32 位系统下使用 CALPRO，生成 CALMET.inp、CALPUFF.inp，拷贝到 64 位机器上，然后运行 CALMET.exe、CALPUFF.exe，或者在 64 位机器上运行 32 位系统

的虚拟机。

11．如果地形数据或者气象范围跨越不同的 UTM 区，如何解决？

当发生跨区的问题，借助一些转化程序（如 UTMGEO），强行将不同区的经纬度转化为同一个分区的 UTM 坐标。

12．如果缺少高分辨率的土地利用数据（100 m），如何解决？

通过以下网址，可获取中国土地利用数据（分辨率为 30 m）：http://www.ieimodel.org/。

13．CALMET 定义的一天是从 0—23 点还是 1—24 点？

CALPUFF 模型系统定义一天为 0—23 点，其中 0 点是半夜凌晨时间。因此，"第 2 天的 0 点"与"第 1 天的 24 点"是相同的。0 点对应于晚上 11 点至半夜 12 点的时间段。

14．从哪儿获得 O_3、氨气背景数据？

作者开发了全国 O_3 背景数据库，可以提取每个城市的背景臭氧浓度。

对于氨气来说，城市监测站一般不监测氨气浓度。

可参考的氨气背景数据文件为"联邦土地管理者与空气质量相关数值工作组（FLAG，2000 年 12 月）"文件 [Federal Land Managers' Air Quality Related Values Workgroup（FLAG，December 2000）document]，该文件根据土地利用提供了三项具体数值，也即草原 $10×10^{-9}$、贫瘠土地 $1×10^{-9}$ 以及森林 $0.5×10^{-9}$。

用户也可以模拟氨气污染源（如 CAMx），模拟出预测范围的网格化氨气背景浓度。

附录 A

AERSCREEN 常用命令及参数速查手册

附录 A.1　AERSCREEN 点源 INP 文件格式

** STACK DATA	Rate	Height	Temp.	Velocity	Diam.	Flow
**	0.1100E+02	111.0000	0.0000	11.0000	1.0000	18306.

**STACK DATA-定义烟囱参数

**Rate-污染物排放速率，单位 g/s

**Height-烟囱高度，单位 m

**Temp-烟气温度，单位 K，0 表示采用环境温度

**Velocity-出口速率，单位 m/s

**Diam-烟囱内径，单位 m

Flow-烟气流速，单位 ft3/min

** BUILDING DATA	BPIP	Height	Max dim.	Min dim.	Orient.	Direct.	Offset
**	N	0.0000	0.0000	0.0000	0.0000	0.0000	0.0000

**BUILDINg DATA-定义建筑物参数

**BPIP-是否考虑建筑物下洗，Y/N 表示是/不是

**Height-建筑物高度，单位 m

**Max dim-建筑物水平方向长边长度，单位 m

**Min dim-建筑物水平方向短边长度，单位 m

**Orient-建筑物长边与正北方向夹角，单位度（0~179）

**Direction-烟囱位置相对建筑物中心与正北方向之间的角度，单位度（0~360）

**Offset-烟囱和建筑物中心之间的距离，单位 m

** MAKEMET DATA MinT MaxT Speed   AnemHt Surf Clim Albedo   Bowen Length   SC FILE

**   250.00 310.00   0.5   10.000 9 1   0.1900   0.8100   0.0100 "E：\BREEZE\AERSCREEN\ChinaCase\aersurface.out"

**MAKEMET DATA-定义 MAKEMET

**MinT-最小环境温度，单位 K

**MaxT-最大环境温度，单位 K

**Speed-最小风速，单位 m/s

**AnemHt-风速计观测高度，单位 m

**Surface-定义地表特征参数，0 表示用户输入地表特征参数，1～8 为土地利用类型，9 表示使用外部文件输入（如采用 AERSURFACE 结果文件）

0 = 用户输入的地表特性

1 = 水

2 = 落叶林

3 = 针叶林

4 = 沼泽

5 = 耕地

6 = 草原

7 = 城市

8 = 沙漠灌木地

9 = 使用地表特性的外部文件

**Clim-气候类型（对于土地利用 1 至 8），1 表示半湿润，2 表示湿润，3 表示干旱

**Albedo-用户自定义的反照率（土地利用类型为 1 至 9 时不使用/不作要求）

**Bowen-用户自定义的波文比（土地利用类型为 1 至 9 时不使用/不作要求）

**Length-用户自定义的地表粗糙度（土地利用类型为 1 至 9 时不使用/不作要求），单位 m

**SC FILE-地表特征参数外部文件

** TERRAIN DATA   Terrain UTM East   UTM North Zone Nada   Probe PROFBASE   Use AERMAP elev

**   Y   762900.0   3695600.0 48   4   5000.0   1080.24   Y

**TERRAIN DATA-定义地形

**Terrain-是否考虑地形，Y 或 N

**UTM East-UTM X 坐标，单位 m

**UTM North-UTM Y 坐标，单位 m

**Zone-UTM 分区

**Nada-源位置的 NAD 基准面，1 表示 NAD27，4 表示 NAD83

**Probe-定义模拟范围，单位 m

**PROFBASE-定义污染物地形高度，单位 m

**Use AERMAP elev-是否采用 AERMAP 计算的地形覆盖污染源地形高度，Y 或 N

** DISCRETE RECEPTORS　Discflag　Receptor file

**　　　　　N　　"NA"

**DISCRETE RECEPTORS-定义离散受体参数

**Discflag-定义离散受体，Y 或 N

**Receptor--离散受体文件，可以最多定义 10 个离散受体（与污染源的距离，单位 m）

** UNITS/POPULATION　　Units　　R/U　Population　　Amb. dist.　　Flagpole Flagpole height

**　　　　　M　　R　　0.　　1.000　　N　　0.00

**UNITS/POPULATION-定义城市/农村选项

**Units-定义单位，M 表示公制，E 表示英制

**R/U-R 表示农村，U 表示城市

**Population-为城市区域定义人口数量，单位人

**Amb. dist- 污染源距环境受体的最小距离，单位 m

**Flagpole-是否采用离地受体高度，Y 或 N

**Flagpole height-定义离地受体高度，单位 m

** FUMIGATION　　Inversion Break-up　Shoreline　Distance　Direct　Run AERSCREEN

**　　　　　N　　N　　0.00　　-9.0　　Y

**FUMIGATION-定义熏烟参数

**Inversion Break-up-是否穿透逆温层，Y 或 N

**Shoreline-是否考虑海岸熏烟，Y 或 N

**Distance-距离海岸的最小距离，单位 m（不大于 3000m）

**Direct-污染源与海岸的方向，可选参数，0～360 度，-9 表示不指定该参数

** DEBMG OPTION　　Debµg

**　　　　　N

**DEBMG OPTION-定义调试选项

**Debµg-开启调试，Y 或 N

附录 A.2　AERSCREEN 圆形面源 INP 文件格式

** AREACIRC DATA　　Rate　Height　Radius　NVerts　　Szinit

**　　　　0.1100E+02　3.0000　100.0000　　20　　2.00

**AREACIRC DATA-定义圆形面源参数

**Rate-污染物排放速率，单位 g/s

**Height-排放高度，单位 m

**Radius-圆半径，单位 m

**NVerts-

**Szinit-烟羽的初始垂直尺寸，单位 m

** BUILDING DATA　BPIP　Height　Max dim.　Min dim.　Orient.　Direct. Offset

**　　　　　N　0.0000　0.0000　0.0000　0.0000　0.0000　0.0000

**BUILDING DATA-定义建筑物参数

**BPIP-是否考虑建筑物下洗，Y/N 表示是/不是

**Height-建筑物高度，单位 m

**Max dim-建筑物水平方向长边长度，单位 m

**Min dim-建筑物水平方向短边长度，单位 m

**Orient-建筑物长边与正北方向夹角，单位度（0～179）

**Direction-烟囱位置相对建筑物中心与正北方向之间的角度，单位度（0～360）

**Offset-烟囱和建筑物中心之间的距离，单位 m

** MAKEMET DATA MinT　MaxT　Speed　　AnemHt　Surf Clim　Albedo　Bowen Length　SC FILE

**　　　　250.00　310.00　　0.5　　10.000　9　1　0.1900　0.8100　0.0100 "E：\Model\circulararea\aersurface.out"

**MAKEMET DATA-定义 MAKEMET

**MinT-最小环境温度，单位 K

**MaxT-最大环境温度，单位 K

**Speed-最小风速，单位 m/s

**AnemHt-风速计观测高度，单位 m

**Surface-定义地表特征参数，0 表示用户输入地表特征参数，1～8 为土地利用类型，9 表示使用外部文件输入（如采用 AERSURFACE 结果文件）

　　0 = 用户输入的地表特性

? 　1 = 水

? 　2 = 落叶林

? 　3 = 针叶林

? 　4 = 沼泽

? 　5 = 耕地

? 　6 = 草原

? 　7 = 城市

? 　8 = 沙漠灌木地

? 　9 = 使用地表特性的外部文件

**Clim-气候类型（对于土地利用 1 至 8），1 表示半湿润，2 表示湿润，3 表示干旱

**Albedo-用户自定义的反照率（土地利用类型为 1 至 9 时不使用/不作要求）

**Bowen-用户自定义的波文比（土地利用类型为 1 至 9 时不使用/不作要求）

**Length-用户自定义的地表粗糙度（土地利用类型为 1 至 9 时不使用/不作要求），单位 m

**SC FILE-地表特征参数外部文件

** TERRAIN DATA　　Terrain　UTM East　UTM North　Zone　Nada　Probe PROFBASE　Use AERMAP elev

**　　　　　　　　Y　762900.0　3695600.0　48　4　5000.0　1080.24 Y

**TERRAIN DATA-定义地形

**Terrain-是否考虑地形，Y 或 N

**UTM East-UTM X 坐标，单位 m

**UTM North-UTM Y 坐标，单位 m

**Zone-UTM 分区

**Nada-源位置的 NAD 基准面，1 表示 NAD27，4 表示 NAD83

**Probe-定义模拟范围，单位 m

**PROFBASE-定义污染物地形高度，单位 m

**Use AERMAP elev-是否采用 AERMAP 计算的地形覆盖污染源地形高度，Y 或 N

** DISCRETE RECEPTORS　Discflag　Receptor file

**　　　　　　　N　　"NA"

**DISCRETE RECEPTORS-定义离散受体参数

**Discflag-定义离散受体，Y 或 N

****Receptor--离散受体文件，可以最多定义 10 个离散受体（与污染源的距离，单位 m）

** UNITS/POPULATION　　Units　　R/U　　Population　　Amb. dist.　　Flagpole　Flagpole height

**　　　　　　M　　R　　0.　　1.000　　N　　0.00

**UNITS/POPULATION-定义城市/农村选项

**Units-定义单位，M 表示公制，E 表示英制

**R/U-R 表示农村，U 表示城市

**Population-为城市区域定义人口数量，单位人

**Amb. dist- 污染源距环境受体的最小距离，单位 m

**Flagpole-是否采用离地受体高度，Y 或 N

**Flagpole height-定义离地受体高度，单位 m

** FUMIGATION　　Inversion Break-up　　Shoreline　　Distance　　Direct　　Run AERSCREEN

**　　　　　N　　　N　　0.00　　-9.0　　Y

**FUMIGATION-定义熏烟参数

**Inversion Break-up-是否穿透逆温层，Y 或 N

**Shoreline-是否考虑海岸熏烟，Y 或 N

**Distance-距离海岸的最小距离，单位 m（不大于 3000m）

**Direct-污染源与海岸的方向，可选参数，0～360 度，-9 表示不指定该参数

** DEBMG OPTION　　Debμg

**　　　　　N

**DEBMG OPTION-定义调试选项

**Debμg-开启调试，Y 或 N

附录 A.3　AERSCREEN 矩形面源 INP 文件格式

** AREA DATA　　Rate　Height　Length　　Width　　Angle　　Szinit

**　　　　0.1100E+02　3.0000　100　　50　18　　2.00

**AREACIRC DATA-定义面源参数

**Rate-污染物排放速率，单位 g/s

**Height-排放高度，单位 m

**Length-面源的长边尺寸，单位 m

**Width-面源的短边尺寸，单位 m

**Angle-

**Szinit-烟羽的初始垂直尺寸，单位 m

** BUILDING DATA   BPIP   Height   Max dim.   Min dim.   Orient.   Direct. Offset

**   N   0.0000   0.0000   0.0000   0.0000   0.0000   0.0000

**BUILDING DATA-定义建筑物参数

**BPIP-是否考虑建筑物下洗，Y/N 表示是/不是

**Height-建筑物高度，单位 m

**Max dim-建筑物水平方向长边长度，单位 m

**Min dim-建筑物水平方向短边长度，单位 m

**Orient-建筑物长边与正北方向夹角，单位度（0～179）

**Direction-烟囱位置相对建筑物中心与正北方向之间的角度，单位度（0～360）

**Offset-烟囱和建筑物中心之间的距离，单位 m

** MAKEMET DATA   MinT   MaxT   Speed   AnemHt   Surf   Clim   Albedo   Bowen Length   SC FILE

**   250.00   310.00   0.5   10.000   9   1   0.1900   0.8100   0.0100 "E：\Model\circulararea\aersurface.out"

**MAKEMET DATA-定义 MAKEMET

**MinT-最小环境温度，单位 K

**MaxT-最大环境温度，单位 K

**Speed-最小风速，单位 m/s

**AnemHt-风速计观测高度，单位 m

**Surface-定义地表特征参数，0 表示用户输入地表特征参数，1～8 为土地利用类型，9 表示使用外部文件输入（如采用 AERSURFACE 结果文件）

0 = 用户输入的地表特性

? 1 = 水

? 2 = 落叶林

? 3 = 针叶林

? 4 = 沼泽

? 5 = 耕地

? 6 = 草原

? 7 = 城市

? 8 = 沙漠灌木地

？   9 = 使用地表特性的外部文件

**Clim-气候类型（对于土地利用 1 至 8），1 表示半湿润，2 表示湿润，3 表示干旱

**Albedo-用户自定义的反照率（土地利用类型为 1 至 9 时不使用/不作要求）

**Bowen-用户自定义的波文比（土地利用类型为 1 至 9 时不使用/不作要求）

**Length-用户自定义的地表粗糙度（土地利用类型为 1 至 9 时不使用/不作要求），单位 m

**SC FILE-地表特征参数外部文件

** TERRAIN DATA   Terrain   UTM East   UTM North   Zone   Nada   Probe   PROFBASE   Use AERMAP elev

**   N   762900.0   3695600.0   48   4   5000.0   1080.24   N

**TERRAIN DATA-定义地形

**Terrain-是否考虑地形，Y 或 N

**UTM East-UTM X 坐标，单位 m

**UTM North-UTM Y 坐标，单位 m

**Zone-UTM 分区

**Nada-源位置的 NAD 基准面，1 表示 NAD27，4 表示 NAD83

**Probe-定义模拟范围，单位 m

**PROFBASE-定义污染物地形高度，单位 m

**Use AERMAP elev-是否采用 AERMAP 计算的地形覆盖污染源地形高度，Y 或 N

** DISCRETE RECEPTORS   Discflag   Receptor file

**   N   "NA"

**DISCRETE RECEPTORS-定义离散受体参数

**Discflag-定义离散受体，Y 或 N

**Receptor--离散受体文件，可以最多定义 10 个离散受体（与污染源的距离，单位 m）

** UNITS/POPULATION   Units   R/U   Population   Amb. dist.   Flagpole   Flagpole height

**   M   R   0.   1.000   N   0.00

**UNITS/POPULATION-定义城市/农村选项

**Units-定义单位，M 表示公制，E 表示英制

**R/U-R 表示农村，U 表示城市

**Population-为城市区域定义人口数量，单位人

**Amb. dist- 污染源距环境受体的最小距离，单位 m

**Flagpole-是否采用离地受体高度，Y 或 N

**Flagpole height-定义离地受体高度，单位 m

** FUMIGATION　　　　Inversion Break-up　　Shoreline　Distance　Direct　Run AERSCREEN

**　　　　　　　N　　　　　　　N　　　0.00　　-9.0　　Y

**FUMIGATION-定义熏烟参数

**Inversion Break-up-是否穿透逆温层，Y 或 N

**Shoreline-是否考虑海岸熏烟，Y 或 N

**Distance-距离海岸的最小距离，单位 m（不大于 3000m）

**Direct-污染源与海岸的方向，可选参数，0～360 度，-9 表示不指定该参数

** DEBMG OPTION　　　Debμg

**　　　　　N

**DEBMG OPTION-定义调试选项

**Debμg-开启调试，Y 或 N

** OUTPUT FILE "SRC00001.OUT"

**OUTPUT FILE-定义输出文件

** Temporal sector：Winter，flow vector：280 degrees，spatial sector：　4

以下参数同 AERMOD

附录 A.4　AERSCREEN 体源 INP 文件格式

** VOLUME DATA　　　Rate　Height　Syinit　Szinit

**　　　　　0.1100E+02　5.0000　　10.0000　　10.0000

**AREACIRC DATA-定义体源参数

**Rate-污染物排放速率，单位 g/s

**Height-排放高度，单位 m

**Syinit-初始横向尺寸，单位 m

**Szinit-初始垂直尺寸，单位 m

** BUILDING DATA　BPIP　Height　Max dim.　Min dim.　Orient.　Direct. Offset

**　　　　　　　N　　0.0000　0.0000　0.0000　0.0000　0.0000　0.0000

**BUILDING DATA-定义建筑物参数

**BPIP-是否考虑建筑物下洗，Y/N 表示是/不是

**Height-建筑物高度，单位 m

**Max dim-建筑物水平方向长边长度，单位 m

**Min dim-建筑物水平方向短边长度，单位 m

**Orient-建筑物长边与正北方向夹角，单位度（0~179）

**Direction-烟囱位置相对建筑物中心与正北方向之间的角度，单位度（0~360）

**Offset-烟囱和建筑物中心之间的距离，单位 m

** MAKEMET DATA　MinT　MaxT Speed　AnemHt Surf Clim　Albedo　Bowen Length　SC FILE

**　　　　　　　　250.00　310.00　0.5　10.000　9　1　0.1900　0.8100　0.0100 "E：\Model\circulararea\aersurface.out"

**MAKEMET DATA-定义 MAKEMET

**MinT-最小环境温度，单位 K

**MaxT-最大环境温度，单位 K

**Speed-最小风速，单位 m/s

**AnemHt-风速计观测高度，单位 m

**Surface-定义地表特征参数，0 表示用户输入地表特征参数，1~8 为土地利用类型，9 表示使用外部文件输入（如采用 AERSURFACE 结果文件）

0 = 用户输入的地表特性

? 1 = 水

? 2 = 落叶林

? 3 = 针叶林

? 4 = 沼泽

? 5 = 耕地

? 6 = 草原

? 7 = 城市

? 8 = 沙漠灌木地

? 9 = 使用地表特性的外部文件

**Clim-气候类型（对于土地利用 1 至 8），1 表示半湿润，2 表示湿润，3 表示干旱

**Albedo-用户自定义的反照率（土地利用类型为 1 至 9 时不使用/不作要求）

**Bowen-用户自定义的波文比（土地利用类型为 1 至 9 时不使用/不作要求）

**Length-用户自定义的地表粗糙度（土地利用类型为 1 至 9 时不使用/不作要求），单位 m

**SC FILE-地表特征参数外部文件

** TERRAIN DATA　Terrain　UTM East　UTM North　Zone　Nada　Probe

PROFBASE　　Use AERMAP elev

**　　　　　Y　　762900.0　　3695600.0　　48　　4　　　5000.0　　　1080.24

Y

　　**TERRAIN DATA-定义地形

　　**Terrain-是否考虑地形，Y 或 N

　　**UTM East-UTM X 坐标，单位 m

　　**UTM North-UTM Y 坐标，单位 m

　　**Zone-UTM 分区

　　**Nada-源位置的 NAD 基准面，1 表示 NAD27，4 表示 NAD83

　　**Probe-定义模拟范围，单位 m

　　**PROFBASE-定义污染物地形高度，单位 m

　　**Use AERMAP elev-是否采用 AERMAP 计算的地形覆盖污染源地形高度，Y 或 N

　　** DISCRETE RECEPTORS　　Discflag　　Receptor file

　　**　　　　　N　　　"NA"

　　**DISCRETE RECEPTORS-定义离散受体参数

　　**Discflag-定义离散受体，Y 或 N

　　**Receptor--离散受体文件，可以最多定义 10 个离散受体（与污染源的距离，单位 m）

　　** UNITS/POPULATION　　　Units　　R/U　　Population　　Amb. dist.　　Flagpole

Flagpole height

　　**　　　　　M　　R　　0.　　　1.000　　　N　　　0.00

　　**UNITS/POPULATION-定义城市/农村选项

　　**Units-定义单位，M 表示公制，E 表示英制

　　**R/U-R 表示农村，U 表示城市

　　**Population-为城市区域定义人口数量，单位人

　　**Amb. dist- 污染源距环境受体的最小距离，单位 m

　　**Flagpole-是否采用离地受体高度，Y 或 N

　　**Flagpole height-定义离地受体高度，单位 m

　　** FUMIGATION　　　Inversion Break-up　　Shoreline　　Distance　　Direct　　Run

AERSCREEN

　　**　　　　　N　　　N　　　0.00　　-9.0　　Y

　　**FUMIGATION-定义熏烟参数

　　**Inversion Break-up-是否穿透逆温层，Y 或 N

　　**Shoreline-是否考虑海岸熏烟，Y 或 N

**Distance-距离海岸的最小距离，单位 m（不大于 3000m）

**Direct-污染源与海岸的方向，可选参数，0～360 度，-9 表示不指定该参数

** DEBMG OPTION   Debμg

**   N

**DEBMG OPTION-定义调试选项

**Debμg-开启调试，Y 或 N

** OUTPUT FILE "SRC00001.OUT"

**OUTPUT FILE-定义输出文件

** Temporal sector：Winter，flow vector：280 degrees，spatial sector： 4

以下参数同 AERMOD

参考文献

[1] HJ 2.2—2008 环境影响评价技术导则 大气环境[S]. 北京：中国环境科学出版社，2008.

[2] 伯鑫. CALPUFF 模型技术方法与应用[M]. 北京：中国环境出版社，2016：1-6.

[3] 伯鑫，张玲，刘梦，等. 复杂地形下确定钢铁联合企业防护距离研究[J]. 环境工程，2011，29（S1）：298-302.

[4] 伯鑫，丁峰，徐鹤，等. 大气扩散 CALPUFF 模型技术综述[J]. 环境监测管理与技术，2009（3）：9-13.

[5] 伯鑫，丁峰，李时蓓. CALPUFF 动态可视化系统的开发与应用研究[J]. 安全与环境工程，2010，17（4）：37-42.

[6] 伯鑫，王刚，温柔，等. 京津冀地区火电企业的大气污染影响[J]. 中国环境科学，2015（2）：364-373.

[7] 伯鑫，吴忠祥，王刚，等. CALPUFF 模式的标准化应用技术研究[J]. 环境科学与技术，2014（S2）：530-534.

[8] 伯鑫，王刚，田军，等. AERMOD 模型地表参数标准化集成系统研究[J]. 中国环境科学，2015（9）：2570-2575.

[9] 伯鑫，赵春丽，吴铁，等. 京津冀地区钢铁行业高时空分辨率排放清单方法研究[J]. 中国环境科学，2015，35（8）：2554-2560.

[10] 杨多兴，杨木水，赵晓宏，等. AERMOD 模式系统理论[J]. 化学工业与工程，2005，22（2）：130-135.

[11] 环境保护部. 环境质量模型规范化管理暂行办法（征求意见稿）.

[12] http://src. com/calpuff/FAQ-questions. htm.

[13] EPA（USA）. USER'S Guide for the AERMOD METEOROLOGICAL PREPRO -CESSOR（AERMET）[M]. U. S. Environmental Protection Agency Office of Air Quality Planning and Standards Emissions，Monitoring，and Analysis Division Research Triangle Park，North Carolina 27711，2004：1-40.

[14] EPA（USA）. Revised Draft USER'S Guide for The AERMOD TERRAIN PREPROCESSOR（AERMAP）[M]. U. S. Environmental Protection Agency Office of Air Quality Planning and Standards Emissions，Monitoring，and Analysis Division Research Triangle Park，North Carolina 27711，1998：1-35.

[15] U. S. EPA. Screening Procedures for Estimating the Air Quality Impact of Stationary Sources[M]. EPA-454/R-92-019. U. S. Environmental Protection Agency，Research Triangle Park，NC 27711，1992：1-10.

[16] U. S. EPA. User's Guide to the Building Profile Input Program[M]. EPA-454/R-93-038. U. S. Environmental Protection Agency，Research Triangle Park，North Carolina 27711，2004：1-25.

[17] U. S. EPA. AERSURFACE User's Guide[M]. EPA-454/B-08-001. U. S. Environmental Protection Agency， Research Triangle Park，North Carolina 27711，2008：1-30.

[18] U. S. Environmental Protection Agency Office of Air Quality Planning and Standards Air Quality Assessment Division Air Quality Modeling Group Research Triangle Park. AERSCREEN User's Guide[M]. North Carolina：U. S. Environmental Protection Agency Office of Air Quality Planning and Standards Air Quality Assessment Division Air Quality Modeling Group Research Triangle Park. 2011：1-45.

[19] EPA（USA）. User's guide for the AERMODMG，EPA（USA）document[R]. North Carolina：U. S. Environmental Protection Agency，Office of Air Quality Planning and Standards Emissions，Monitoring， and Analysis Division，Research Triangle Park，1998：1-28.

[20] Cimorelli Alan J. AERMOD：description of model formulation（draft）[R]. USA：AMS/EPA Regulatory Model Improvement Committee，2004：1-91.

[21] Cimorelli Paine R J. Model evaluation results for AERMOD（draft）[R]. ENSR Corporation，1998：1-40 .

[22] Perry S G. AERMOD description of model formulation（draft）[R]. AMS/EPA Regulatory Model Improvement Committee，1998：1-10

[23] 李时蓓，戴文楠，杜蕴慧. 对环境空气质量预测中不利气象条件的研究[J]. 环境科学研究，2007，20（5）：26-30.

[24] U. S. Environmental Protection Agency Office of Air Quality Planning and Standards Emissions，Monitoring，and Analysis Division Research Triangle Park. Screen3 Model User's Guide[M]. North Carolina：U. S. Environmental Protection Agency Office of Air Quality Planning and Standards Emissions， Monitoring，and Analysis Division Research Triangle Park，1995：43-45.

[25] 郭育红，辛金元，王跃思，等. 唐山市大气颗粒物 OC/EC 浓度谱分布观测研究[J]. 环境科学，2013，34（7）：2497-2504.

[26] 周瑞，辛金元，邢立亭，等. 唐山工业新区冬季采暖期大气污染变化特征研究[J]. 环境科学，2011，32（7）：1874-1880.

[27] 王晓元，辛金元，王跃思，等. 唐山夏秋季大气质量观测与分析[J]. 环境科学，2010，31（4）：877-885.

[28] 刘莹，李金凤，聂滕，等. 唐山市大气环境治理措施的效果及分析[J]. 环境科学研究，2013，26（12）：1364-1370.

[29] 苗红妍，温天雪，王丽，等. 唐山大气颗粒物中水溶性无机盐的观测研究[J]. 环境科学，2013（4）：1225-1231.

[30] Shi G L, Feng Y C，Wu J H，et al. Source Identification of Polycyclic Aromatic Hydrocarbons in Urban

Particulate Matter of Tangshan，China[J]. Aerosol & Air Quality Research，2009，9（3）：309-315.

[31]　Ren Z Y，Zhang B，Lu P，et al. Characteristics of air pollution by polychlorinated dibenzo-p-dioxins and dibenzofurans in the typical industrial areas of Tangshan City，China[J]. Journal of Environmental Sciences，2011，23（2）：228-235.

[32]　孙杰，王跃思，吴方堃，等. 唐山市和北京市夏秋季节大气 VOCs 组成及浓度变化[J]. 环境科学，2010（7）：1438-1443.

[33]　李韧，程水源，郭秀锐，等. 唐山市区大气环境容量研究[J]. 安全与环境学报，2005（3）：46-50.

[34]　李春燕. 唐山市大气中多环芳烃污染现状研究[J]. 能源环境保护，2006（5）：59-61.

[35]　刘世玺. 唐山工业区霾及气态污染物观测研究[D]. 南京：南京信息工程大学，2012.

[36]　温维，韩力慧，陈旭峰，等. 唐山市 $PM_{2.5}$ 理化特征及来源解析[J]. 安全与环境学报，2015，15（2）：313-318.

[37]　丁峰，李时蓓，蔡芳. AERMOD 在国内环境影响评价中的实例验证与应用[J]. 环境污染与防治，2007，29（12）：953-957.

[38]　丁峰，蔡芳，李时蓓. 应用 AERMOD 计算卫生防护距离方法探讨[J]. 环境保护科学，2008，34（5）：56-59.

[39]　丁峰，李时蓓，赵晓宏，等. 修订版大气导则与现行大气导则推荐模式实例对比验证分析[J]. 环境污染与防治，2008，30（8）：101-104.

[40]　丁峰，李时蓓，赵晓宏. 大气环境影响预测与评价编写及技术复核要点分析[J]. 环境监测管理与技术，2008，20（6）：65-68.

[41]　江磊，黄国忠，吴文军，等. 美国 AERMOD 模型与中国大气导则推荐模型点源比较[J]. 环境科学研究，2007，20（3）：45-51.

[42]　潘岳. 战略环评与可持续发展[J]. 经济社会体制比较，2005（6）：11-14.

[43]　李天威，任景明，刘小丽，等. 区域性战略环评推动经济发展转型探析[J]. 环境保护，2013（10）：41-43.

[44]　伯鑫，杜娟，丁峰，等. 钢铁行业大气环境影响评价方法与建议[J]. 环境工程，2011（S1）：264-268.

[45]　鞠美庭，朱坦. 国际战略环评实践追踪及中国对规划实施环境影响评价的管理程序和技术路线探讨[J]. 重庆环境科学，2003，11：124-127.

[46]　胡春力，张思纯. 完善我国战略环评中产业结构的环境影响评价内容及方法[J]. 环境保护，2008，20：16-19.

[47]　段飞舟，任景明. 区域生态风险评价及其在战略环评中的应用[J]. 环境工程技术学报，2011，1：72-74.

[48]　任景明，徐鹤，李健，等. 区域性战略环评的公众参与模式[J]. 环境保护，2013，18：64-65.

[49]　魏文龙，曾思育，杜鹏飞，等. 一种兼顾目标总量和容量总量的水污染物排放限值确定方法[J]. 中

国环境科学，2014（1）：136-142.

[50] 杨志恒. 国内外战略环境影响评价的研究进展及思考[J]. 生态经济，2010（4）：145-148.

[51] 赵杰. 欧美国家规划层次上的战略环境评价的理论与实践[J]. 城市环境与城市生态，2006（5）：44-46.

[52] 周朝阳，段艳宇. 我国实施战略环境影响评价（SEA）理论研究[J]. 四川建材，2009，35（2）：336-338.

[53] 朱源，任景明. 欧盟战略环评的实践经验及对中国的借鉴[J]. 北方环境，2013（2）：3-7.

[54] 李天威，张辉，等. 战略环境评价关键理论及技术集成研究报告[R].

[55] 贺涛，李玉文，李泰儒，等. 欧洲战略环境影响评价工作程序与特点分析研究[J]. 环境科学与管理，2013，38（12）：140-144.

[56] HJ 130—2014 规划环境影响评价技术导则　总纲[S].

[57] 黄丽华，王亚男，王天培. 从五大区域战略环评看我国未来战略环评发展[J]. 环境保护，2011（6）：50-52.

[58] 董继元，刘兴荣，张本忠，等. 上海市居民暴露于多环芳烃的健康风险评价[J]. 生态环境学报，2015（1）：126-132.

[59] 赵静波，姬亚芹，单春艳，等. 鞍山市城区夏季 $PM_{2.5}$ 中多环芳烃组成特征及来源解析[J]. 环境污染与防治，2015（11）：72-75，82.

[60] 伯鑫，王刚，温柔，等. 焦炉排放多环芳烃与人体健康风险评价研究[J]. 环境科学，2014（7）：2742-2747.

[61] Denissenko M F，Pao A，Tang M，et al. Preferential formation of benzo[a]pyrene adducts at lung cancer mutational hotspots in P53[J]. Science，1996，274（5286）：430-432.

[62] Hattemer F H，Travis C C. Benzo-a-pyrene：environmental partitioning and human exposure[J]. Toxicol Ind Health，1991，7（3）：141-157.

[63] 山西省经济和信息化委员会. 山西省经济和信息化委员会关于印发《山西省"十三五"焦化工业发展规划》的通知[EB/OL]. http://www. xzsjxw. gov. cn/threeAction!skip？typeId=127，124，155&id=1776&id1=6&id2=7[2016-12-15].

[64] 山西省经济和信息化委员会. 山西省传统优势产业三年推进计划（2015—2017 年）[EB/OL]. http://www. sxsgsylhh. org/policy/1663. htm[2015-08-11].

[65] GB 11661—2012　炼焦业卫生防护距离[S].

[66] AUTHORITY T E P. Guidelines for separation distances[S]. 2007.

[67] AUTHORITY E P. Separation Distances between Industrial and Sensitive Land Uses[S]. 2005.

[68] 姚渭溪，曹学丽，徐晓白. 工业型煤燃烧烟气排放苯并[a]芘的评价[J]. 环境污染与防治，1992（5）：27-30.

[69] 孟川平，杨凌霄，董灿，等. 济南冬春季室内空气 $PM_{2.5}$ 中多环芳烃污染特征及健康风险评价[J]. 环

境化学，2013（5）：719-725.

[70] Shakeri A，Madadi M，Mehrabi B. Health risk assessment and source apportionment of PAHs in industrial and bitumen contaminated soils of Kermanshah province；NW Iran[J]. Toxicology & Environmental Health Sciences，2016，8（3）：201-212.

[71] Wang Y，Xu Y，Chen Y，et al. Influence of different types of coals and stoves on the emissions of parent and oxygenated PAHs from residential coal combustion in China[J]. Environmental Pollution，2016，212（14）：1-8.

[72] 海婷婷，陈颖军，王艳，等. 民用燃煤源中多环芳烃排放因子实测及其影响因素研究[J]. 环境科学，2013（7）：2533-2538.

[73] 蒋秋静，李跃宇，胡新新，等. 太原市多环芳烃（PAHs）排放清单与分布特征分析[J]. 中国环境科学，2013（1）：14-20.

[74] Kim K H，Jahan S A，Kabir E，et al. A review of airborne polycyclic aromatic hydrocarbons（PAHs）and their human health effects[J]. Environment International，2013，60（5）：71-80.

[75] Programme U N E O，Organization I L，Health W. Environmental health criteria 202[EB/OL]. http://www.inchem. org/documents/ehc/ehc/ehc202. htm#SectionNumber：1. 1.

[76] Mu L，Peng L，Cao J J，et al. Emissions of polycyclic aromatic hydrocarbons from coking industries in China[J]. Particuology，2013，11（1）：86-93.

[77] 伯鑫，李时蓓，吴忠祥，等. 基于反演模型的焦炉无组织苯并[a]芘排放因子研究[J]. 中国环境科学，2016（5）：1340-1344.

[78] 郝天，杜鹏飞，杜斌，等. 基于 USEtox 的焦化行业优先污染物筛选排序研究[J]. 环境科学，2014（1）：304-312.

[79] 姜胜洪. 网络舆情热点的形成与发展、现状及舆论引导[J]. 理论月刊，2008（4）：34-36.

[80] 王晰巍，邢云菲，赵丹，等. 基于社会网络分析的移动环境下网络舆情信息传播研究——以新浪微博"雾霾"话题为例[J]. 图书情报工作，2015（7）：14-22.

[81] 蔡博峰，王金南，龙瀛，等. 中国垃圾填埋场恶臭影响人口和人群活动研究[J]. 环境工程，2016（2）：5-9，32.

[82] 环境保护部"12369"环保举报热线[EB/OL]. http://219. 143. 244. 187：8888/Hotline/index. jsp.

[83] 伯鑫，丁峰，刘梦. AERSCREEN 计算大气环境防护距离方法对比研究[J]. 环境工程，2012（S2）：554-556.

[84] 伯鑫，傅银银，丁峰，等. 新一代大气污染估算模式 AERSCREEN 对比分析研究[J]. 环境工程，2012（5）：71-76，99.

[85] 环境保护部环境工程评估中心. AERSURFACE 在线服务系统 [EB/OL]. http://ieimodel. org/aersurfaceapp/custom/login. aspx[2015-01-01].

[86] CGIAR-CSI GeoPortal. SRTM 90m Digital Elevation Data[EB/OL]. http://srtm. csi. cgiar. org/index. asp.

[87] 陈林. 我国航空运输 LTO 阶段和巡航阶段排放量测算与预测[J]. 北京交通大学学报：社会科学版，2013，12（4）：27-33.

[88] Sausen R，Schumann U. Estimates of the Climate Response to Aircraft CO_2 and NO_x Emissions Scenarios[M]// Progress in international relations theory. MIT Press，2000：208-216.

[89] Kentarchos A S， Roelofs G J. Impact of aircraft NO_x, emissions on tropospheric ozone calculated with a chemistry-general circulation model：Sensitivity to higher hydrocarbon chemistry[J]. Journal of Geophysical Research Atmospheres，2002，107（D13）：ACH 8-1–ACH 8-12.

[90] 黄勇，周桂林，吴寿生. 中国上空民航飞机 NO_x 排放量及其分布初探[J]. 环境科学学报，2000，20（2）：179-182.

[91] Liu Y，Isaksen I S A，Sundet J K，et al. Impact of aircraft NO_x emission on NOxand ozone over China[J]. Advances in Atmospheric Sciences，2003，20（4）：565-574.

[92] Schumann U. Effects of aircraft emissions on ozone，cirrus clouds，and global climate[J]. Air & Space Europe，2000，2（3）：29-33.

[93] Brasseur G P，Cox R A，Hauglustaine D，et al. European scientific assessment of the atmospheric effects of aircraft emissions[J]. Atmospheric Environment，1998，32（13）：2329-2418.

[94] 吴寿生. 飞机发动机排气污染控制[J]. 国际航空，1994（9）：51-53.

[95] 夏卿. 飞机发动机排放对机场大气环境影响评估研究[D]. 南京：南京航空航天大学，2009.

[96] 夏卿，左洪福，杨军利. 中国民航机场飞机起飞着陆（LTO）循环排放量估算[J]. 环境科学学报，2008，28（7）：1469-1474.

[97] 黄清凤，陈桂浓，胡丹心，等. 广州白云国际机场飞机大气污染物排放分析[J]. 环境监测管理与技术，2014，26（3）：57-59.

[98] 陈林. 我国航空运输 LTO 阶段和巡航阶段排放量测算与预测[J]. 北京交通大学学报：社会科学版，2013，12（4）：27-33.

[99] 宋利生. 基于 ICAO 起降模型的中国机场飞机排污计算研究[J]. 中国民航大学学报，2013，31（6）：46-48.

[100] Schürmann G，Schäfer K，Jahn C，et al. The impact of NO_x，CO and VOC emissions on the air quality of Zurich airport[J]. Atmospheric Environment，2007，41（1）：103-118.

[101] 储燕萍. 上海浦东国际机场飞机尾气排放对机场附近空气质量的影响[J]. 环境监控与预警，2013，5（4）：50-52，56.

[102] 曹惠玲，饶德志，梁大敏. 机场飞机起降循环污染物扩散分布研究[J]. 环境科学与技术，2013，36（6L）：374-376.

[103] 闫国华，高君，魏娜. 飞机不同进近排放影响研究[C]. 第五届中国智能交通年会暨第六届国际节能与新能源汽车创新发展论坛，深圳，2009.

[104] 李可，李政. 考虑飞机排放的滑行线路优化[J]. 交通节能与环保，2009（4）：44-47.

[105] 李龙海，张积洪. 民用航空器机载 APU 污染排放及节能运行研究[J]. 环境科学与技术，2013，36（10）：34-38.

[106] Masiol M，Harrison R M. Aircraft engine exhaust emissions and other airport-related contributions to ambient air pollution：A review[J]. Atmospheric Environment，2014，95（1）：409-455.

[107] Zhu Y，Fanning E，Yu R C，et al.　Aircraft emissions and local air quality impacts from takeoff activities at a large International Airport[J]. Atmospheric Environment，2011，45（36）：6526-6533.

[108] Kesgin U. Aircraft emissions at Turkish airports[J]. Energy，2006，31（2）：372-384.

[109] 樊守彬，聂磊，李雪峰. 应用 EDMS 模型建立机场大气污染物排放清单[J]. 安全与环境学报，2010，10（4）：93-96.

[110] 2012 年全国机场生产统计公报[R]. 2013.

[111] 周杨，范绍佳. 飞机起降过程污染物排放对机场周边大气环境影响研究回顾与进展[J]. 气象与环境科学，2013，36（4）：62-66.

[112] 夏思佳，王勤耕. 基于 AERMOD 模式的大气扩散参数方案比较研究[J]. 中国环境科学，2009，29（11）：1121-1127.

[113] EPA（USA）. USER'S Guide for the AERMOD METEOROLOGICAL PREPRO-CESSOR（AERMET）[M]. Emissions Monitoring，and analysis Division Research Triangle Park，North Carolina 27711：U. S. Environmental Protection Agency Office of Air Quality Planning and Standard，2004.

[114] EPA（USA）. Revised Draft USER'S Guide for The AERMODE TERRAIN PREPROCESSOR（AERMAP）[M]. Emissions，Monitoring，and Analysis Division Research Triangle Park，North Carolina 27711：U. S. Evironmental Protection Agency Office of Air Quality Planning and Standards，1998.

[115] User's guide to MOBILE6. 1 and MOBILE6. 2 [R]. Ann Arbor. MI：Office of Transportation and Air Quality，2002.

[116] Weilenmann M，Soltic P，Saxer C，et al.　Regulated and nonregulated diesel and gasoline cold start emissions at different temperatures[J]. Atmospheric Environment，2005，39（13）：2433-2441.

[117] 2012 年北京市环境状况公报[R]. 北京市环境保护局，2012.

[118] 樊守彬. 美国机场大气污染物控制途径及效果[J]. 环境科学与管理，2011，36（3）：40-43.

[119] 山西省经济和信息化委员会. 关于上报 2014—2015 年焦化行业淘汰落后产能企业名单的通知[EB/OL]. http://www. shanxieic. gov. cn/wnzz/NewsDefault. aspx？pid=221_20975. xtj&wnzz= 2[2013-11-08].

[120] Shimizu Y，Nakatsuru Y，Ichinose M，et al. Benzo [*a*] pyrene carcinogenicity is lost in mice lacking the aryl hydrocarbon receptor[J]. Proceedings of the National Academy of Sciences，2000，97（2）：779-782.

[121] 孟庆波. 中国焦化行业发展成就及对钢铁行业发展的支撑[C]//第八届（2011）中国钢铁年会论文集. 北京，2011：65-73.

[122] 何兴舟. 室内燃煤空气污染与肺癌及遗传易感性——宣威肺癌病因学研究 22 年[J]. 实用肿瘤杂志，2001，16（6）：369-370.

[123] 蒋义国，陈家堃，陈学敏. 苯并[a]芘代谢物反式二羟环氧苯并芘诱发人支气管上皮细胞恶性转化[J]. 卫生研究，2001，30（3）：129-131.

[124] Xu S，Liu W，Tao S. Emission of polycyclic aromatic hydrocarbons in China[J]. Environmental Science & Technology，2006，40（3）：702-708.

[125] Zhang Q Z，Gao R，Xu F，et al. Role of Water Molecule in the Gas-Phase Formation Process of Nitrated Polycyclic Aromatic Hydrocarbons in the Atmosphere：A Computational Study[J]. Environmental Science & Technology，2014，48（9）：5051-5057.

[126] Dang J，Shi X L，Hu J T，et al. Mechanistic and kinetic studies on OH-initiated atmospheric oxidation degradation of benzo[a]pyrene in the presence of O_2 and NO_x[J]. Chemosphere.，2015，119（2015）：387-393.

[127] Brown R J C，Brown A S. Assessment of the effect of degradation by atmospheric gaseous oxidants on measured annual average benzo[a]pyrene mass concentrations[J]. Chemosphere，2013，90（2）：417-422.

[128] Zhang Y X，Tao S，Shen H Z，et al. Inhalation exposure to ambient polycyclic aromatic hydrocarbons and lung cancer risk of Chinese population[J]. Proceedings of the National Academy of Sciences of the United States of America，2009，106（50）：21063-21067.

[129] 牟玲，彭林，刘效峰，等. 机械炼焦过程生成飞灰中多环芳烃分布特征研究[J]. 环境科学，2013，34（3）：1156-1160.

[130] 段菁春，毕新慧，谭吉华，等. 广州灰霾期大气颗粒物中多环芳烃粒径的分布[J]. 中国环境科学，2006，26（1）：6-10.

[131] 牛红云，王荟，王格慧，等. 南京大气气溶胶中多环芳烃源识别及污染评价[J]. 中国环境科学，2005，25（5）：544-548.

[132] 陈刚，周潇雨，吴建会，等. 成都市冬季 $PM_{2.5}$ 中多环芳烃的源解析与毒性源解析[J]. 中国环境科学，2015，35（10）：3150-3156.

[133] 王超，张霖琳，刁谞，等. 京津冀地区城市空气颗粒物中多环芳烃的污染特征及来源[J]. 中国环境科学，2015，35（1）：1-6.

[134] 易海涛. 关于焦炉大气环境影响评价的若干问题[J]. 环境保护，2012，Z1：45.

[135] U. S. EPA. Emission Factor Documentation for AP-42，Section 12. 2：2008.

[136] O'Shaughnessy P T，Altmaier R. Use of AERMOD to determine a hydrogen sulfide emission factor for swine operations by inverse modeling[J]. Atmospheric Environment，2011，45（27）：4617-4625.

[137] Flesch T K，Wilson J D，Harper L A，et al. Estimating gas emissions from a farm with an inverse-dispersion technique[J]. Atmospheric Environment，2005，39（27）：4863-4874.

[138] Bonifacio H F，Maghirang R G，Auvermann B W，et al. Particulate matter emission rates from beef cattle feedlots in Kansas— Reverse dispersion modeling[J]. Journal of the Air & Waste Management Association，2012，62（3）：350-361.

[139] Bonifacio H F，Maghirang R G，Razote E B，et al. Comparison of AERMOD and Wind Trax dispersion models in determining PM_{10} emission rates from a beef cattle feedlot[J]. Journal of the Air & Waste Management Association，2013，63（5）：545-556.

[140] 吕兆丰，魏巍，杨干，等. 某石油炼制企业 VOCs 排放源强反演研究[J]. 中国环境科学，2015，35（10）：2958-2963.

[141] 赵东风，张鹏，戚丽霞，等. 地面浓度反推法计算石化企业无组织排放源强[J]. 化工环保，2013，33（1）：71-75.

[142] EPA（USA）. User's guide for the AERMODMG， EPA（USA） document [R]. North Carolina：U. S. Environmental Protection Agency，Office of Air Quality Planning and Standards.

[143] GB 3095—2012　环境空气质量标准[S].

[144] 钱华，伏晴艳，马伯文，等. 上海市环境空气中多环芳烃与苯并[a]芘的监测分析[J]. 上海环境科学，2003，22（11）：779-784，847.

[145] 王静，朱利中，沈学优. 某焦化厂空气中 PAHs 的污染现状及健康风险评价[J]. 环境科学，2003，24（1）：136-138.

[146] 李鹏宾，严琼，曹民. 某焦化厂气态和颗粒物中多环芳烃水平和成分谱特征分析[J]. 中国职业医学，2010，37（3）：211-213.

[147] GB 11661—2012　炼焦业卫生防护距离[S].

[148] 工业和信息化原材料工业司. 钢铁产业发展报告，2015[M]. 北京：冶金工业出版社，2015：365.

[149] 中华人民共和国环境保护部. 中国环境统计年报 2014[M]. 北京：中国环境出版社，2015：287.

[150] 王跃思，张军科，王莉莉，等. 京津冀区域大气霾污染研究意义、现状及展望[J]. 地球科学进展，2014，29（3）：388-396.

[151] 王凌慧，曾凡刚，向伟玲，等. 空气重污染应急措施对北京市 $PM_{2.5}$ 的削减效果评估[J]. 中国环境科学，2015，35（8）：2546-2553.

[152] 翟世贤，安兴琴，刘俊，等. 不同时刻污染减排对北京市 $PM_{2.5}$ 浓度的影响[J]. 中国环境科学，2014，34（6）：1369-1379.

[153] 翟世贤，安兴琴，孙兆彬，等. 污染源减排时刻和减排比例对北京市 $PM_{2.5}$ 浓度的影响[J]. 中国环境科学，2015，35（7）：1921- 1930.

[154] 北京市环境保护局. 北京市正式发布 $PM_{2.5}$ 来源解析研究成果[EB/OL]. http://www. bjepb. gov.

cn/bjepb/323265/340674/396253/index. html[2014-04-16].

[155] 天津市环境保护局. 天津发布颗粒物源解析结果[EB/OL]. http://www. tjhb. gov. cn/root16/ mechanism_1006/environmental_protection_propaganda_and_education_center/201411/t20141112_6464. html[2014-08-25].

[156] 石家庄市环境保护局. 河北 11 市完成 $PM_{2.5}$ 源解析[EB/OL]. http://www. sjzhb. gov. cn/cyportal2. 3/template/site00_article@ sjzhbj. jsp？ article_id= 8afaa1614cd9a176014d553231f26b33&parent_id= 8afaa16142796386014279efe11b0937&parentType=0&siteID=site00&f_channel_id=null&a1b2dd=7xaa c[2015-05-15].

[157] 李珊珊，程念亮，徐峻，等. 2014 年京津冀地区 $PM_{2.5}$ 浓度时空分布及来源模拟[J]. 中国环境科学，2015，35（10）：2908-2916.

[158] Hao J M，Wang L T，Shen M J，et al. Air quality impacts of power plant emissions in Beijing[J]. Environmental Pollution，2007，147：401-408.

[159] Streets D G，Fu J S，Jang C J，et al. Air quality during the 2008 Beijing Olympic games[J]. Atmospheric Environment，2007，41：480-492.

[160] 温维，韩力慧，代进，等. 唐山夏季 $PM_{2.5}$ 污染特征及来源解析[J]. 北京工业大学学报，2014，40（5）：751-758.

[161] 陈国磊，周颖，程水源，等. 承德市大气污染源排放清单及典型行业对 $PM_{2.5}$ 的影响[J]. 环境科学，2016，37（11）：1-16.

[162] 王堃，滑申冰，田贺忠，等. 2011 年中国钢铁行业典型有害重金属大气排放清单[J]. 中国环境科学，2015，35（10）：2934-2938.

[163] Wu X，Zhao L，Zhang Y，et al. Primary Air Pollutant emissions and future prediction of iron and steel industry in China[J]. Aerosol and Air Quality Research，2015，15：1422-1432.

[164] Song Y，Zhang M，Cai X. PM_{10} modeling of Beijing in the winter[J]. Atmospheric Environment，2006，40：4126-4136.

[165] 赵瑜. 中国燃煤电厂大气污染物排放及环境影响研究[D]. 北京：清华大学，2008.

[166] 清华大学. 中国多尺度排放清单模型[EB/OL]. http:// www. meicmodel.org[2015-01-16].

[167] 谢祖欣，韩志伟. 基于排放清单的中国地区人为排放源的年际变化[J]. 中国科学院大学学报，2014，31（3）：289-296.

[168] Kurokawa J，Ohara T，Morikawa T，et al. Emissions of air pollutants and greenhouse gases over Asian regions during 2000-2008： regional emission inventory in Asia（REAS） version 2[J]. Atmospheric Chemistry and Physics，2013，13（21）：11019-11058.

[169] 中华人民共和国环境保护部. 中国环境统计年报 2013[M]. 北京：中国环境出版社，2014：100-360.

[170] 伯鑫，李时蓓. 全国火电行业污染源排放清单建设研究[A]//中国环境科学学会. 2014 中国环境科学

学会学术年会（第三章）[C]. 北京：中国环境科学出版社，2014：1506-1510.

[171] 王占山，车飞，潘丽波. 火电厂大气污染物排放清单的分配方法研究[J]. 环境科技，2014，27（2）：45-48.

[172] Guenther A，Karl T，Harley P，et al. Estimates of global terrestrial isoprene emissions using MEGAN（Model of Emissions of Gases and Aerosols from Nature）[J]. Atmospheric Chemistry & Physics，2006，6（11）：3181-3210.

[173] Yarwood G，Wilson G，Morris R. Development of the CAMx Particulate source apportionment technology（PSAT）[R]. Prepared for the Lake Michigan Air Directors Consortium，by Environ International Corporation，Novato，CA，2005.

[174] 王继康. 东亚地区典型大气污染物源—受体关系的数值模拟研究[D]. 北京：中国环境科学研究院，2014.

[175] 程念亮. 东亚春季典型天气过程空气污染输送特征的数值模拟研究[D]. 北京：中国环境科学研究院，2013.

[176] 杜晓惠，徐峻，刘厚凤，等. 重污染天气下电力行业排放对京津冀地区 $PM_{2.5}$ 的贡献[J]. 环境科学研究，2016，29（4）：475-482.

[177] 刘大锰，王玮，李运勇. 首钢焦化厂环境中多环芳烃分布赋存特征研究[J]. 环境科学学报，2004，24（4）：746-749.

[178] 刘庚，郭观林，南锋，等. 某大型焦化企业污染场地中多环芳烃空间分布的分异性特征[J]. 环境科学，2012，33（12）：4257-4262.

[179] Boffetta P，Jourenkova N，Gustavsson. Cancer risk from occupational and environmental exposure to polycyclic aromatic hydrocarbons[J]. Cancer Cause & Control，1997，8（3）：444-472.

[180] Kriek E，Schooten F J V，Hillebrand M J X，et al. DNA adducts as a measure of lung cancer risk in humans exposed to polycyclic aromatic hydrocarbons[J]. Environmental Health Perspectives，1993，99：71-75.

[181] VanRooij J G M，Bodelier-Bade M M，Jongeneelen F J. Estimation of individual dermal and respiratory uptake of polycyclic aromatic hydrocarbons in 12 coke oven workers[J]. British Journal of Industrial Medicine，1993，50：623-632.

[182] 许海萍，张建英，张志剑，等. 致癌和非致癌环境健康风险的预期寿命损失评价法[J]. 环境科学，2007，28（9）：2149-2151.

[183] Okona-Mensah K B，Battershill J，Boobis A，et al. An approach to investigating the importance of high potency polycyclic aromatic hydrocarbons（PAHs）in the induction of lung cancer by air pollution[J]. Food and Chemical Toxicology，2005，43（7）：1103-1116.

[184] 王晓飞，王伟，刘秀芬，等. 北京市大气颗粒物中 PAHs 健康风险评估[J]. 环境化学，2008，27（3）：

393-394.

[185] 周变红，张承中，王格慧. 西安城区大气中多环芳烃的季节变化特征及健康风险评价[J]. 环境科学学报，2012，32（9）：2324-2331.

[186] GB 11661—1989　焦化厂卫生防护距离标准[S].

[187] U. S. EPA. Human Health Risk Assessment Protocol for Hazardous Waste Combustion Facilities，2005，EPA530-R-05-006.

[188] Breeze-software. Risk Analyst Overview [EB/OL]. http://breeze-software. com/Templates/Breeze Software/ Software/ Overview. aspx？id=4461.

[189] Chen S C，Liao C M. Health risk assessment on human exposed to environmental polycyclic aromatic hydrocarbons pollution sources [J]. Science of the Total Environment，2006，366（1）：112-123.

[190] 李如忠，童芳，周爱佳，等. 基于梯形模糊数的地表灰尘重金属污染健康风险评价模型[J]. 环境科学学报，2011，31（8）：1790-1798.

[191] Contaminated Sites Remediation Program. Risk Assessment Procedures Manual[M]. ALASKA：　Alaska Department of Environmental Conservation，2000：57-64.

[192] 王宗爽，武婷，段小丽，等. 环境健康风险评价中我国居民呼吸速率暴露参数研究[J]. 环境科学研究，2009，22（10）：1171-1175.

[193] 苍大强，魏汝飞，张玲玲，等. 钢铁工业烧结过程二噁英的产生机理与减排研究进展[J]. 钢铁，2014，49（8）：1-8.

[194] 郑明辉，孙阳昭，刘文彬. 中国二噁英类持久性有机污染物排放清单研究[M]. 北京：中国环境科学出版社，2008：10-34.

[195] 余刚，杨小玲，黄俊. 中国二噁英类持久性有机污染物减排控制战略研究[M]. 北京：中国环境科学出版社，2008：2-3.

[196] 耿静. 二噁英类的控制政策及效果分析[M]. 北京：冶金工业出版社，2011：65-77.

[197] 吕亚辉，黄俊，余刚，等. 中国二噁英排放清单的国际比较研究[J]. 环境污染与防治，2008（6）：71-74.

[198] Liu G，Zheng M，Jiang G，et al. Dioxin analysis in China[J]. Trac Trends in Analytical Chemistry，2013，46：178-188.

[199] 黄启飞. 重点行业二噁英控制技术手册 II [M]. 北京：中国环境出版社，2015：18-27.

[200] 赵春丽，吴铁，伯鑫，等. 钢铁行业履行斯德哥尔摩公约对策建议[J]. 环境保护，2014，8：43-45.

[201] Basham J，Whitwell I. Dispersion modeling of dioxin releases from the waste incinerator at Avonmouth，Bristol，UK[J]. Atmospheric Environment，1999，33（20）：3405-3416.

[202] Floret N，Viel J F，Lucot E，et al. Dispersion modeling as a dioxin exposure indicator in the vicinity of a municipal solid waste incinerator：A validation study[J]. Environmental Science and Technology，2006，

40（7）：2149-2155.

[203] Trinh H. Validation of the AERMOD air dispersion model：application to congener-specific dioxin deposition from an incinerator in midland，Michigan[J]. Organohalogen Compounds，2009，71：992-995.

[204] 齐丽，李楠，任玥，等. 北京地区典型二噁英（PCDDs）及多氯联苯（PCBs）的长距离传输潜力——基于 TaPL3 模型的应用研究[J]. 环境化学，2013（7）：1149-1157.

[205] 李煜婷，金宜英，刘富强. AERMOD 模型模拟城市生活垃圾焚烧厂二噁英类物质扩散迁移[J]. 中国环境科学，2013（6）：985-992.

[206] 姚宇坤，赵秋月，孙家仁，等. 烟气与环境空气中二噁英的测定与数值模拟[J]. 工业安全与环保，2014（11）：78-81.

[207] Meng F，Zhang B，Gbor P，et al. Models for gas/particle partitioning， transformation and air/water surface exchange of PCBs and PCDD/Fs in CMAQ[J]. Atmospheric Environment，2007，41（39）：9111-9127.

[208] 张珏，孟凡，何友江，等. 长江三角洲地区大气二噁英类污染物输送-沉降模拟研究[J]. 环境科学研究，2011，24（12）：1394-1402.

[209] Li Y，Jiang G，Wang Y，et al. Concentrations，profiles and gas–particle partitioning of polychlorinated dibenzo-p-dioxins and dibenzofurans in the ambient air of Beijing，China[J]. Atmospheric Environment，2008，42（9）：2037-2047.

[210] Ding L，Li Y，Wang P，et al. Seasonal trend of ambient PCDD/Fs in Tianjin City，northern China using active sampling strategy[J]. Journal of Environmental Sciences，2012，24（11）：1966-1971.

[211] Shi X L，Yu W，Fei X，et al. PBCDD/F formation from radical/radical cross-condensation of 2-Chlorophenoxy with 2-Bromophenoxy，2,4-Dichlorophenoxy with 2,4-Dibromophenoxy， and 2,4,6-Trichlorophenoxy with 2,4,6-Tribromophenoxy[J]. Journal of Hazardous Materials，2015，295：104-111.

[212] Shi X L，Zhang R M，Zhang H J，et al. Influence of water on the homogeneous gas-phase formation mechanism of polyhalogenated dioxins/furans from chlorinated/brominated phenols as precursors[J]. Chemosphere，2015，137：142-145.

[213] 刘淑芬，田洪海，任玥，等. 我国二噁英污染水平和环境归趋模拟[J]. 环境科学研究，2010（3）：261-265.

[214] 吴宇澄，骆永明，滕应，等. 土壤中二噁英的污染现状及其控制与修复研究进展[J]. 土壤，2006，38（5）：509-516.

[215] 黄伟芳，吴群河. 二噁英污染土壤修复技术的研究进展[J]. 广州环境科学，2006，21（1）：29-33.

[216] Wang L，Lu Y，He G，et al. Factors influencing polychlorinated dibenzo-p-dioxin and polychlorinated dibenzofuran（PCDD/F） emissions and control in major industrial sectors： Case evidence from

Shandong Province，China[J]. Journal of Environmental Sciences，2014，26（7）：1513-1522.

[217] Tian B，Huang J，Wang B，et al. Emission characterization of unintentionally produced persistent organic pollutants from iron ore sintering process in China[J]. Chemosphere，2012，89（4）：409-415.

[218] Die Q，Nie Z，Liu F，et al. Seasonal variations in atmospheric concentrations and gas–particle partitioning of PCDD/Fs and dioxin-like PCBs around industrial sites in Shanghai，China[J]. Atmospheric Environment，2015，119：220-227.

[219] Huang T，Tian C，Zhang K，et al. Gridded atmospheric emission inventory of 2，3，7，8-TCDD in China[J]. Atmospheric Environment，2015，108：41-48.

[220] Li Y，Wang P，Ding L，et al. Atmospheric distribution of polychlorinated dibenzo-p-dioxins，dibenzofurans and dioxin-like polychlorinated biphenyls around a steel plant Area，Northeast China[J]. Chemosphere，2010，79（3）：253-258.

[221] Wang L C，Lee W J，Tsai P J，et al. Emissions of polychlorinated dibenzo-p-dioxins and dibenzofurans from stack flue gases of sinter plants[J]. Chemosphere，2003，50（9）：1123-1129.

[222] 俞勇梅，李咸伟，何晓蕾，等. 铁矿石烧结过程二噁英类排放机制及其控制技术[M]. 北京：冶金工业出版社，2014：10-34.

[223] 周志广，田洪海，刘爱民，等. 北京市农业区不同使用类型土壤中二噁英类分析[J]. 环境化学，2010，29（1）：18-24.

[224] Scire J S，Strimaitis D G，Yamartino R J. A user's guide for the CALMET dispersion model（Version 5）[M]. Concord，MA：Earth Tech，2000：1-79.

彩　图

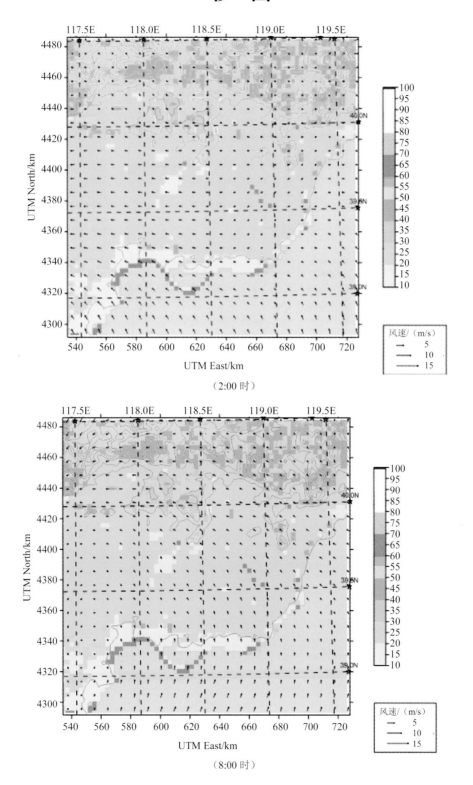

（2:00 时）

（8:00 时）

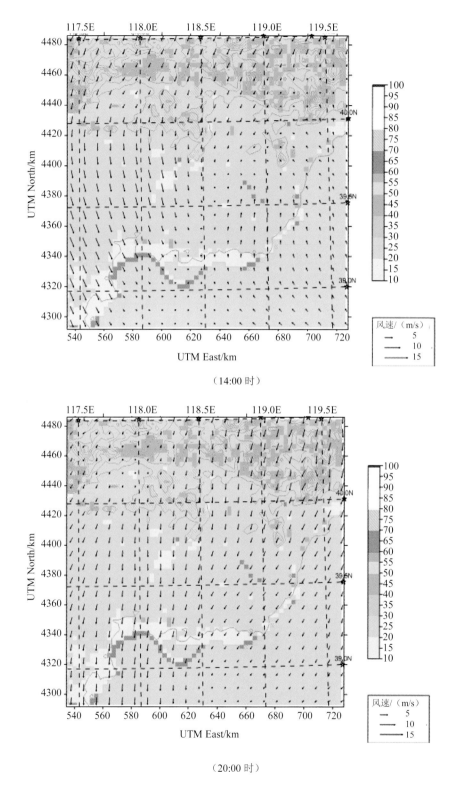

（14:00 时）

（20:00 时）

图 6-14　2013 年 6 月 9 日唐山市地面风场

2

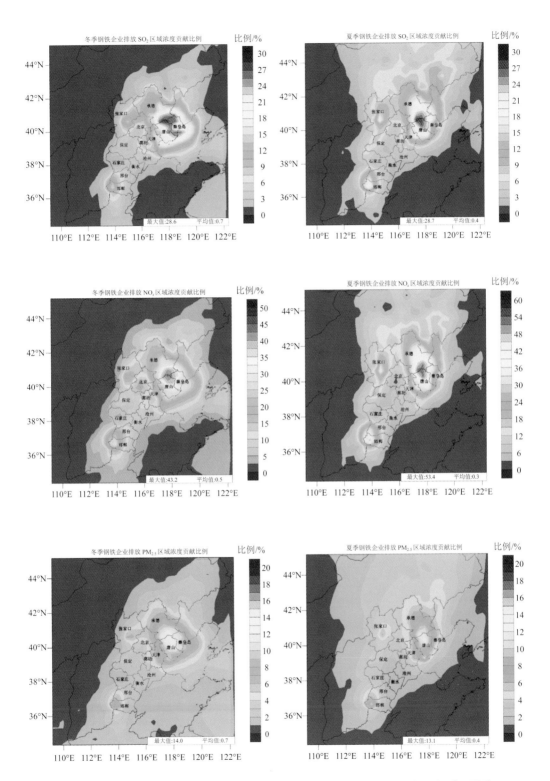

图 8-3 京津冀地区钢铁企业排放 SO_2、NO_x、$PM_{2.5}$ 对区域浓度贡献比例（冬季、夏季）

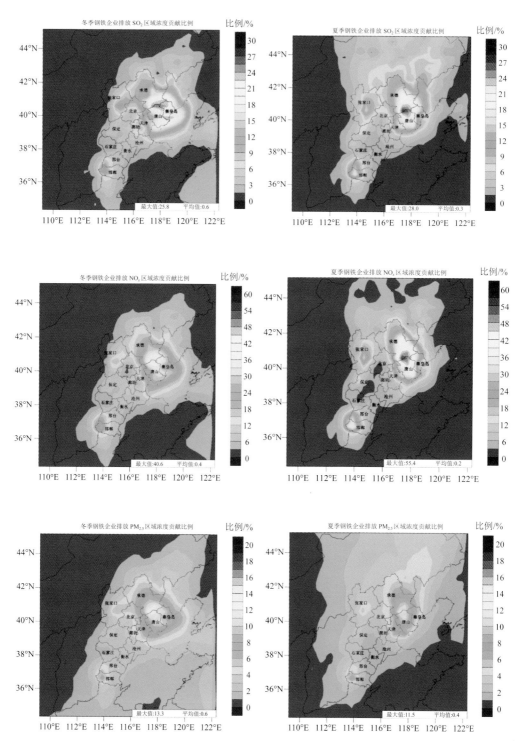

图 8-4 化解产能情景下京津冀地区钢铁企业排放 SO_2、NO_x、$PM_{2.5}$ 对区域浓度贡献比例
（冬季、夏季）

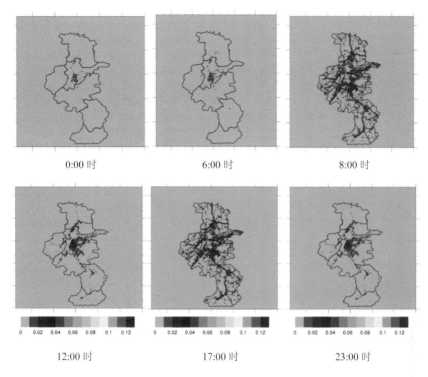

0:00 时　　　　　6:00 时　　　　　8:00 时

12:00 时　　　　　17:00 时　　　　　23:00 时

图 9-1　机动车 NO 源强示意（单位：mol/s）

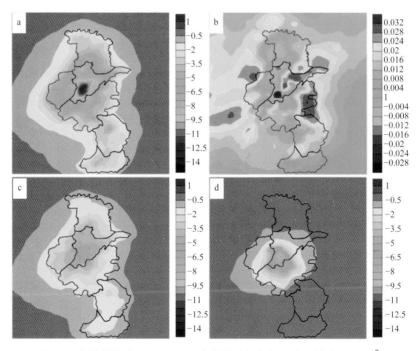

图 9-2　各控制方案对 NO$_x$ 月均浓度影响的空间分布（单位：μg/m^3）

5

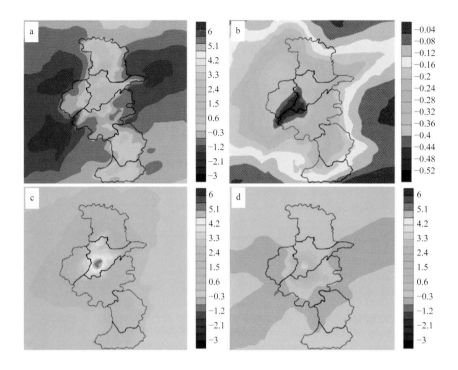

图 9-3 各控制方案对 O_3 月均浓度影响的空间分布（单位：$\mu g/m^3$）

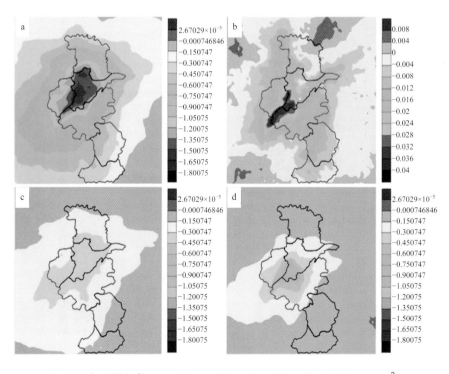

图 9-4 各控制方案对 $PM_{2.5}$ 月均浓度影响的空间分布（单位：$\mu g/m^3$）

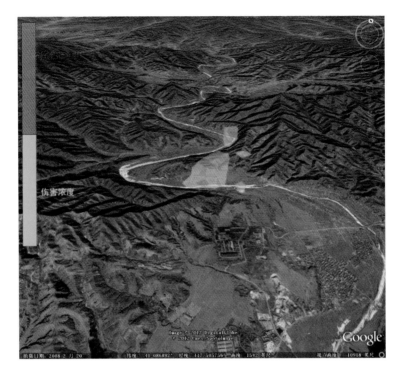

图 12-20　动态可视化系统演示界面（风险泄漏烟团，泄漏后第 8 分钟）

图 12-21　动态可视化系统演示界面（风险泄漏烟团，泄漏后第 30 分钟）

7

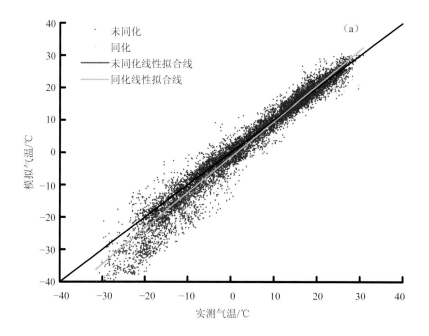

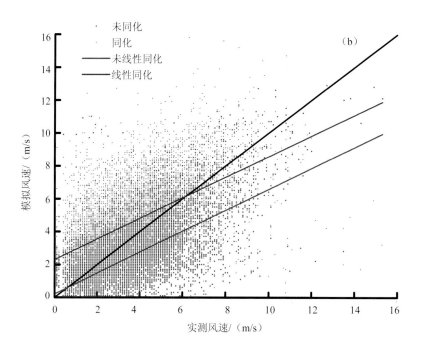

图 12-25 同化、未同化模拟结果对比